U0220502

丝　绸

〔英〕莱斯利・埃利斯・米勒
〔英〕安娜・卡布雷拉・拉富恩特◎编著
〔英〕克莱尔・艾伦・约翰斯通

苏　淼　罗铁家　安薇竹　王伊岚◎译

北京科学技术出版社

CLERC

HERMÈS PARIS

著作权合同登记号　图字：01-2023-4077

本书地图系原书插附地图，审图号：GS〔2023〕1832 号

图书在版编目（CIP）数据

丝绸 /（英）莱斯利・埃利斯・米勒，（英）安娜・卡布雷拉・拉富恩特，（英）克莱尔・艾伦・约翰斯通编著；苏森等译．—北京：北京科学技术出版社，2024.8
书名原文：Silk
ISBN 978-7-5714-3990-3

Ⅰ．①丝…　Ⅱ．①莱…　②安…　③克…　④苏…　Ⅲ．①丝绸－文化史－世界　Ⅳ．①TS14-091

中国国家版本馆 CIP 数据核字 (2024) 第 111877 号

策划编辑：李　玥　岳敏琛　王宇翔
责任编辑：汪　昕
责任校对：贾　荣
图文制作：天露霖文化
责任印制：李　茗
出 版 人：曾庆宇
出版发行：北京科学技术出版社
社　　址：北京西直门南大街16号
邮政编码：100035
ISBN 978-7-5714-3990-3

电　　话：0086-10-66135495（总编室）
0086-10-66113227（发行部）
网　　址：www.bkydw.cn
印　　刷：当纳利（广东）印务有限公司
开　　本：285 mm × 230 mm　1/16
字　　数：125千字
印　　张：42
版　　次：2024年8月第1版
印　　次：2024年8月第1次印刷

定　　价：628.00元

中文版序：丝绸的神奇

阅读丝绸的艺术和历史，正如阅读一部传奇故事，里面道尽了丝绸的神奇。

丝绸的神奇首先来自作为丝绸生命之源的蚕。在大自然中，有一类神奇昆虫，其生命周期有卵、幼虫、蛹和成虫四大变化，蚕就是这类昆虫的幼虫。它们在成长为成虫（蛾）的过程中会吐丝作茧、破茧化蝶，这个过程本身就十分神奇，并且在这个过程中，产生了神奇的可以制作衣料的丝线。可以说，蚕是生命科学上的奇迹。

能生产丝线的蚕不止一种，世界各地都有类似的大蚕蛾科昆虫，如柞蚕、篦麻蚕、琥珀蚕、天蚕、柳蚕、科斯蚕等。人们会采集本地产的蚕吐出的丝线，用作纺织服装的材料。但在所有的蚕中，只有以桑叶为食的野桑蚕，最后被驯化成了可以家养的家蚕。神奇的家蚕引起了有着天人合一思想的华夏先民关注，他们开始观察家蚕的一生，并产生了基于家蚕和扶桑神树的原始崇拜。也正是这样神奇的原始崇拜，才使丝绸文化在特别的环境下得以迅速地发展。

丝绸的神奇还来自其织物组织结构和纹样的变化。由于丝纤维的特性与其他的天然纤维（如棉、麻、毛等）的截然不同，丝纤维是长丝，并且由动物蛋白构成，因而有着特别的光泽和良好的染色性，这使得丝纤维在审美和装饰具备了特别的性质。为了充分展现丝线的这些性质，人们也绞尽脑汁，发明了多层次的组织结构，用丰富多彩的经线和纬线形成多层次、重叠的组织结构，有效地显示出多彩的图案。早期的丝绸组织结构有平纹重经组织、复杂绞罗组织和平地嵌合组织等，而人们用来形成这些组织的工具，就是提花织机。早期的提花织机由两片产生平纹的地综和一组带有上开口的综片组合而成，每根彩色的经线（50 厘米门幅的丝绸多时会用到上万根经线）要穿过所有综片（多时有 80 ～ 120 片），并且织工每织入一纬都要提起一片纹综和一片地综，神奇的提花织机为神奇的丝绸注入了无穷的魅力。

丝绸的这些神奇之处使世界各地的人在耳闻丝绸之时，就产生了无数异闻传说，如关于吐丝昆虫的种种传说、关于生产制造蚕丝纤维的“赛里斯人”的传说，甚至是关于“赛里斯”这个国度的传说。世界各地的人都对丝绸心生向往，以至于丝绸自公元前就已沿着早期的丝绸之路渐渐向西传播。在张骞正式凿空西域后，丝绸更是广泛、全面地在世界范围内传播。传播的不仅是丝绸产品，还有桑蚕生产和丝绸生产技术，包括蚕种、桑种、养蚕技术、缫丝工具和技术，特别是提花织机和织造技术。随着技术的传播，不同文明之间相互交流和合作，如织机和织造技术的交流、染料和染色技术的交流、纹样和图案设计的创作与交流……所有这些交流构成了丰富多彩的丝绸文化，也加快了丝绸之路成为世界文明交流和对话的主要通道，加快了世界各地审美与时尚的分化。

对于这样神奇的纤维和织物，英国国立维多利亚与艾尔伯特博物馆（后简称 V&A 博物馆）倾注了极大的热情，收藏了数万件来自世界各地的丝绸藏品。本书由博物馆研究员、策展人莱斯利・埃利斯・米勒、安娜・卡布雷拉・拉富恩特、克莱尔・艾伦・约翰斯通主笔，共 29 人联合写作，泰晤士和亨德森出版社出版，是一本非常全面和引人入胜的关于丝绸的著作。全书近 500 页，分为五章，约 18 万字，配有 600 多张插图。本书汇集纹样、配色、服饰三大元素，以丝绸生产技术为主线，用 V & A 博物馆馆藏的数百件珍贵文物（包括古代东亚的历史瑰宝和十九世纪至今的近现代服饰），串联起丝绸从古至今的历史。为了这本典藏级美学设计书能够在中国出版，浙江理工大学国际丝绸学院执行副院长苏森教授领衔来自校内校外专业人员，花费了大量的时间完成了本书的翻译，并且最终北京科学技术出版社出版，真是可喜可贺。以苏森教授为首的这支专业的翻译团队使本书的全貌得以呈现，也使书中丝绸的魅力充分呈现在大家眼前，实为难得。而译者之中，多为我的学生和年轻同事，他们的活力和创新，尤其值得赞赏和鼓励，也使我深受感染，便在旅途劳顿之中抽出时间，为之作序。

赵丰

时于美国西海岸伯克莱

2024 年 4 月 22 日

中文版序

毋庸置疑，丝绸是人类文明史上的重要物质与文化财富。在中国古人看来，“衣食住行”中，“衣”应当最为重要，所以被放在了第一位。在“衣”的制作材料中，当以丝绸最为重要，不仅因为丝绸的视觉华美、肌理丰富、特性温润、服用性能良好、结构多变，也因为其组织结构最丰富和复杂，是人工制造技术最全面和集中的反映。

丝绸促进了不同地域、民族、国家间的文化和物质交流。作为丝绸文化发祥地，中国对丝绸文化和艺术更是情有独钟。栽桑、养蚕、纺丝、织造丝绸是中华民族的伟大发明。丝绸作为中国曾独有的织品，在世界上享有盛誉。丝绸的输出与传播为中华文明赢得了永久的世界声誉。西方人对丝绸的热爱和渴望促进了亚洲、欧洲、大西洋沿岸各个地区之间的联系。

在漫长的历史发展进程中，人类文明的记录多种形式，文字、绘画、影视、诗歌等，相比前面提到的形式，丝绸是独具一格、别出新裁的存在。一方面，它包含了技术的层面。把丝绸织成一件完整的纺织品，如何织，用什么织，纱线加捻的捻向和捻度如何，面料用哪种染色、染整工艺，是否加入金银等金属材料，经线和纬线如何交织……反映了古代人类的技术文明的层面。另一方面，丝绸的光泽性、肌理感以及丝绸上的各种图案、图形也是颇具视觉效果的内容。丝绸既是人类文明形态的反映，也是科技技术的体现，即手工造物技术与人类创造性的艺术天赋结合在一起的综合形态。

英国国立维多利亚与艾尔伯特博物馆编写的《丝绸》一书以极其精美、系统的藏品和丰富的细节呈现了丝绸复杂的组织结构、精美的织造工艺、独特的外观肌理、华丽的色彩、生动的图案，以及用丝绸制成的时装和各类工艺品。本书以波澜壮阔、史诗般的形式展现了人类历史上的丝绸文明、科学技术发展、艺术风格创新、织造技术的发展，记录了人类在物质和文化生活变迁中的喜怒哀乐，以及审美品味和时尚流行元素不停的演变与迭代的过程。《丝绸》中的图片极其精美，摄影师善于捕捉光线，极佳地表现了丝绸的色彩、质地和丰富的面料光泽。丝绸的面料光泽与否与使用、穿着的场景和规范密切关联。例如，在 19 世纪，英国丧葬服装面料或暗淡无光泽，或柔软有光泽，这与当时的丧葬礼仪和要求有关。再如，老挝成年男性须穿着丝质格纹纱笼参加佛教圣职授予仪式或婚礼，纱笼所用面料用不同颜色的丝线加捻，有微微闪光的效果，平实质朴中透出一丝神秘感。又如，20 世纪中叶，英国人推出了一款被广泛用于晚礼服和鸡尾酒礼服的欧根纱，其颜色会随着穿着者的活动而闪现另一种颜色。

《丝绸》展现了英国国立维多利亚与艾尔伯特博物馆收藏的极其精美的丝绸，它们来自世界各地，许多都让人叹为观止。这些丝绸或出自艺术家、设计师之手，或由制造商、技艺娴熟的女工制作，如用不同针法绣出的丝质世界地图。丝绸是文化宝藏，它激励了一代又一代的艺术家、设计师、生产者和历史学家，使他们获得灵感和探索新的知识领域。

《丝绸》一书分成“平素织物”“经纬交织”“缠绕和绞编、结网、打结和针织”“彩绘、防染与印花”“刺绣、斯拉修、烫印和褶裥”五个部分，每个部分层层展开，展示了数百件丝绸藏品。其中既有服装、家纺面料，也有宗教用品、艺术品、日用品；既有历史文物，也有现当代设计师的作品，代表了不同的文明、文化和信仰，体现了人类无穷的创造力和精湛的纺织工艺。可以说，《丝绸》展示的是从古至今人类用勤劳智慧的双手在经线和纬线间创造的奇迹。丝绸是各种织造工艺的结晶，蕴含了人类文明发展进程中的智慧，倾注了无数人的心血。我相信，这本书将对我们了解世界丝绸文化，学习世界纺织服饰文化，掌握人类纺织文明发展和特色起到积极的作用。

贾玺增

2024 年 5 月 18 号写于清华大学美术学院

目　录

本书概述

英国国立维多利亚与艾尔伯特博物馆（简称“V&A 博物馆”）收藏了大量来自世界各地的纺织品，本书旨在通过展示这些纺织品来让读者了解丝绸。丝绸在艺术与设计的发展史上发挥了重要的作用。1874 年，当时的英国南肯辛顿博物馆（现 V&A 博物馆）馆长计划在北部庭院中新建的画廊里展示一幅相关主题的马赛克镶嵌画（图 2 为镶嵌画草图）。这幅画展示了丝绸生产工艺这一罕见的绘画题材，画中的人物形象均为欧洲人。V&A 博物馆建立于 19 世纪中叶，一直专注于收集既能体现一定的美学原则，又具有一定的技术价值的优秀藏品。这些藏品或出自艺术家、设计师之手，或由制造商、技艺娴熟的女工制作（图 1）；有的来自埃及的墓地，有的来自欧洲或南美洲的教堂宝库和圣器室；有的是 19 世纪国际艺术与工业博览会上的展品，有的是个人藏品。

近年来，V&A 博物馆继续扩大丝绸藏品的收藏范围，藏品或来自北美、亚洲和欧洲那些时尚之都的 T 台，或从拍卖会上购入，或由艺术家、工匠和穿着者捐赠。

在 V&A 博物馆的丝绸藏品中，有些只是小块的丝绸，如生产商的样品，时装设计图附上的绸样，从织机、服装或室内软装饰上剪下来的绸料；有些是以丝绸为原材料设计的艺术品。有些藏品由于很少使用看上去几乎是崭新的，有些藏品有轻度使用的痕迹，有些藏品上有明显长期使用的痕迹。本书中的照片完美地呈现了丝绸华丽的光泽，也清晰地捕捉到丝绸上的折痕、污渍和破损。

丝绸促进了不同文化间的交流，这一点是毋庸置疑的。一方面，丝绸作为昂贵的货物沿着丝绸之路从古代中国来到了西方世界；另一方面，与丝绸相关的蚕桑生产和丝绸织造工艺不断更新迭代，传播了数个世纪，如今已经成为非常重要的工艺。

丝绸是文化宝藏，它激励了一代又一代的艺术家、设计师、生产者和历史学家，使他们获得灵感和探索新的知识领域。这正是 V&A 博物馆创始人、他的继任者以及该博物馆所有工作人员所期望的。

本书有着开阔的历史、地理和语言学的视野，读者阅读时，可参考本书中的注释。

更多信息：想要获得关于藏品的更多信息（如不同角度的照片、尺寸和背景），你可以登陆 V&A 博物馆的官方网站 https://collections.vam.ac.uk/。书中每件藏品的照片下都附有藏品编号，你可以用此编号进行搜索。

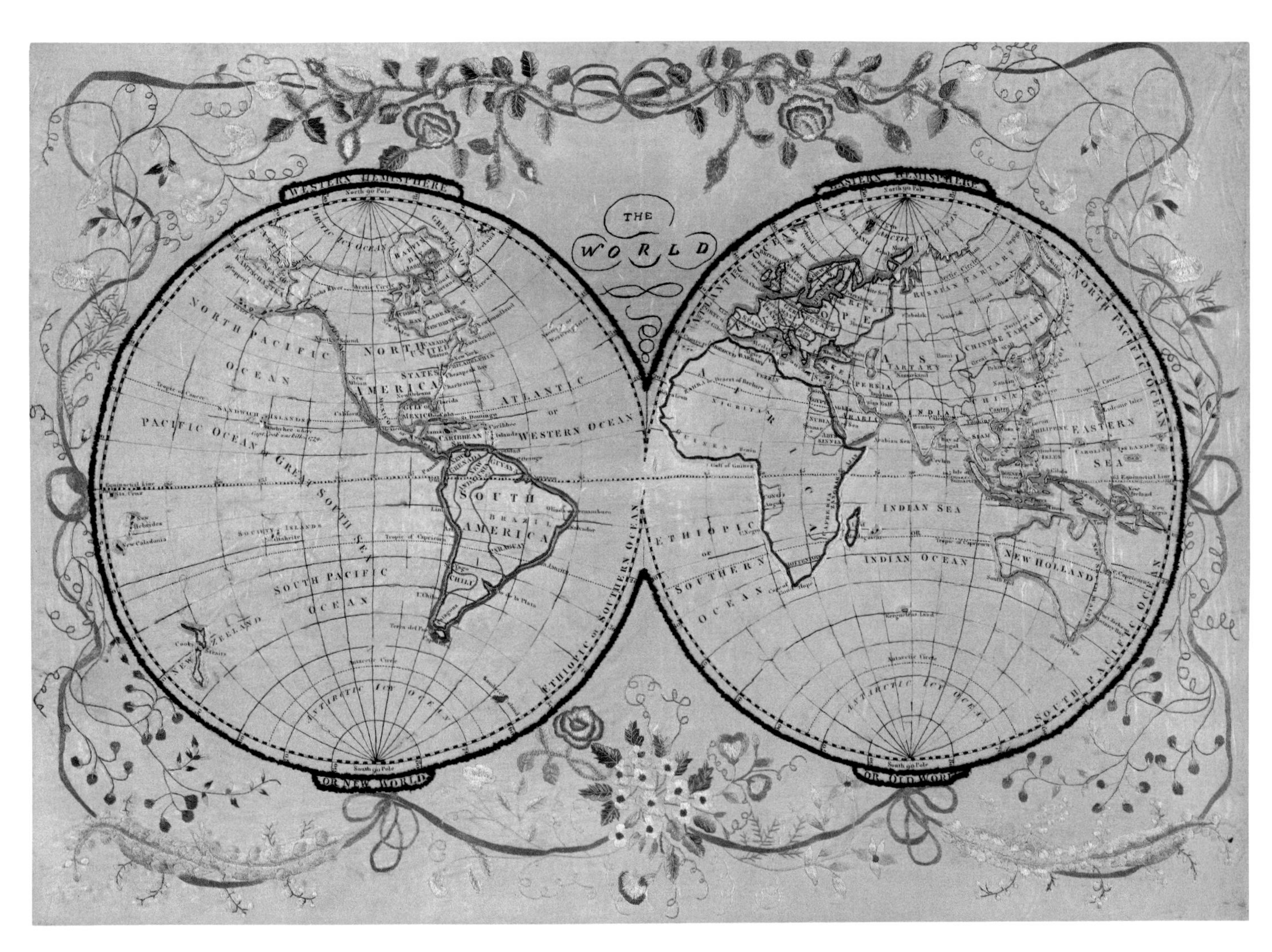

图 1

用不同针法绣出的丝质世界地图

英国，18 世纪晚期

由 I.M.C. 罗宾逊夫人遗赠

V&A 博物馆藏品编号：T.44 - 1951

图 2（第 4 ~ 5 页）

描绘丝绸生产工艺的马赛克镶嵌画草图

弗朗西斯 · 沃拉斯顿 · 穆迪绘

英国伦敦，1874

用钢笔墨水勾线并用水彩颜料上色

V&A 博物馆藏品编号：8060

ORIGINAL DESIGNS BY F. W. MOODY.—SKETCHES FOR DECO
SOUTH KEN

FEEDING SILKWORMS.

UNWIND

OF UPPER PART OF WALL OF THE NORTH COURT,
MUSEUM.

8060

OCOONS.

SPINNING AND EMBROIDERY.

绪 论

“自古以来，人们对丝绸的热爱和渴望促进了亚洲、欧洲、大西洋沿岸各个地区之间的联系。……养蚕业和丝织业……既推动了国际和平交流，又加剧了跨文化竞争；创造了大量财富，使人们获得了权力，改变了经济形式和社会形态。”[1]

国际丝绸协会于1951年在英国伦敦召开了代表大会，这一年正好是国际丝绸协会成立的第3年。大会强烈希望向大众传达国际丝绸协会致力于“复兴丝绸”的意愿，于是委托著名插画师和时尚摄影师塞西尔·比顿设计海报（图3）。塞西尔·比顿很好地将丝绸这种一直以来被当作奢侈品的面料的魅力展示了出来：海报的主体是代表爱与美的女神维纳斯，她身着花色繁复的丝绸服装从波涛中现身，让人们暂时将战后紧张的生活抛到脑后。

进入21世纪，丝绸依然负有盛名、充满魅力，它在人们心中的地位几乎没有合成纤维面料可以撼动。长期以来，人们赋予丝绸的意义并没有改变，丝绸出现在传统仪式、节日庆典或成人礼等各种重要的场合中。例如，皇室或官方人员的袍服、基督教会神职人员的圣衣以及传统婚庆服饰都用到了丝绸。无论是在T型台或红毯上，还是在宴会厅或歌剧院里，丝绸都能成为亮点。虽然丝绸代表着高规格，但并非只有社会阶层高的人才能买到丝质的服装。如今，大众都可以买到丝质的职业装、晚礼服（图4）、旗袍、和服、纱丽以及内衣。

图3
丝绸的复兴
塞西尔·比顿绘
英国伦敦，1951
国际丝绸协会代表大会海报，彩色版画

V&A 博物馆藏品编号：E.1924 - 1952

图4（对页）
刺绣晚礼服
奥斯卡·德拉伦塔设计
美国纽约，2015春季系列
面料选用真丝欧根纱（欧根纱又称“透明硬纱”）和网眼纱（内衬）

V&A 博物馆藏品编号：T.44 - 2017

图 5
描绘狩猎仪式
米斯金娜、萨尔万绘
莫卧儿帝国，1590—1595
细密画，出自《阿克巴本纪》

V&A 博物馆藏品编号：IS.2:55 - 1896

几个世纪以来，丝绸还一直被用来制作室内软装饰，人们通过悬挂丝质壁毯、使用丝质座套、铺丝质地毯来展现奢华的生活。由于丝绸价格高昂，能够体现拥有者的高阶层，到了 20 世纪，深爱丝绸的欧洲人、中东人和美国人更喜欢委托工厂定制丝绸，而非直接购买量产的丝绸。气候条件和文化背景影响着人们对丝绸的颜色、图案和品种的选择。印度人和中东人偏爱色彩丰富的丝质的遮阳篷、垫子、地毯和壁毯，这些丝织品不仅能装点宫殿，营造温馨的氛围，还能使空间具备一定的私密性。在一些政治活动（如出访）中，丝织品作为地位的象征会被主人带在身边，比如莫卧儿帝国时期（1526—1857）的皇家帐篷（图 5 中的帐篷），它的外层通常是纯红的丝绸，内层可能是华丽的天鹅绒。[2] 在欧洲和美国，富有的艺术赞助人引领了一种时尚潮流——穿丝质服装和使用丝质室内软装饰。图 6 展示的是油画《卢克・艾奥尼德斯夫人的肖像画》，当时英国著名的艺术赞助人卢克・艾奥尼德斯的夫人优雅地坐在沙发上，身倚天鹅绒靠垫，她的背后是一面丝质屏风，屏风采用了有刺绣纹样的和服面料。

在日本和朝鲜半岛，人们并不经常使用丝织品。例如，在朝鲜半岛，人们只会在寒冷的季节使用丝质坐垫和被褥，或者使用丝质屏风（图 7）。

图 6（上）

卢克 · 艾奥尼德斯夫人的肖像画
威廉 · 布莱克 · 里士满绘
英国伦敦，1882
布面油画

由英国艺术基金会和 V&A 博物馆之友出资购入
V&A 博物馆藏品编号：E.1062:1, 2 - 2003

图 7（下）

四扇折叠屏风
朝鲜王朝，1880—1910
屏风面料为绸缎，有吉祥花卉和吉祥语刺绣

韩国海外文化遗产基金会和韩国米尔牙科连锁医院在藏品购入过程中提供了支持
V&A 博物馆藏品编号：FE.29 - 1991

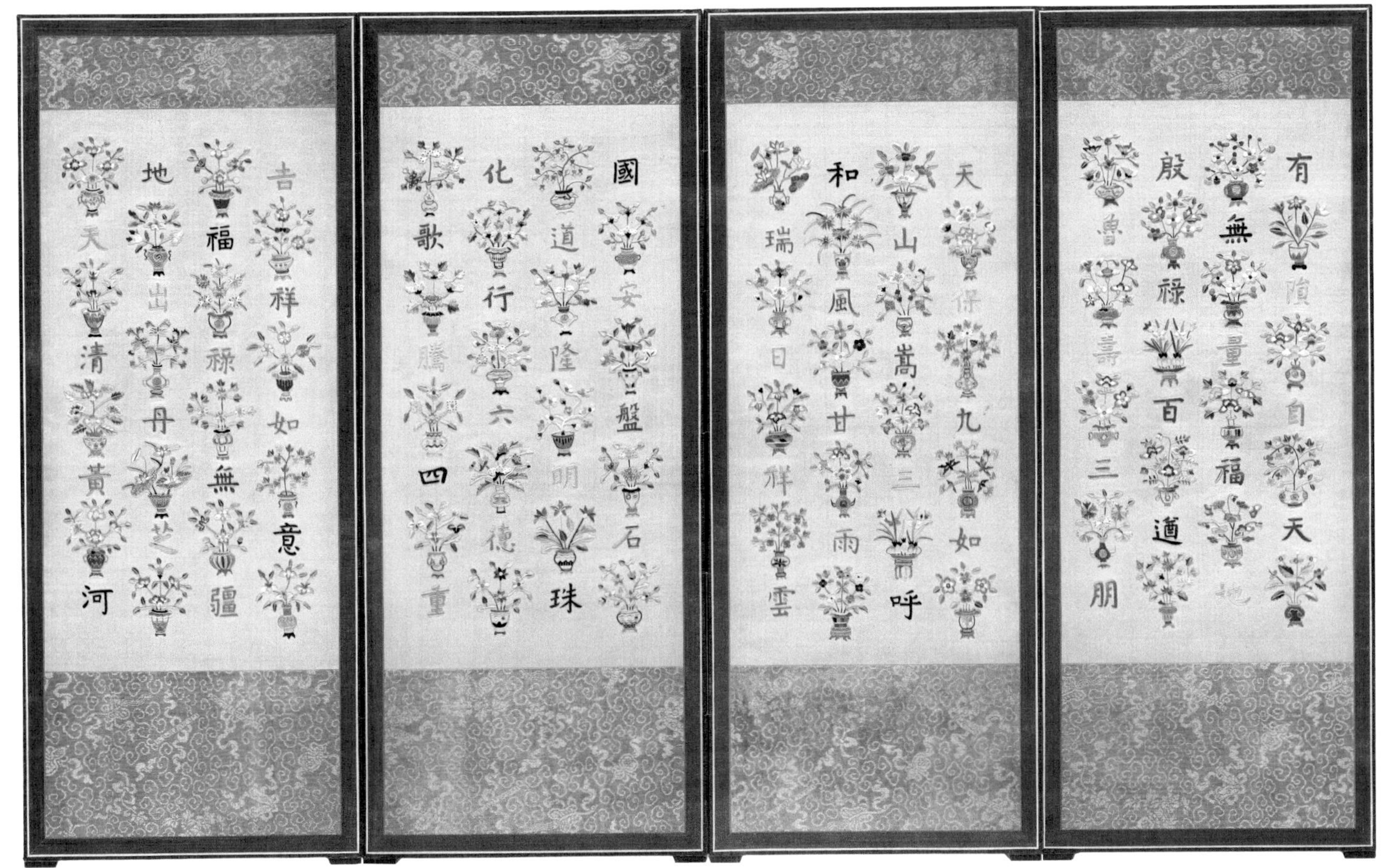

图 8（上）

英国王室专列车厢

英国，1869

维多利亚女王的专属会客车厢。英国王室专列由维多利亚女王与英国伦敦和西北铁路公司共同出资，英国沃尔弗顿工厂打造，现停放于英国国家铁路博物馆

图 10（下）

劳斯莱斯幻影“静谧丝语”特别版内饰

凯瑞卡 · 哈艺设计

英国，2013

有丝线刺绣和手绘元素

图 9
由两头公牛拉着的四轮牛车
印度，1891
黑白照片，出自《戈登礼品相册》第 5 卷
V&A 博物馆藏品编号：PH.1267 - 1908

豪华的交通工具（如轿子、游船、马车、火车、远洋客船、轿车和私人飞机等）要用华丽的丝绸进行装饰，这样才能彰显使用者或主人的权力、地位和品位。1869 年，英国维多利亚女王委托当时的伦敦和西北铁路公司打造了一辆英国王室专用的豪华列车，她专门订购了一款闪耀着金属光泽的蓝色水波纹丝绸来装饰自己的车厢（图 8），该车厢一直使用到 1901 年维多利亚女王去世。19 世纪，印度的高种姓阶层会用带有金色花边的丝绸来装饰自己出行时乘坐的象轿或牛车（图 9）。2013 年，英国劳斯莱斯公司委托英国皇家艺术学院纺织专家凯瑞卡・哈艺为幻影“静谧丝语”特别版设计了豪华的内饰（图 10），内饰采用了定制丝绸。

图 11

梅尔维尔睡床

丹尼尔·马罗设计

弗朗西斯·拉皮埃尔制作

英国伦敦，约 1700

由乔治·梅尔维尔伯爵出资定制。帷幔采用意大利深红色天鹅绒，帷幔衬里和床罩采用中国白色绸缎，帷幔装饰有穗带和流苏

1949 年由利文伯爵捐赠

V&A 博物馆藏品编号：W.35:1 to 72 - 1949

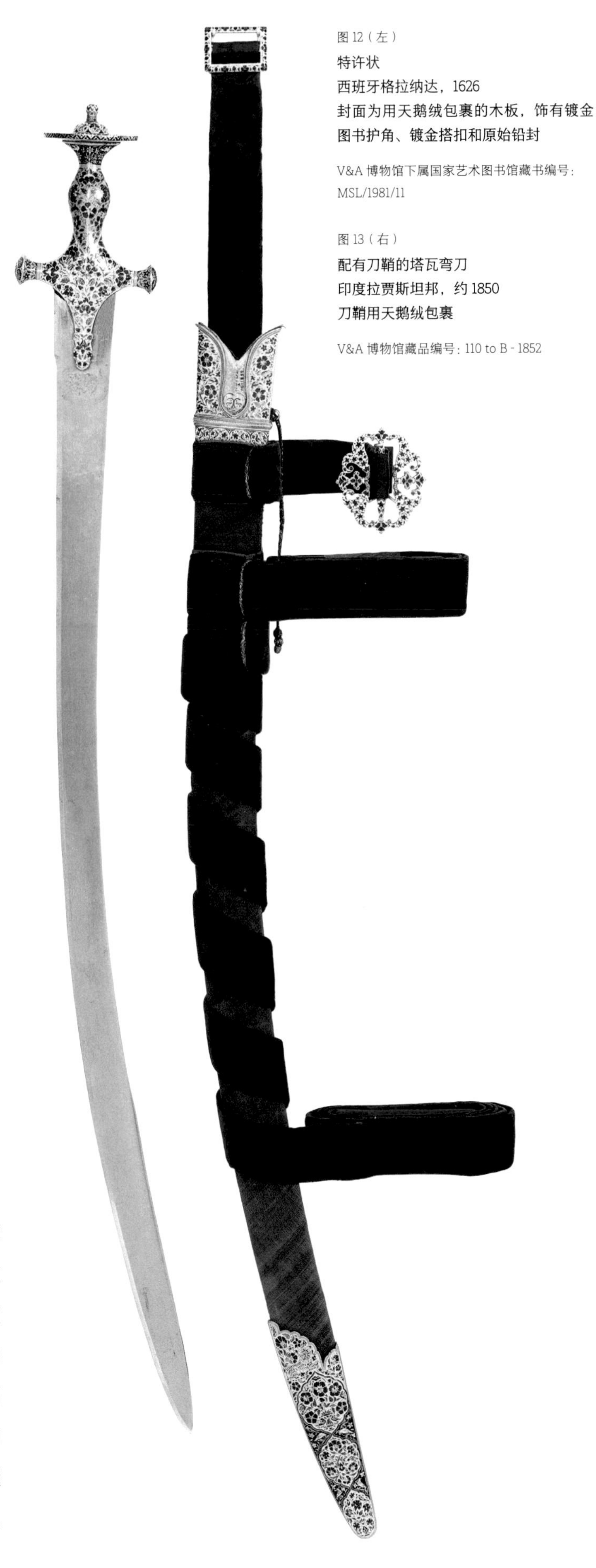

图 12（左）
特许状
西班牙格拉纳达，1626
封面为用天鹅绒包裹的木板，饰有镀金图书护角、镀金搭扣和原始铅封

V&A 博物馆下属国家艺术图书馆藏书编号：MSL/1981/11

图 13（右）
配有刀鞘的塔瓦弯刀
印度拉贾斯坦邦，约 1850
刀鞘用天鹅绒包裹

V&A 博物馆藏品编号：110 to B - 1852

与丝绸有关的传家宝并不少见。配有华丽丝绸帷幔的床（图 11）、用丝绸装饰的特许状（图 12）、用丝绸装饰的仪仗用品（图 13）……这些传家宝或被谨慎地传给下一代，或被妥善地保管在博物馆。此外，出于节约资源、寄托情感（如纪念）、艺术创造、信仰崇拜等原因，人们会对丝绸进行回收和利用。例如，在欧洲，修女的丝质礼服会被改成牧师的圣衣或教堂的软装饰；在日本，一些供奉在寺庙的和服或能戏服会被改成僧袍或道场的软装饰；在印度，母亲会将自己

图 14（左）
女式衬衫
埃丝特 · 弗格森制作
英国伦敦，1942
用德军降落伞的丝质伞面制作而成

由埃丝特 · 弗格森的家人捐赠，以纪念她
V&A 博物馆藏品编号：T.88 - 2014

图 15（右）
拼布被子（细节图）
范妮 · 斯特林制作
英国，19 世纪后期
英国戏剧演员范妮 · 斯特林用旧戏服上的绸缎、丝绒等拼接而成

由英国戏剧博物馆协会捐赠
V&A 博物馆藏品编号：S.1350 - 1984

图 16（对页右）
拼布晚礼服套装
阿道夫 · 萨尔迪尼亚设计
美国，1967
采用拼布工艺，用 19 世纪织造的绸缎、天鹅绒制作而成，并用丝带和绒线刺绣进行装饰

由范德比尔特 · 怀亚特 · 库珀夫人捐赠
V&A 博物馆藏品编号：T.2 to E - 1974

的纱丽传给女儿；在第二次世界大战时期，人们会将降落伞的丝质伞面改成女式衬衫（图 14）或裙子；艺术家采用拼布工艺将丝质服装改成被子（图 15），或将有年代的丝质床罩改成独一无二的高级时装（图 16）。以上这些例子都表明，丝绸具有持久的生命力、丰富的功能性、极高的经济价值和独特的情感价值。此外，对丝绸的二次利用有利于解决 21 世纪时尚产业所面临的动物保护和可持续发展问题。

丝绸最广为人知的用途是制作服装和室内软装饰。其实，丝绸还被用于医疗、军事和科学研究等。前面提到的丝织品来自世界各地，时间上从 7 世纪跨越到 21 世纪，拥有不同

的背景，代表不同的文化和宗教信仰，体现了人们无穷的创造力和精湛的纺织工艺。下面，我们将重点了解丝绸的生产工艺以及其他相关工艺。丝绸究竟是什么？丝绸来自哪里？丝绸是如何被生产出来的？ 19 世纪中叶的一幅科普插画（图 17）回答了上述问题。这幅插画简单地介绍了丝绸的特性、来源、生产、贸易和加工等。插画的中央为家蚕（又称“桑蚕”）和柞蚕以及它们的蛹和成虫，还有蓖麻蚕的蛹和成虫，除了这些丝虫，插画中同样引人注意的就是蚕最喜欢的食物——桑叶。

GRAPHIC ILLUSTRATIONS OF ANIMALS,

SHEWING THEIR UTILITY TO MAN, IN THEIR EMPLOYMENTS DURING LIFE AND USES AFTE

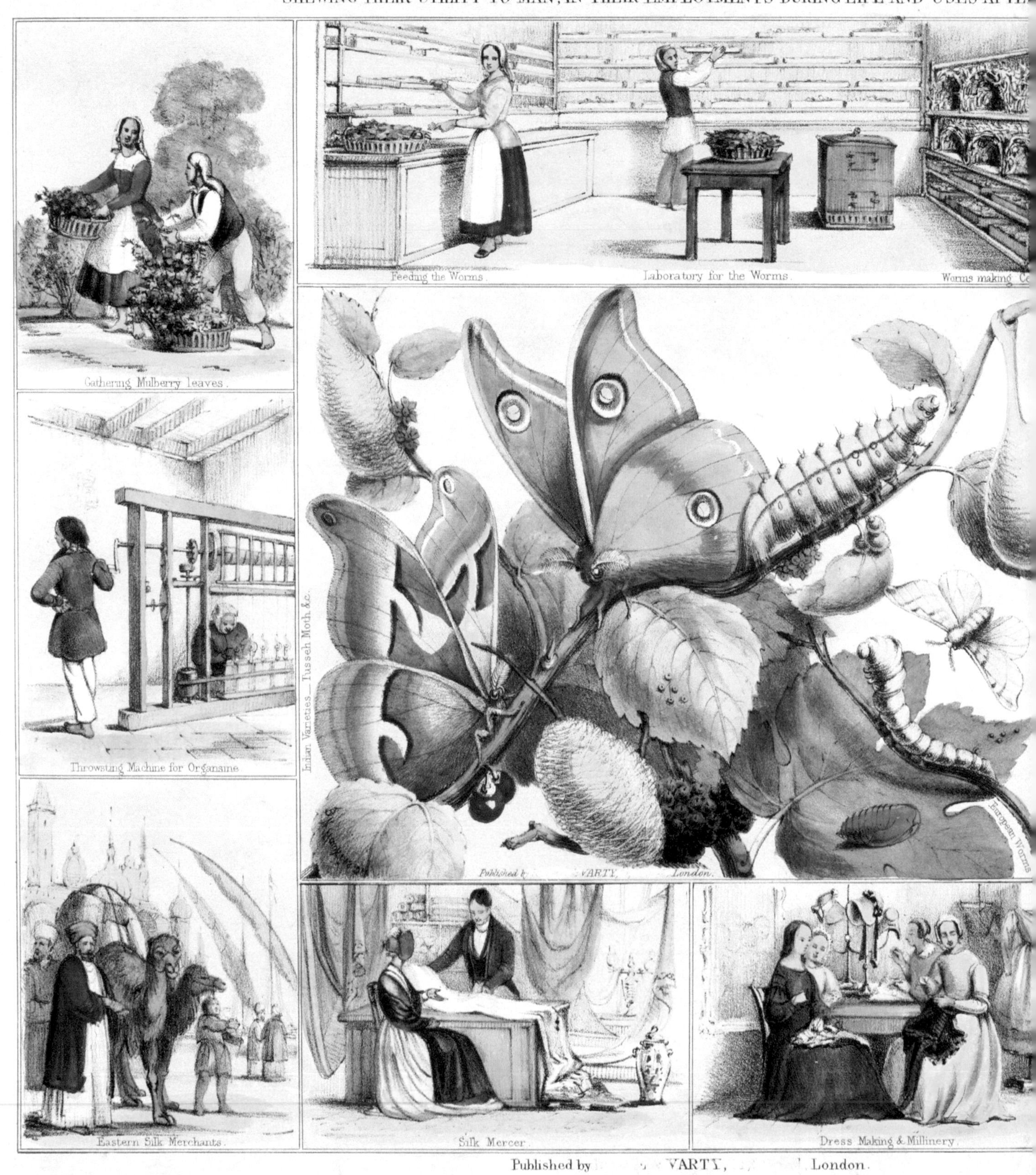

Designed & Drawn on Stone by W. Hawkins.

THE SILK-WORM.

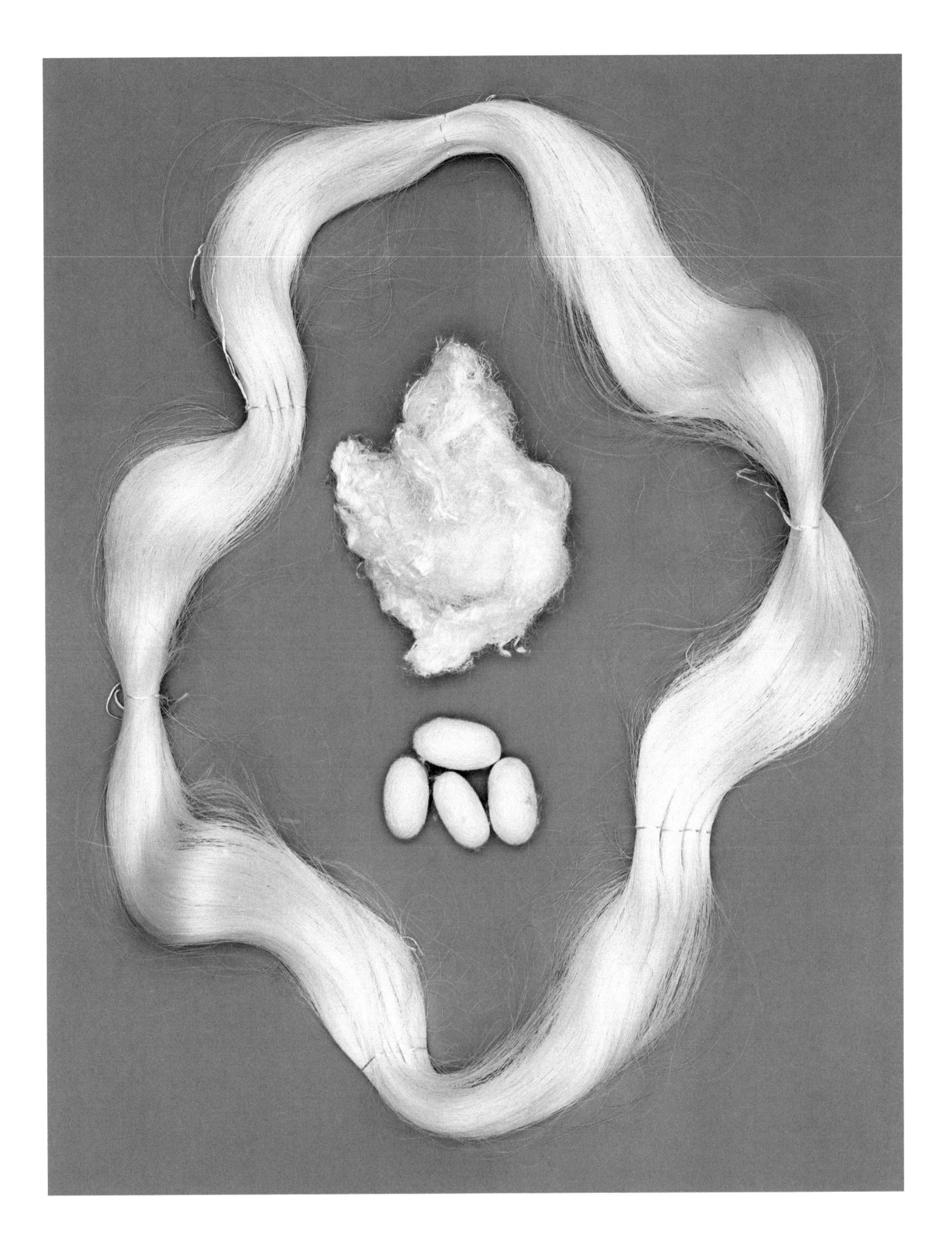

图 17（左）

丝虫

本杰明·沃特豪斯·霍金斯绘

英国伦敦，约 1850

彩色石版画，出自《动物图解》，由托马斯·瓦尔蒂出版

V&A 博物馆藏品编号：E.305 - 1901

图 18（右）

家蚕茧、蚕丝纤维和缫取的丝线

私人收藏

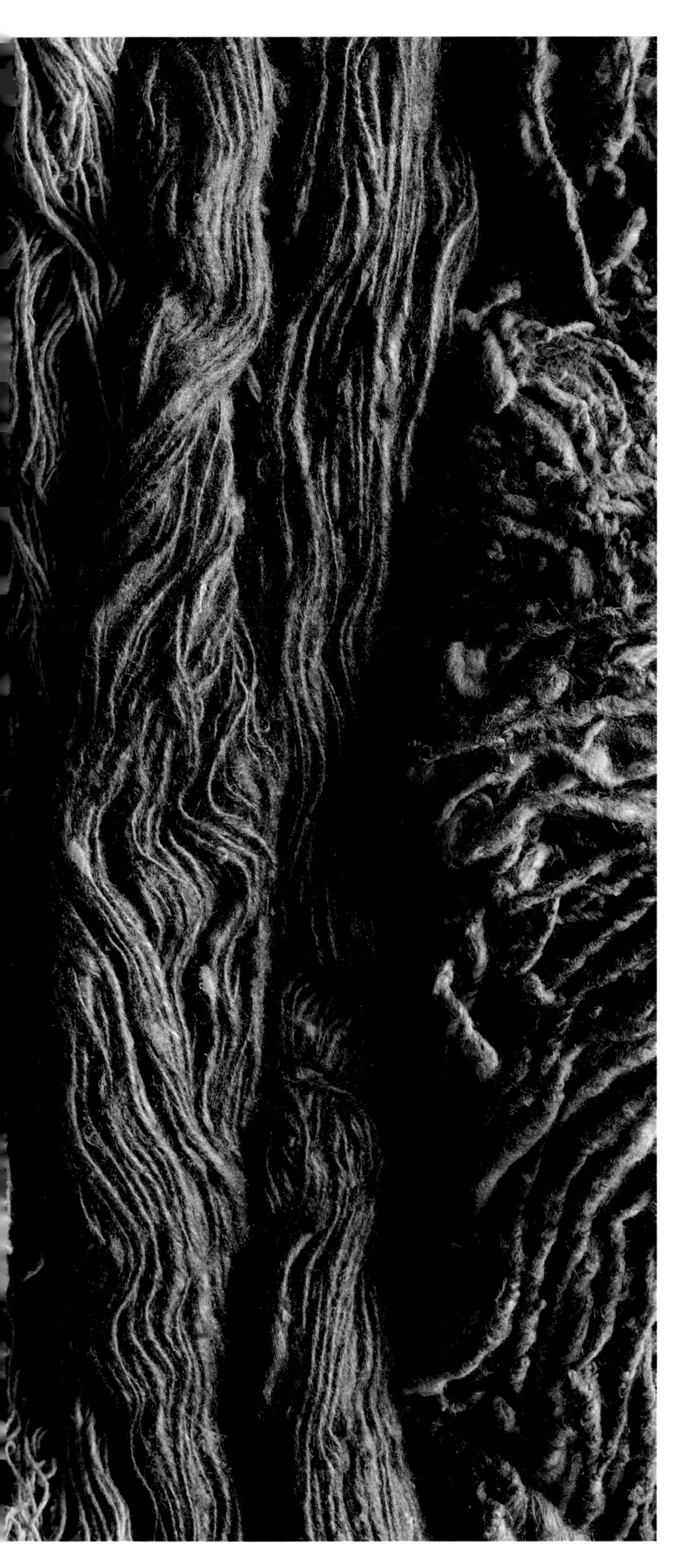

蚕与蜘蛛

丝最早指蚕丝，它是动物纤维，后用来泛指像蚕丝一样的物品，如蜘蛛丝。通常，会吐丝营茧且具有一定商业价值的昆虫被称为“丝虫”。作为丝绸的起源地，中国驯化了最有名的、养殖最多的丝虫——家蚕。家蚕之外的其他蚕类被称为“野蚕”。在印度东北部，有3种野蚕的茧可以用于商业化生产，它们分别是柞蚕属的塔色蚕和钩翅大蚕，以及樗蚕蛾属的蓖麻蚕。非洲主要的丝虫包括马达加斯加的 *Borocera madagascariensis*（属于枯叶蛾科，本书中的部分丝虫暂无中文名，为避免以后有了中文名引起阅读障碍，故保留学名），尼日利亚的 *Anaphe infracta* 和 *Anaphe moloneyi*（均属于舟蛾科）。无论是家蚕还是野蚕都只是幼虫，到了一定的生长阶段，它们会营茧并在茧内度过一段时间，它们在这个生长阶段的形态叫作“蛹”，之后蛹会羽化成蛾从茧中钻出。我们用来缫丝织绸的就是幼虫所结的茧（图18）。

家蚕以桑叶为食，特别是进入大蚕期后，家蚕的食桑量变大，它们会躺在蚕房中通风透气的蚕架上，享用比之前更多的桑叶。进入熟蚕期后，家蚕食欲逐渐减退，最后会停止食桑，开始吐丝营茧，变成蚕蛹。十多天后，蚕蛹羽化成蚕蛾，蚕蛾分泌茧酶溶解蚕茧后钻出。但是，为了获得细长、柔韧、白净的优质生丝，蚕农要保证蚕茧完好，因此不能让蚕蛹化蛾钻出蚕茧。烘茧或煮茧都可以达到此目的。煮茧能让茧表面的丝胶溶解到水中，促进茧丝解离，使缫丝更容易。家蚕是已被完全驯化的昆虫，而印度本土的野蚕的驯化程度较低。[3] 通过图19，我们可以看出不同种类的蚕所产丝线的区别。此外，残次的蚕茧、废丝可以作为绢纺的原料，进而被加工成绢丝，生产出柔软又有质感的绢纺丝绸。

蜘蛛也能吐丝。早在18世纪早期，一些欧洲人就已经开始考虑通过大规模人工饲养蜘蛛获得大量蜘蛛丝，法国科

图19
成绞丝线
印度，2015
从左到右分别是：用家蚕茧的废丝纺成的丝线、蓖麻蚕丝线、2种品质的琥珀蚕丝线、来自印度中央邦和阿萨姆邦的4种品质的柞蚕丝线

V&A 博物馆藏品编号：IS.16 to 23 - 2015

学院曾在1710年对此进行了评估。有文字记载称，在18世纪，法国蒙彼利埃城的邦先生曾设法用 种蜘蛛丝制作了 双结实的长筒袜和一副连指手套，长筒袜和手套都是鼠灰色的。[4] 鼠灰色就是邦先生所用蜘蛛丝的颜色。一般来说，蜘蛛丝颜色暗淡，无法与亮白色的家蚕丝或金黄色的琥珀蚕丝相媲美。但是，也有颜色鲜艳亮丽的蜘蛛丝。例如，马达加斯加岛上的一种络新妇属蜘蛛 *Nephila madagascariensis* 可以吐出金黄色的蜘蛛丝。艺术家西蒙·皮尔斯和设计师尼古拉斯·戈德利收集了这种蜘蛛吐出的丝，并用它们制成了一件斗篷（图20和图21），这件斗篷曾在2012年伦敦奥运会期间在V&A博物馆展出，并吸引了大量参观者的目光。[5]

实际上，人工饲养蜘蛛难以达到一定的规模，因此蜘蛛丝的商业价值并不高。

家蚕丝也被称为“生丝”，因具有独特的性质而备受追捧。家蚕丝的光泽度、韧性、轻盈度，是其他天然纤维无法媲美的。人们渴望通过人工合成的方式生产出有家蚕丝质感的纤维。终于，在20世纪初，化学纤维实现了商业化生产。[6]

我们可以通过检测理化性质来分辨不同的蚕丝：家蚕丝的横截面近似三角形，可以很好地反射光线，所以用家蚕丝织成的纺织品具有很好的光泽度；而野蚕丝的横截面扁平，所以用野蚕丝织成的纺织品光泽度较差。[7] 虽然光滑和柔软是家蚕丝的特征，但仅凭视觉和触觉并不足以让人在各类纺织品中有效地甄别出丝绸。

一粒家蚕茧能缫取约1200米长的茧丝。[8] 在缫丝的过程中，数枚蚕茧的茧丝会被捻成一根生丝，这个过程叫作“加捻”，加捻的目的是使生丝更结实，从而能够作为经线绷在织机上并禁受梭子和筘的摩擦和敲打，进而使织成的纺织品在印花时能够承受木版、铜版的冲力或打褶的压力。事实上，由于强度高，家蚕丝也被用于制作钓线、登山绳、降落伞和医用缝合线。[9] 此外，家蚕丝跟羊毛等动物纤维一样也容易吸水，无论是天然染料还是人工染料，都能使其轻易上色。家蚕丝还非常适合制作内衣，丝质内衣具有很好的保暖性和散热性，使穿着者在一年四季都有舒适的体感。

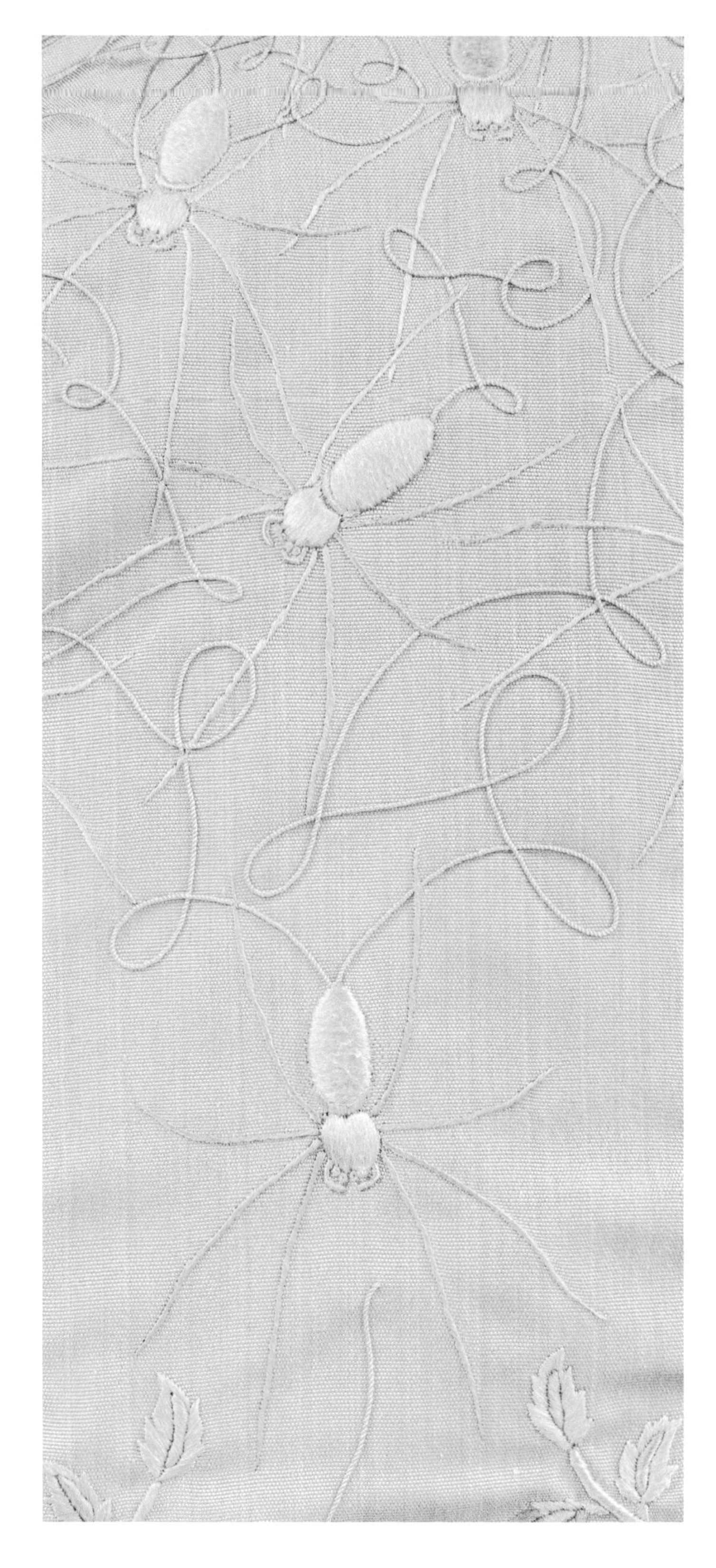

图20和图21（对页）
蜘蛛丝斗篷（细节图和正面图）
西蒙·皮尔斯、尼古拉斯·戈德利制作
马达加斯加塔那那利佛，2011

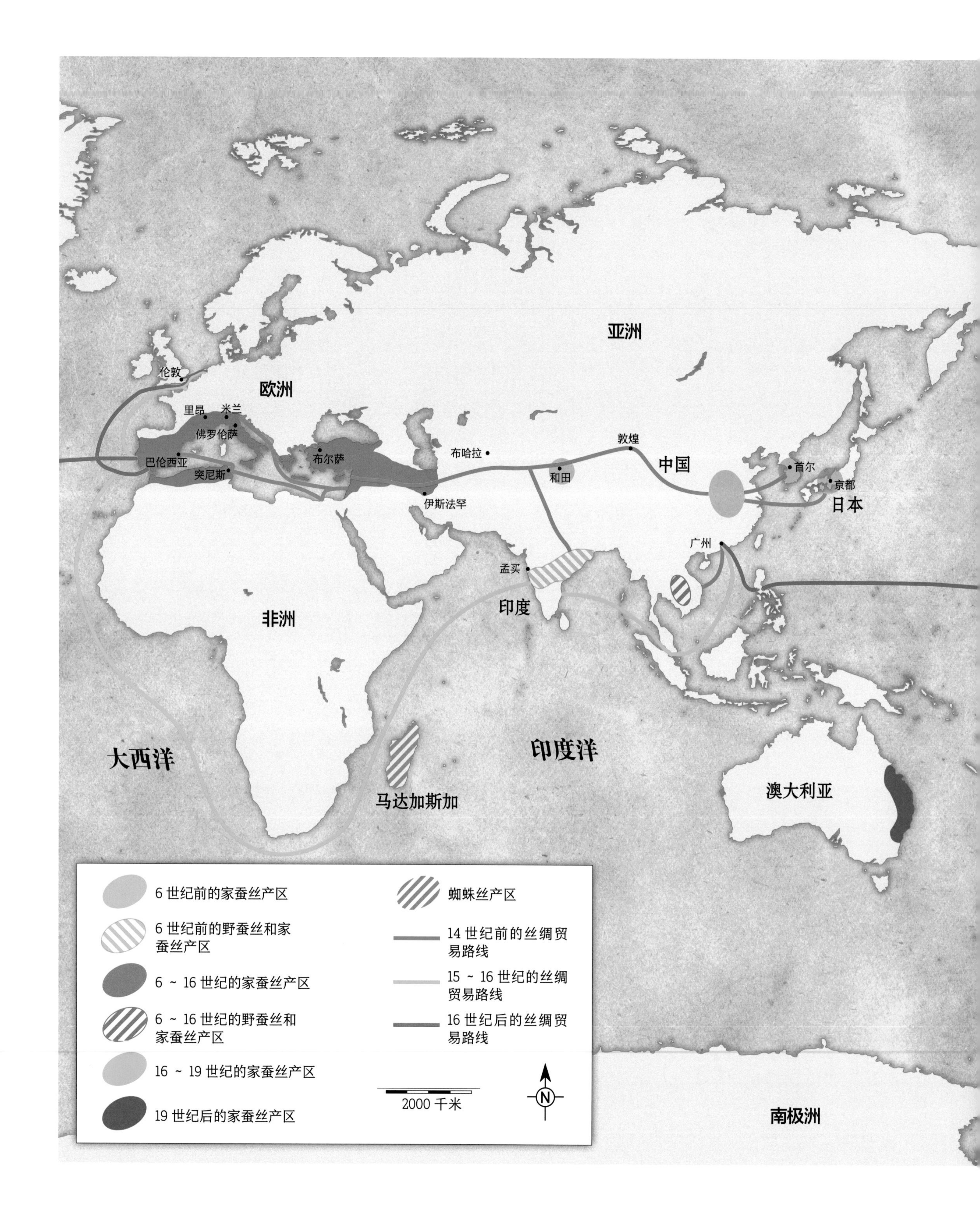
亚洲
欧洲
伦敦
里昂
米兰
佛罗伦萨
巴伦西亚
突尼斯
布尔萨
布哈拉
伊斯法罕
敦煌
和田
中国
首尔
京都
日本
广州
孟买
印度
非洲
大西洋
印度洋
马达加斯加
澳大利亚
南极洲
6 世纪前的家蚕丝产区
6 世纪前的野蚕丝和家蚕丝产区
6 ~ 16 世纪的家蚕丝产区
6 ~ 16 世纪的野蚕丝和家蚕丝产区
16 ~ 19 世纪的家蚕丝产区
19 世纪后的家蚕丝产区
蜘蛛丝产区
14 世纪前的丝绸贸易路线
15 ~ 16 世纪的丝绸贸易路线
16 世纪后的丝绸贸易路线
2000 千米
N

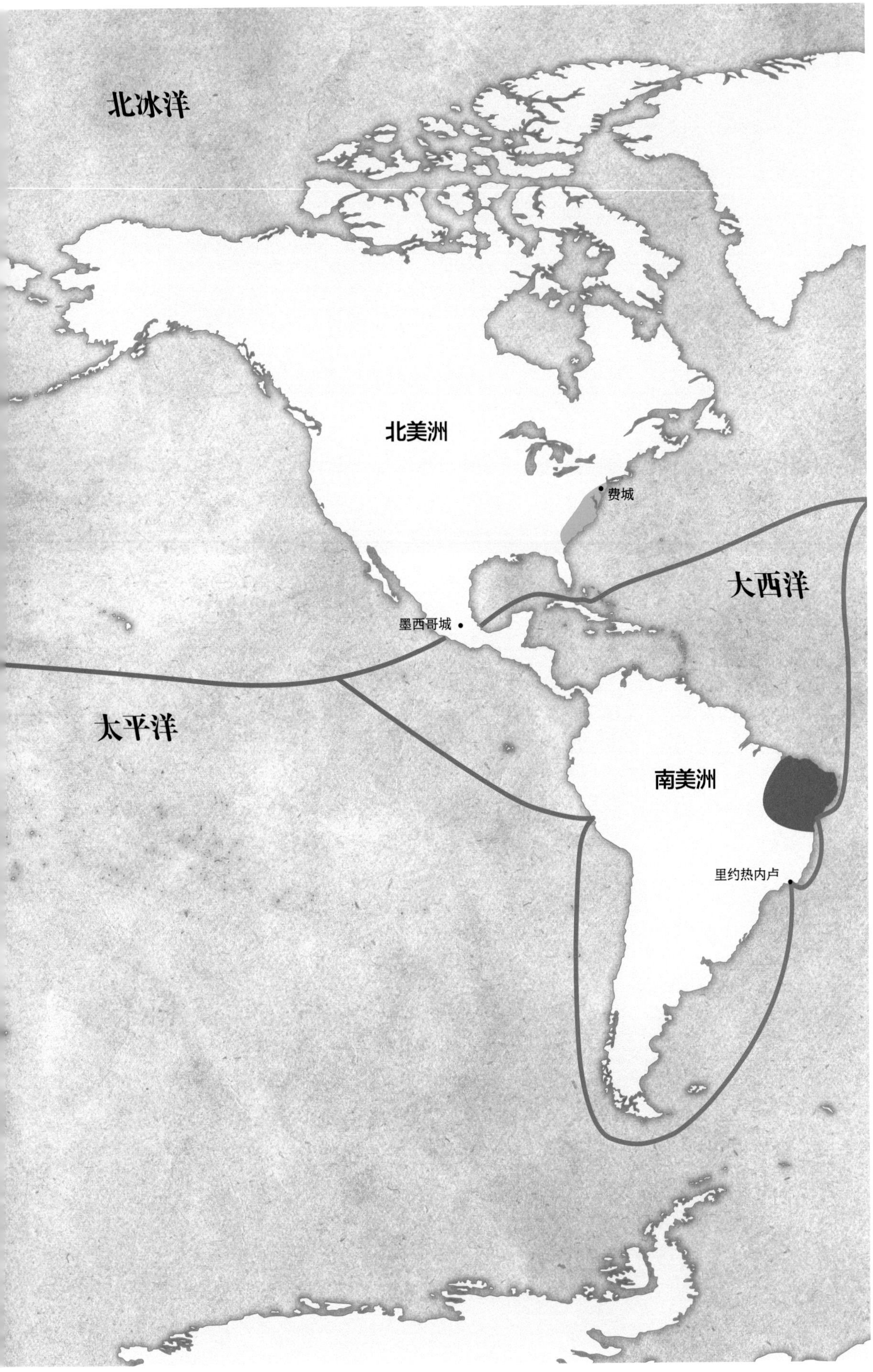

北冰洋
北美洲
费城
大西洋
墨西哥城
太平洋
南美洲
里约热内卢

图 22
20 世纪前全球养蚕业分布和丝绸贸易路线

蚕、桑及其传播

织造丝绸需要大量的家蚕，而家蚕需要特殊的食物——桑叶。1 公顷的桑园能喂养约 40 万只家蚕，这些家蚕结出的蚕茧能缫取约 100 千克生丝，进而能生产 500 件流行的女式衬衫。[10] 因此，桑树栽种一直是成功饲养家蚕的关键。

在从中国到中东再到欧洲的丝绸贸易路线（即著名的丝绸之路，图 22）上一直流传着关于家蚕的传奇故事。[11] 考古发现和历史研究都证明养蚕业起源于中国，且在公元前 3 世纪汉代丝绸之路开通之时，养蚕业就已经在中国蓬勃发展。到了 5 世纪，养蚕业被传播到了于阗国（现中国新疆地区）。于阗国有了养蚕业要归功于当时嫁给于阗国君主的一位中国公主，是她将蚕种带到了这里。于阗国也成为丝绸之路上重要的国家。[12] 6 世纪，养蚕业被两名僧侣（图 23）带到了欧洲的君士坦丁堡（现土耳其伊斯坦布尔），即拜占庭帝国的首都。[13] 之后，养蚕业被传播到了安纳托利亚、希腊和叙利亚，这些地区在公元 900 年左右因蚕丝而变得繁荣。与此同时，伊比利亚半岛上的养蚕业全面发展起来。同期，养蚕业被传播到了北非和意大利的西西里岛，再从意大利的西西里岛被传播到了意大利的亚平宁半岛南部。到了 13 世纪，伊比利亚半岛和亚平宁半岛的养蚕业兴盛起来。养蚕业向东的传播更早。在亚洲，大约在公元前 100 年，养蚕业就从中国被传播到了朝鲜半岛和泰国。到了 3 世纪，日本也有了养蚕业（图 24）。大约在同一时间，印度也开始养殖家蚕，以作为印度当地野蚕养殖的补充。[14]

9—15 世纪，生活在伊比利亚半岛和西西里岛上的当地人建立起了有复杂灌溉系统的庄园，并在庄园内有组织地开展家蚕养殖。从 13 世纪开始，意大利成为欧洲养蚕业的主导，养蚕业尤其刺激了位于意大利北部的威内托和皮埃蒙特两个大区的经济，这为这两个大区后来的丝绸工业化生产奠定了基础。不过，到了 19 世纪中期，意大利的养蚕业开始走向衰落。由于流行性蚕病爆发、合成纤维的竞争和低价的中国生丝（图 25 和图 26 展示了中国生丝生产的部分流程）的输入，到了 20 世纪 70 年代，意大利的生丝产量已大幅减少。[15] 2015 年，意大利威内托大区曾提出复兴养蚕业的论题。[16]

法国的养蚕业发展情况和意大利的类似。从 13 世纪到 19 世纪中期，法国塞文地区因养蚕业而蓬勃发展，成为法国主要的蚕丝生产地区。后来，同样因为蚕病流行和行业竞争，这里的养蚕业迅速衰落。1965 年，法国塞文地区的最后一家缫丝厂关闭。从 20 世纪 70 年代末到 80 年代，法国政府一

图 23

两名僧侣将蚕种献给查士丁尼

铜版画，出自《丝绸介绍》（比利时安特卫普，1591）。据说，拜占庭帝国皇帝查士丁尼通过两名僧侣获得了蚕种并在本国发展起了养蚕业。此为不知名版画家模仿荷兰佛兰德斯画家史特拉丹奴斯画作的作品

V&A 博物馆藏品编号：E.1236 - 1904

图 24（对页）

喂蚕的妇女

一寿斋芳员绘

日本，1849—1852

歌川派浮世绘

V&A 博物馆藏品编号：E.13724 - 1886

五六

图 25
采摘桑叶图
吴俊绘
中国广州，1870—1890
水墨画

V&A 博物馆藏品编号：D.911 - 1901

图 26

大起图（大起指家蚕三眠后进入需大量喂食蚕叶的阶段。家蚕进入熟蚕阶段后开始上簇营茧）

吴俊绘

中国广州，1870—1890

水墨画

V&A 博物馆藏品编号：D.914 - 1901

直致力于振兴养蚕业，但面对来自中国的生丝，法国的生丝并没有竞争优势。目前，法国的一些科研院校仍在推广家蚕的饲养和培育。此外，一家成立于2015年的法国丝绸公司开发了强迫家蚕按照人工设计的3D模型吐丝，从而直接生产产品的技术，这家公司正致力于借助这项技术生产更多的纺织品。[17]

日本在江户时代（1603—1868）采取锁国政策，禁止与西方国家（除荷兰外）进行贸易，独立发展经济，其中养蚕业成为日本最具活力的产业之一。1701年，日本第一本丝绸生产操作指南《蚕饲养法记》（野本道玄著）在津轻藩（现日本青森县）出版。在之后的150年里，有100多本养蚕业著作在日本出版。

1803年，上垣守国的《养蚕密录》在日本出版，后来荷兰政府的翻译人员将其翻译成法文，法文版于1848年在法国巴黎和都灵出版发行，法国植物学家马蒂厄·博纳富斯对法文版进行了评注。后来，在欧洲蚕微粒子病流行的时候，《养蚕密录》的法文版再度出版发行。书中提到，对于劳动密集型的养蚕业，日本人进行了技术提升，比如为幼蚕提供适应其成长阶段的优质桑叶、将蚕室的温度控制在适宜的范围内、制定了较高的蚕室环境卫生标准。在蚕种方面，日本的蚕农每年会采购新的蚕种并有选择地进行饲养，选育的蚕种从18世纪早期的5个品种增长到19世纪60年代的200多个品种。[18]生丝成为日本出口欧洲的主要商品，日本与欧洲的生丝贸易虽然在第二次世界大战期间中断，但在战争结束后得以恢复。[19]到了20世纪70年代，得益于国内大量的和服生产需求，日本的养蚕业蓬勃发展。

我们将视线转回欧洲。在英国，尽管当地气候条件不太适宜发展养蚕业，但许多鼓励栽桑的政策为养蚕提供了必要的基础。17世纪早期，苏格兰及英格兰国王——詹姆斯一世鼓励在国内发展养蚕业，后来的一些君主在因战争导致经济

困难的时期都会重提发展养蚕业。但是，英国鼓励发展养蚕业的政策不算成功，只有一些小规模的蚕桑私营企业发展至今。例如，卢林斯通丝绸农庄于 20 世纪 30 年代在英国肯特郡创办，后搬到英国赫特福德郡，在 1975—2011 年迁至英国多塞特郡的谢伯恩。[20] 爱尔兰的生丝产量一直非常有限，养蚕业只延续到了 20 世纪中叶。[21]

大航海时代的探索开辟了全球贸易路线并促进了帝国的扩张。澳大利亚大陆和美洲新大陆适宜的气候条件使得养蚕业顺利发展起来（图 27 和图 28）。人们在北美洲发现了当地特有的红桑。17—18 世纪，瑞典和英国先后在北美洲开展养蚕业，并从中获得了不菲的收益。17 世纪，美国弗吉尼亚州、南卡罗来纳州和佐治亚州的养蚕业蓬勃发展，生丝大量出口。从 18 世纪 50 年代到 19 世纪，这股养蚕业发展和生丝出口的浪潮向北扩展至美国宾夕法尼亚州和新英格兰地区。当时，一些受到启蒙运动影响的博物学家、植物学家、行业协会成员、创业者、普通的农民等纷纷投身养蚕业。[22] 到 19

图 27（对页）
位于澳大利亚南亚拉的蚕室
澳大利亚维多利亚州，1874
铜版画

图 28
喂蚕的妇女
铜版画，出自亨丽埃塔 · 艾特肯 · 凯利所著《桑蚕文化》（美国华盛顿，1903）第 13 页

图 29
在巴西巴拉那州的养蚕厂中，一位工人正在喂蚕
彩色照片，发表于 2019 年的巴西《人民报》

世纪后期，世界范围内生丝需求量大幅增加，中国和日本成了主要的生丝出口国，这在一定程度上影响了美国的生丝产量。在 19 世纪 80 年代，连接东西海岸的铁路运输的发展加速了美国养蚕业的衰落，因为日本出口的生丝“乘坐”蒸汽轮船从日本横滨出发，穿过太平洋到达美国的西雅图、温哥华和旧金山后，在 90 小时内就可以被列车运送到纽约。当时，美国运送生丝的列车享有优先行驶的特权，因此被称为“丝绸号”。[23]

虽然澳大利亚本土对丝绸的需求量较少，但由于澳大利亚有着适宜的气候条件，养蚕业注定会成为澳大利亚的重要产业。不过，澳大利亚养蚕业的发展十分曲折。1825 年，澳大利亚农业公司率先评估了在澳大利亚发展养蚕业的可行性，并对外宣布了栽培桑树的计划。一些小型私营企业也随之投身养蚕业，联合成立了澳大利亚新南威尔士州农业学会丝绸委员会，并从1869年开始通过积极传播养蚕业发展信息和游说政府来促进本土养蚕业发展。当时，欧洲的养蚕业因蚕微粒子病流行而遭受沉重打击，中国和日本的养蚕业也在一定程度上受到了蚕微粒子病的影响，但澳大利亚的蚕种没有受到此波蚕病的影响，并且当地恰好有着稳定的桑叶供给。可惜的是，当时的澳大利亚政府并不重视养蚕业。1893年，新南威尔士州政府在一份报告中提到发展养蚕业只不过是澳大利亚处于殖民统治时期的理想的经济发展策略。[24] 100多年后，在2000年，一份递交给澳大利亚农村产业研究与发展公司的报告提到，澳大利亚应继续发展养蚕业，报告推荐了适合澳大利亚气候的桑树和家蚕品种，还介绍了相关的技术，并建议政府应给予澳大利亚昆士兰大学的蚕种繁育和发展中心一定的资助。[25] 可惜的是，在2005年，该中心的桑园被破坏，中心被迫关闭。[26]

在拉丁美洲，养蚕业的发展相对顺利。16世纪初期，西班牙人将养蚕业传入该区域。当时的西班牙国王颁布了财政激励政策，鼓励当地人种植桑树和饲养家蚕。从16世纪40年代到80年代，养蚕业在墨西哥繁荣发展，但随着中国的生丝"乘坐"大帆船从菲律宾的马尼拉运抵当地，墨西哥养蚕业的发展就此停滞了一个多世纪。[27] 但是，养蚕业并未在墨西哥消失，墨西哥仍在种植桑树，且生产少量的生丝用于本地的丝绸织造。自20世纪90年代末以来，墨西哥政府积极推动养蚕业发展，并提供政府补贴，引进新的桑树品种，从日本引进新蚕种。相比西班牙人带来的蚕种，新蚕种生产茧丝的量增加了两到三倍。[28] 2019年初，墨西哥政府投入大量财政资金用于鼓励农民留在乡村从事蚕桑生产，而非前往城市谋求工作。[29]

相比墨西哥，巴西的养蚕业（图29）起步较晚。直到1825年巴西获得独立，巴西的养蚕业才开始发展。1838—1839年，一位私营企业家率先在巴西里约热内卢州的伊塔瓜伊建造了蚕房和丝绸厂，并开始从事蚕丝生产。1843年，巴西帝国末代皇帝佩德罗二世与两西西里王国国王的女儿结婚，一些那不勒斯的丝绸工人因此来到了巴西。[30] 与此同时，意大利和法国的丝织业专业知识也传到了巴西。[31] 毫无疑问，皇室对丝绸的需求需要得到满足。1844年，皇室向前面提到的私营企业家提供了资金支持，1854年入股并成立了弗鲁米嫩塞皇家丝绸公司。之后，在1912年和1921年，巴西的米纳斯吉拉斯州和圣保罗州先后开始发展养蚕业。巴西的养蚕业发展持续得到人力和资金方面的支持。例如，1940年，日本移民在巴拉那州成功成立了丝绸公司，由于具备专业的知识和技术，他们很快成了巴西丝绸产业的主要供应商。在20世纪60年代，不少企业家在圣保罗州投入大量资金以发展养蚕业。[32] 2014年，巴西已经成为西方最大的丝绸生产国。在2001—2019年的世界丝绸产量排行榜上，巴西位列世界第五，虽然巴西的丝绸产量远低于中国、印度和乌兹别克斯坦的丝绸产量，但与泰国和越南的丝绸产量基本相当。[33] 这个成绩得益于巴西政府对本土养蚕业的大力支持。

养蚕业在南美洲的发展现状反映了养蚕业的巨大潜力。因为具有技术要求不高、生产占用空间小、生产方式灵活的特点，养蚕业可以在工业化程度较低的国家和地区发展，并成为农村家庭的副业，带来补贴性收入。自1948年以来，国际蚕业委员会以提供培训、开展研究、传播研究结果和开发项目的方式来促成国际合作。该委员会有20个成员国，欧洲的成员国只有法国和希腊，委员代表来自各成员国的省级（或州级）政府、研究和发展机构、大学、商业公司。2011年，国际蚕业委员会总部从法国迁至孟加拉国。该委员会基于可持续发展理论，致力于解决世界贫困问题和促进性别平等，并积极在非洲、南亚和南美的贫困地区推广养蚕业。[34] 虽然非洲的生丝产量远不及南亚和南美，但是，根据2007和2019年的报告，在布基纳法索、肯尼亚、马达加斯加、南非、乌干达、博茨瓦纳和纳米比亚，蚕桑生产活动都在蓬勃进行中。[35]

国际蚕业委员会认为，养蚕业能帮助女性提升家庭和社会地位。同时，该委员会还指出，女性从事养蚕劳作具有悠久的历史，在采摘桑叶和喂蚕等活动中，主角大都是女性。自18世纪以来，女性一直是养蚕业的主要劳动力，她们在家中从事养蚕劳作的同时还能照顾家庭，这使女性在家庭的地位有所提升，这一情况在新近的报告中有所提及。

从蚕丝到丝绸

蚕丝生产通常是在家蚕营茧后开始的，生产过程的重点是煮茧、烘干蚕茧、选茧和缫丝（图 30 和图 31），为了防止蚕蛹化蛾破坏蚕茧，蚕丝生产过程需要尽早完成。蚕丝生产需要一定数量的劳动者配合完成，且劳动者通常为女性。过去，缫取的生丝通常被运往临近的生产丝绸的场所或城市以进行后续加工。西班牙、意大利和法国既有繁荣的养蚕业又有兴旺的丝织业。我们在前面已经了解了，养蚕业在 9 世纪传入伊比利亚半岛和西西里岛，在 11 世纪传入意大利亚平宁半岛，然后在 13 世纪传入法国。虽然养蚕业在英国“水土不服”，但丝织业在英国获得了长足的发展。到 20 世纪中期，中国和印度成为（且至今仍是）世界生丝的主要生产地，而欧洲和美国则成为主要的丝绸加工地。[36]

在科学技术发展、艺术设计创新以及时尚流行元素不停变化的驱动下，丝绸纺织工艺一直在发生改变，但从蚕丝到丝绸的工艺流程并没有发生太多改变。

图 30
美人养蚕图
一寿斋芳员绘
日本，1855
歌川派浮世绘，画中描绘了女性从桑枝上取下蚕茧的场景

V&A 博物馆藏品编号：E.13729 - 1886

图 31（对页）
缫丝的女子
一寿斋芳员绘
日本，1849—1852
歌川派浮世绘

V&A 博物馆藏品编号 E.13726 - 1886

一般来说，人们需要将蚕茧煮熟后进行缫丝（图 32），或者将蚕茧烘干（在这个过程中，蛹会被杀死）经过筛选再进行缫丝。缫丝指的是将从数粒蚕茧中抽出的茧丝合成一根生丝。[37] 之后，生丝会经过水洗、脱胶、漂白和染色等一系列工序，一些成为缝纫线或刺绣线，一些成为纺织用的经线和纬线（图 33 和图 34 展示了丝线的准备工序和经线上机前的准备工序），还有一些用于工业生产或医学治疗。废丝和野蚕丝则可用作填充的锦絮或成为绢丝。丝绸面料织造完成后，还会经过染色、印花或刺绣等工艺完成整个加工过程。在从蚕丝到丝绸的生产过程中，每个工序都需要专业技能，劳动者需要分工合作，这种劳动形式很久以前就已经存在。蚕丝生产和丝绸纺织工艺通过丝绸之路传播到沿线各个国家。

丝线的加工通常由女性完成。根据不同的工艺要求，她们利用纺轮和绕线杆将多根丝线合在一起并加捻。加捻后的丝线牢度提高。一般来说，经线要使用牢度高的丝线，这样才能保证经线在织机上保持绷紧的状态，用作纬线的丝线牢度稍低。经线多将两根或多根已加捻的丝线继续合在一起并加捻而成。加捻后，单根丝线会朝特定的方向扭转，丝线加捻的方向叫作“捻向”。丝线从右下方向左上方扭转，呈“S”形，故称“S 捻”；丝线从左下方向右上方扭转，呈“Z”形，故称“Z 捻”。丝线的捻向会影响织物的性能和纹理效果。

通过进一步加工，比如将不同捻度、颜色的丝线再加捻，或将丝线和其他材质的线加捻，我们就能得到有特殊性质或有特殊用途的线（图 35 ~ 38）。例如，绒线是将多根丝线轻度加捻而成的，粗丝线是将多根丝线强力加捻而成的，光滑

图 32
缫丝图
吴俊绘
中国广州，1870—1890
水墨画

V&A 博物馆藏品编号：D.917 - 1901

图 33
复摇图
吴俊绘
中国广州，1870—1890
水墨画，描绘了纬线的准备工序

V&A 博物馆藏品编号：D.919 - 1901

图 34
上浆图
吴俊绘
中国广州，1870—1890
水墨画，描绘了经线上织机前的准备工序

V&A 博物馆藏品编号：D.920 - 1901

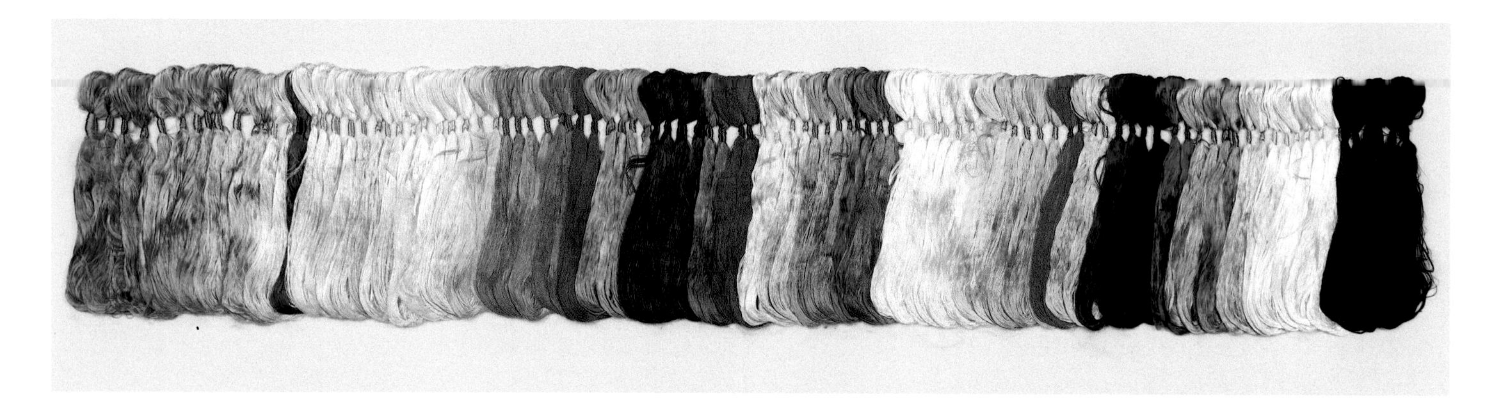

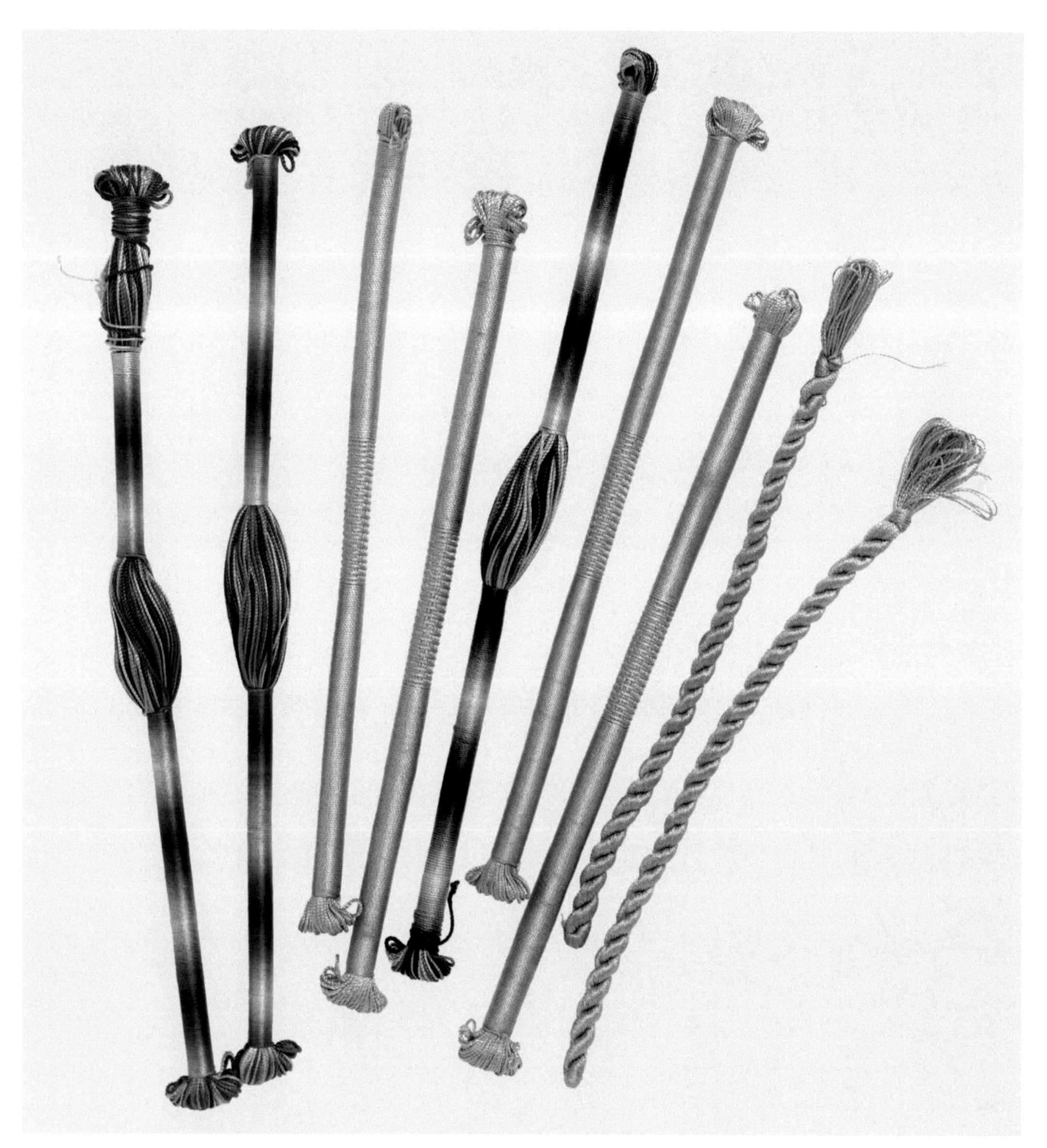

图 35（上）

用天然染料染色的刺绣丝线
中国，1840—1850

由珍妮特·辛普森、安妮·辛普森和科林·辛普森捐赠，以纪念他们的曾祖父劳伦斯·霍尔克·波茨
V&A 博物馆藏品编号：FE.67:2 - 2009

图 36（中）

刺绣丝线
英国，1800—1850

由 M.G. 格雷厄姆夫人捐赠
V&A 博物馆藏品编号：T.436 - 1966

图 37（下）

盖有“India Office”（印度事务部）印章的金线
印度特伦甘纳邦海得拉巴市，1855—1879

V&A 博物馆藏品编号：6354（IS）

图 38（对页）

贴有特等品标签的缝纫丝线
英国，1910—1920

V&A 博物馆藏品编号：T.4 to K - 1986

柔软的雪尼尔花线是将织好的窄条织物切割成小段后再将小段加捻而成的。因为短纤维适合用纺的方式加捻成丝线，所以蓖麻蚕丝、残次的蚕茧适合使用绢纺工艺纺制成有粗糙质感的丝线。一些国家的生丝产量刚好满足国内的丝线需求，所以那些缫制或纺制的丝线会更多地用于刺绣或缝纫，而非纺织。例如，墨西哥生产的丝线刚好足够用于本土刺绣和制作披肩上的流苏，这可能就是墨西哥养蚕业在西班牙殖民结束后幸存至21世纪的原因。

贵金属可以和丝线结合在一起制成奢华的金属线。制作方法和材料因地而异。在中国和日本，人们将金箔覆在纸上，裁成细条后缠绕在丝线外面，制成金线。在约1100年前，近东地区、伊朗、伊比利亚半岛和意大利的人们会先在皮革、羊皮纸或羊肠上覆盖金箔或镀金银箔然后再将其制成线。在印度、伊朗、中东地区和欧洲大部分地区，金属线的生产变成独立的产业，金属线通常由技术熟练的男性制作。

18世纪是英国和法国丝织业发展的鼎盛时期，当时有五类金属线，其中四类是用金属包裹丝线制成的，还有一类是用纯金属拉制而成的，每一类线都还可以细分。常见的金属线是在一根丝线外面缠绕上细小的金属丝制成的；有一种金属线的制作方法和前者相同，但金属丝缠在丝线上松紧不一，使得金属线呈羊毛一样的卷曲状；还有一种金属丝呈片状，有独特的光泽。[38] 有些金属线在制作时会考虑原料的色彩搭配，比如用银丝缠绕白色丝线，用金丝缠绕黄色丝线。严格来讲，这里用来缠绕丝线的金丝通常是镀金银丝。索贝克线是一种彩色的金属线，这种金属线使用了窄且扁平的金属丝，使得金属线产生奇妙的视觉效果。使用各种不同的线织造丝绸或进行刺绣能够使纺织品显得特别富丽华美，并使纺织品发出像摇曳的烛光一样闪烁的光。

并非所有的金属线都适合用来织造丝绸或作为缝纫线（或刺绣线），有些金属线会用其他细的丝线缝缀在织物表面，比如钉金绣。[39] 印度也有制作金属线的手工作坊，在17世纪的莫卧儿帝国，艾哈迈达巴德中出现了制作金属线的手工作坊；从18世纪末到19世纪初，制作金属线的手工作坊集中在瓦拉纳西；随后在19世纪，制作金属线的手工作坊遍布印度。[40]

无论是19世纪的亚麻布平纹刺绣（图39），还是18世纪的曼图亚上的刺绣（图40），这些刺绣至今仍然色彩鲜艳，令人过目难忘，这与丝绸的染色工艺是分不开的。早在6世纪末的中国，当时的统治者就专设机构管理染色工艺。[41]13世纪，欧洲的一些城市陆续出现了专门负责控制织物染色质

图 39

亚麻布平纹刺绣样本

恩卡纳西翁 · 卡斯特拉诺斯制作

墨西哥，1850 年 6 月

由 A.F. 肯德里克遗赠

V&A 博物馆藏品编号：T.92 - 1954

量和培训学徒的贸易机构或行业协会。在法国，路易十四统治时期的财政大臣让·巴普蒂斯特·柯尔贝尔为了促进印染行业发展，在1669年调整了两个染色行业协会的章程，并提出奖励开发染色新技术的匠人的措施。柯尔贝尔曾在1671年解释道：

“生产丝绸、羊毛和丝线的目的是为了获取利润，染色……可以为纺织品注入灵魂，正如肉体必须注入灵魂一样。……染色增加了纺织品的价值，纺织品的颜色应该跟纺织品本身一样持久。”[42]

一幅绘于19世纪晚期的水墨画（图41）描绘了给丝线染色前的准备场景：围着围裙的染匠分工明确，专注于各自的工作。在院子里，一绞绞缫好的生丝在去除杂质后被挂在木架上晾晒，以便接下来用染料和固色剂（或媒染剂）进行染色。无独有偶，在由丹尼斯·狄德罗和让·勒朗·达朗贝尔编著的《百科全书》中，也有描绘类似场景的铜版画（图42）。这幅画清楚明了地向读者展示了染色工艺。画的右侧有冒着大量热气的桶，有染匠正在将成绞的生丝放入桶中（或从桶中取出）。还有染匠在查看水温，检查染液的化学反应以确保染色质量、色泽均匀度和色牢度。当然，染色不仅

图40（对页）
曼图亚（细节图）
法国（可能），约1765
曼图亚是一种流行于17世纪中叶到18世纪中叶的女式礼服。这件曼图亚上的刺绣花纹使用了金属线、绣花丝线和粗丝线等

V&A 博物馆藏品编号：T.252 - 1959

图41（上）
丝线染色图
吴俊绘
中国广州，1870—1890
水墨画

V&A 博物馆藏品编号：D.922 - 1901

图42（下）
河边的染坊
铜版画，出自丹尼斯·狄德罗和让·勒朗·达朗贝尔编著的《百科全书》第27卷（法国巴黎，1772）

V&A 博物馆下属国家艺术图书馆藏书编号：E.313 - 1917

图 43
日间礼裙
英国或法国，1873
面料为平纹绸，用三苯胺类染料（或甲紫）染色

由布里斯托尔侯爵夫人捐赠
V&A 博物馆藏品编号：T.51&A - 1922.

图 44（对页）
用苯胺紫染色的绸样
收录在一本样品册中，样品册名为《1862 年英国伦敦世界博览会记录》第 20 卷，丝绸与天鹅绒分册，由约瑟夫 · 巴洛 · 罗宾逊 · 伊顿整理

由伊顿之孙捐赠，以纪念伊顿和他的妻子
V&A 博物馆藏品编号：T.258 - 2009

包括对丝线进行染色，也包括对成匹的丝绸进行染色。

随着化学研究的深入和全球贸易的发展，染料的选择更多样化。[43] 在 19 世纪前，人们从自然界获取染料，比如人们从植物的叶、花、果实和根中提取出植物染料，从动物体内提取出动物染料，甚至从菌类中提取出真菌染料。染料来源不同，但染出的颜色可能相似。天然的紫色染料非常昂贵，可以从栖息于太平洋和地中海地区的紫贝中提取到。[44] 天然的红色染料来源较多，如生长在气候温润的地中海地区的茜草，伊比利亚半岛的胭脂虫，印度的紫胶虫，西亚、地中海东部或中美洲的另一种紫胶虫，还有中国和日本的红花和苏木。天然的蓝色染料来源包括印度和日本的木蓝以及中国、欧洲内陆和地中海沿岸的菘蓝。[45] 从 16 世纪开始，染料贸易给各个国家本土的染料发展造成了影响。最著名的染料贸易垄断事件是：西班牙人在墨西哥发现了紫胶虫和苏木，这两种染料能够染出红色、紫色和黑色。长期以来，这三种颜色由于需要耗费大量时间才能染出，因此成为富贵的象征。据《百科全书》记载，用天然染料将织物染成纯黑色需要耗费 4 天以上的时间。[46] 毫无疑问，西班牙人渴望垄断在中美洲发现的这两种天然染料的贸易。他们做到了，并且一直垄断这两种天然染料的贸易到 19 世纪。[47]

染料和染色配方一度掌握在官方和染料商人手中。直到 19 世纪中叶，苯胺染料等（甲苯胺染料染色的纺织品见图 43 ~ 45）合成染料的发明使染匠再也无须为植物或昆虫染料不足而担心。[48]

1863 年，英国画报《闲暇时光》用一篇文章专门介绍了合成染料的发展，并在文章中这样说道："化学家使锦葵紫、品红、阿祖蓝、祖母绿等上百种和它们的名字一样美丽的颜色进入（大众的）生活。大众的颜色品位将变得多元，摄政街（英国伦敦著名的购物街）将变成五彩斑斓的海洋、彩虹色的世界。"[49] 然而，有些合成染料会对染匠和织工的健康以及环境产生危害。丝织业的合成染料可能是仅次于交通业的矿物燃料（如煤、石油）的毒性污染源。因此，是否应该继续使用合成染料成了 21 世纪纺织品可持续生产的核心辩题。[50]

到了 20 世纪中期，天然染料与合成染料已经非常普遍。丰富的染料种类使染料公司有了制作色卡（图 46 和图 47）的需求。通常，使用的染料（或染出的颜色）和染色工艺与纺织品的经济价值直接相关。颜色在仍然保持其特定的文化

INTERNATIONAL
1862.
EXHIBITION.
CLASS 20.
HONORABLE MENTION
NUMBER 3858.
Cornell, Lyell, & Webster,
15 St Pauls Churchyard, London.
For plain & fancy
Silk Ribbons.

图 45（上）

平纹绸

印度泰米尔纳德邦坦贾维尔市，约 1867

有紫红色和蓝色格纹

V&A 博物馆藏品编号：4923（IS）

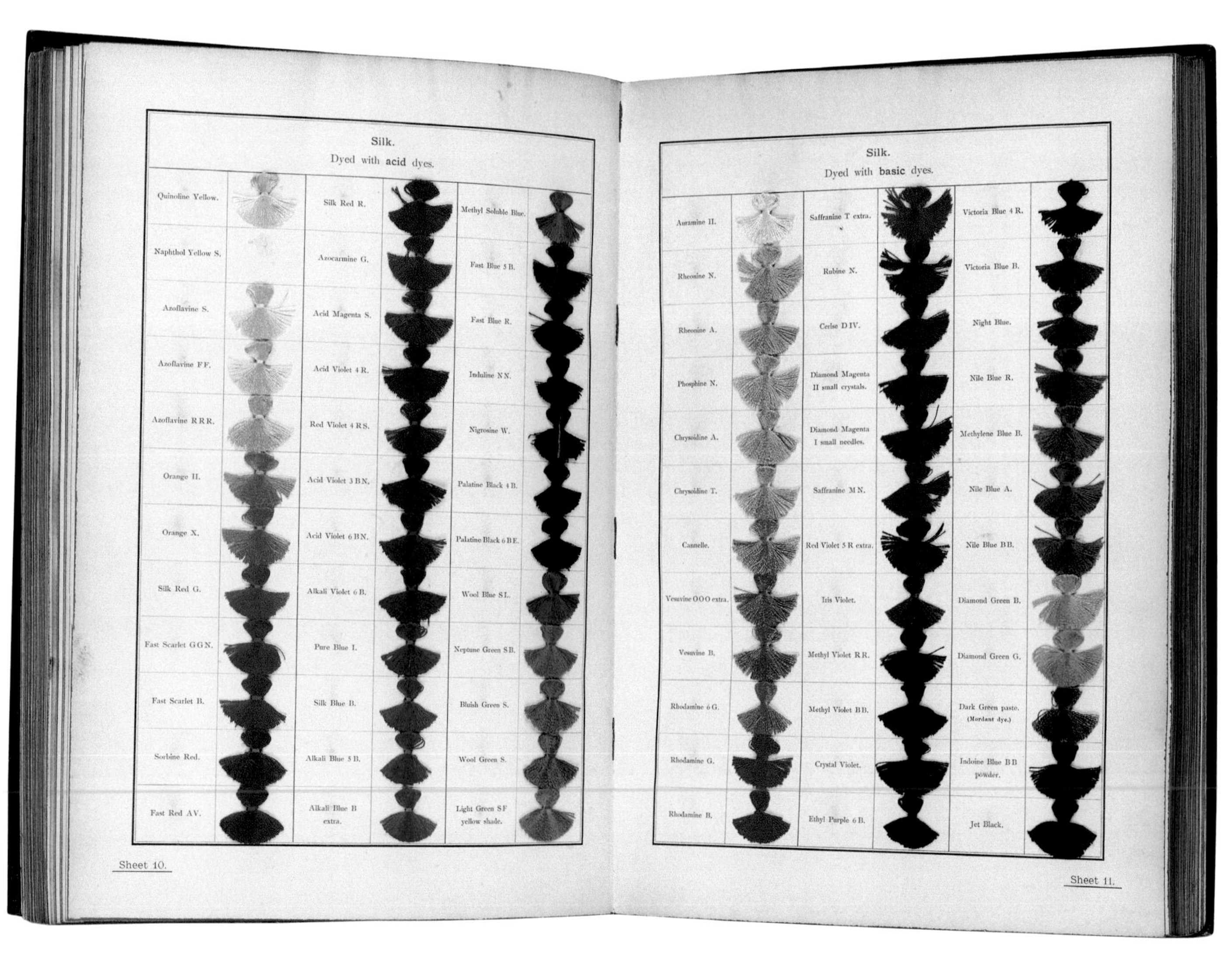

图 46（下）

苯胺染色样品册

德国巴斯夫股份公司制作

德国，1901

由斯坦利 · D. 查普曼捐赠

V&A 博物馆藏品编号：T.180 - 1985

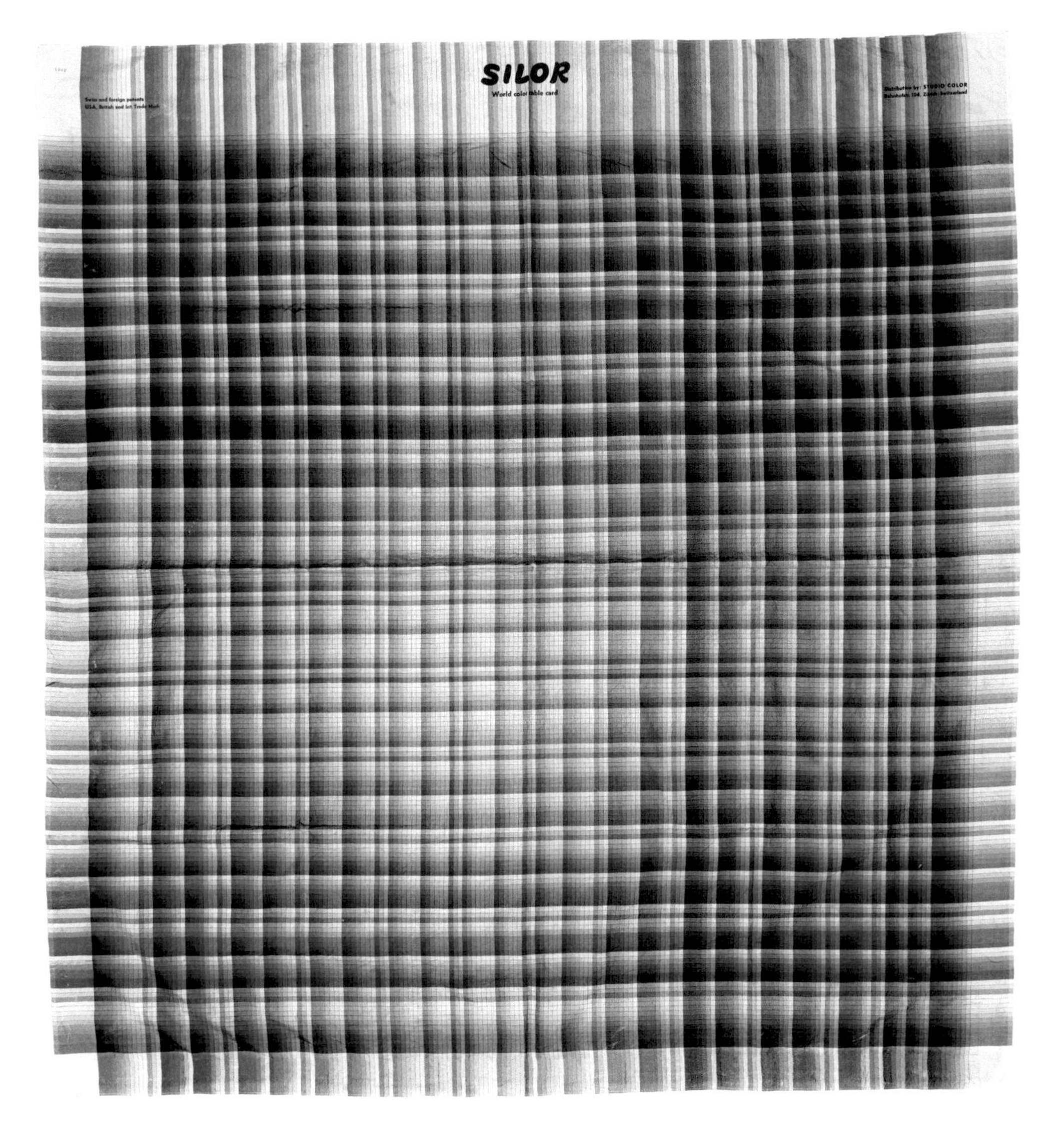

图 47
丝绸染色样品
瑞士苏黎世，1950—1970

由伊丽莎白 · 霍华德捐赠
V&A 博物馆藏品编号：T.52 - 2016

象征意义的同时，也成了流行时尚元素。20世纪70年代中期，法国里昂举办了第一届第一视觉面料博览会，如今第一视觉面料博览会仍具有较大的影响力，每届博览会还会发布色彩流行趋势。[51] 丝绸生产商会根据色彩流行趋势侧重特定颜色的丝绸的贸易。

丝线经过加捻和染色后就可以被装在织机上正式开始织造。和染色工艺一样，丝绸织造工艺也极为复杂，是一门对技术要求极高的工艺。直到 19 世纪，丝绸的织造工艺还是受国家相应机构和城市行业协会保护的秘密。早期的丝绸都是平素织物，比如塔夫绸、斜纹绸，然后出现了纱罗或使用附加纬的丝织物。丝质壁毯可能出现于 3 世纪，后在 13—14 世纪得到发展。2 世纪，中国最先织造出具有复杂组织结构的丝绸，这需要机械结构更为精密的织机。4—10 世纪，织造具有复杂组织结构丝绸的技术传入埃及、波斯和叙利亚，随后这种技术被加以改进。自 12 世纪以来，丝织物的种类大幅增加，本书囊括了几乎所有种类的丝织物，如单色缎、彩色锦缎和天鹅绒。从中国到伊比利亚半岛乃至其他地区，所有织工都在用提花织机织造精美的丝绸。19 世纪，贾卡提花机的发明使得丝绸上出现了更精致的花纹。

丝绸的织造工艺和用途决定了丝绸生产的分工。一般来说，所有的丝绸织造机构都由一个织造中心统筹管理。规模小的织造机构通常专注于织造一种或一类特定的、工艺较为简单的丝织物。在中国的清代，有并称“江南三织造”的江宁织造局、苏州织造局与杭州织造局，这是三家专为宫廷提供织品的皇商，受皇帝委任。据记载，在 1685 年，江南三织造共有 2602 名织工、800 台织机。织造局里有督工、高手（类似技术专家）、织工和其他工人（如牵经工人、捻线工人、花本意匠设计工人等）。[52] 每家织造局都有各自的特色产品。例如，江宁织造局生产云锦，苏州织造局生产丝毯和宋锦，杭州织造局生产平纹织物和缎纹织物。在几乎同一时期，法国出现了许多小型家庭丝绸作坊。当时，里昂已经可以生产各种各样或宽或窄，或有花纹或无花纹的丝绸，这些丝绸可以用来制作室内软装饰、袍服、花边和袜子；而朗格多克省（法国曾经的一个省）的尼姆市只能生产蕾丝和平素织物，且通常只能利用废旧丝绸；卢瓦尔省的圣艾蒂安市已逐渐发展出织造窄丝带的技术。

跟印染行业一样，1800年以前的丝织业也有不少行业规则。这些规则旨在规范织工的行为和织物的质量，官员还会对织工进行培训和开展工坊管理。通常，丝绸织造由男性完成，女性主要承担缫丝、牵经工作。在当时的法国，若女性参与了丝绸织造工作，则可能会被视为不合规。[53]此外，每种织物应该使用的原料、原料的质量和数量、经纬密度、织物的门幅以及织物的幅边（又称“布边”）都要符合规定。

长期以来，一个地方所生产的织物的门幅在很大程度上取决于当地所用手工织机的尺寸。相比于用现代电力织机织造的丝绸的门幅，18世纪以前欧洲织造的丝绸的门幅要窄一些，在48 ~ 58厘米之间，适合作为室内软装饰的、门幅为76厘米的丝绸直到18世纪才在欧洲出现。而中国织造的丝绸的门幅通常为55 ~ 78厘米。此外，中国织造的丝绸末端还织有落款，以标注生产地和监制官员的名字。[54]法国直到18世纪末才有在丝绸末端打上铅封的做法，铅封为当地丝绸行业协会的批准印章。到了20世纪，法国制造的丝绸的幅边上会有织的或印的、非常醒目的制作者名字或品牌名。

在早期的欧洲，几乎所有的中心城市都会生产蕾丝和丝绸。法国和意大利是欧洲丝袜的主要生产地。到了19世纪末，运动针织套衫如同现在的智能户外服装一样成为时尚流行元素。在法国巴黎，著名的纺织线品牌雅克·查彭蒂埃自20世纪20年代起专注于提供符合现代人需求的针织羊毛线和丝线（图48）。1916年，嘉柏丽尔·香奈儿从面料公司让·罗迪尔那里购买了一批积压的平纹针织面料，并将这种面料用于自己设计的时装。这种面料是泽西绸。当时，泽西绸只用于制作男式运动针织衫，嘉柏丽尔·香奈儿创造性地用其做成了女装，这种女装因款式简约、不显腰身、穿着舒适而引起轰动。这一设计获得了*Vogue*杂志的赞赏，1917年某期*Vogue*杂志刊登了名为*The Jersey House*的文章。随后，香奈儿在法国巴黎的郊区创建了一家属于自己的针织面料厂。[55]在20世纪20年代，连衣裙的下摆变短，女性开始露出小腿，

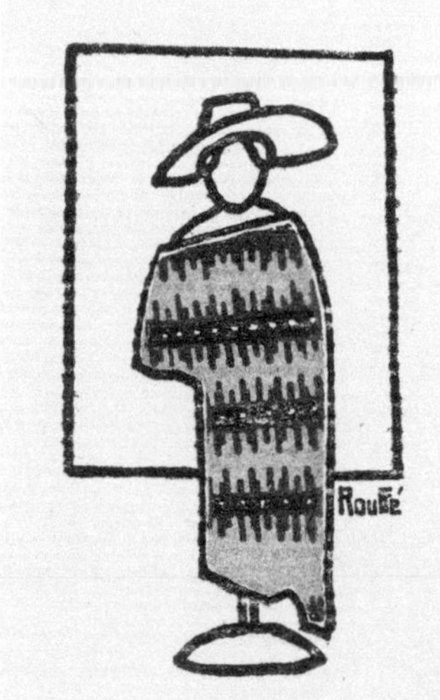

恰巧此时丝绸价格大幅下降，这让生产企业有机会满足大众对奢华时尚丝袜的新需求。第二次世界大战结束后，意大利因织造工艺革新而获得赞誉。1955—1965年，经编织物在英国的市场份额从28%上升到42%。到1980年，针织面料在全世界服装面料中的占比可达50%。[56]当然，前面提到的针织面料并非都是丝绸，但针织面料需求的增多反映了一个趋势，即人们越来越倾向于选择用有弹性、舒适的面料制作的服装。

染整工艺能够使服装面料的手感、外观和耐用性得到提升。染整工艺包括染色、印花、轧光整理（以增加光泽）、手感整理（以增加垂坠感）、功能性整理。有时，一种面料会用到多种染整工艺。图49中这件来自中国广东省的男式上衣看起来非常简单、朴素，但它所用的面料使用了非常复杂的染整工艺。这种双色纱类丝绸叫作“香云纱”。要想获得香云纱的独特颜色，需要将织好的白坯绸料浸泡到一种特殊的溶液中，这种溶液是由中国广东省特有的薯莨的块根（富含单宁物质）制成的，然后将浸泡好的绸料的一面抹上珠江三角地区特有的富含铁元素的河泥，铁元素遇到单宁物质使得白坯绸料变得乌黑发亮。黑色使衣物不透光，确保穿着者在炎热的夏天即使不穿衬衣也有较为得体的仪表。染色后，绸料还要被放在两个辊筒之间进行碾压，这道工序不仅使香云纱表面光滑且防水，还进一步保证香云纱不透光。到

图 48（对页）
雅克·查彭蒂埃的广告卡片
鲁菲设计
法国巴黎，1920—1926
彩色石版画，位于卡片上醒目位置的“LAINE & SOIE”字样意为“羊毛和丝绸”

由 C.G. 霍尔姆先生捐赠
V&A 博物馆藏品编号：E.535 - 1927

图 49
用香云纱制作的男士上衣（细节图）
中国广东，1920—1950

由 V&A 博物馆之友赞助购入
V&A 博物馆藏品编号：FE.78 - 1995

图 50（第 48 ~ 49 页）
英国布赖顿皇家馆的沙龙室
2018 年，英格兰埃塞克斯郡的汉弗莱斯纺织公司根据照片复原了 1823 年英国布赖顿皇家馆的沙龙室内的丝质壁毯、窗帘和其他软装饰

了 20 世纪 90 年代，砂洗工艺流行了起来。人们会用含有砂石或其他磨料的试剂来浴洗丝绸，使丝绸表面起绒，从而使丝绸有更柔软的手感和做旧效果。《纽约时报》将这样处理过的丝绸称为“砂洗丝绸”，并称丝绸砂洗工艺“就像清洁工用喷砂枪清理建筑表面一样”。[57] 这种相对便宜的丝绸引起了专业人士的担忧。当时，国际丝绸协会即将卸任的主席感叹道：“丝绸的灵魂是其奢华的外观和令人敬而远之的特质，而现在这种高贵的面料正趋于平庸”。[58]

不过，这份担忧并没有成为事实。生丝的产量只占全球纺织纤维产量的 0.2%，全球大部分生丝产自亚洲，且绝大多数丝织品销往中国、欧洲和美国。丝绸依然是奢侈品。例如，丝绸被用于还原皇室宫殿的软装饰（图 50），时装设计师用丝绸设计高级时装（图 51 和图 52）。不过，越来越多的人开始反思消费行为对环境的影响，以及产品生产中涉及的

动物保护问题。[60] 现在，有些丝织品会标注蚕丝的获得方法：是在蚕蛾破坏蚕茧之前获得蚕丝，还是让蚕蛾成功飞出蚕茧从而获得蚕丝。人们也在寻找使丝织品朝着更环保、更符合动物保护理念的方向发展。例如，现在科学家已经可以合成人造丝绸。[61] 英国牛津大学动物学系丝绸中心通过研究发现，与其他纤维不同，蚕丝纤维能够很好地承受太空的极低温度。蚕也许无法到其他星球“旅行”，但蚕丝也许能够改善太空探索者们的生活条件。[62]ACL/LEM

图 51

真丝女式衬衫

来自 2019 COS（瑞典高端时装品牌）冬季系列

图 52（对页）

丝绸套装

斯特拉 · 麦卡特尼设计

英国，2017

面料为意大利产的罗纹绸，喷绘图案取自乔治 · 斯塔布斯的画作《被狮子惊吓到的马》

V&A 博物馆藏品编号：T.27 - 2019

平素织物

平素织物

图 53
莎乐美与施洗约翰的头
卡洛·多尔奇绘
意大利，1665—1670
布面油画

由伯顿·薇薇安遗赠
V&A 博物馆藏品编号：P.143 - 1929

长期以来，丝织品一直对欧洲的画家具有很大的吸引力，他们喜欢用画笔去捕捉丝织品的独特光泽、纹理和悬垂感。在 17 世纪意大利画家卡洛·多尔奇的《莎乐美与施洗约翰的头》（图 53）中，莎乐美公主穿着华丽的蓝色巴洛克风格礼服。我们一眼就能看出这件礼服是缎面的，柔软、富有光泽的面料与漆黑背景的明暗对比恰到好处地表现出油画所绘故事的戏剧性。在 18 世纪法国画家弗朗索瓦 - 休伯特·德鲁埃的《多雷小姐》（图 54）中，多雷小姐穿着光泽更为柔和的塔夫绸礼服。这幅油画展现的塔夫绸的质感与同时代保留下来的真实的塔夫绸样（图 55）的质感别无二致。此外，在《多雷小姐》中，蓝色塔夫绸和帽子的黑色缎面完美地搭配在一起。虽然除欧洲外世界上其他地区也有生产和使用丝绸的传统，但似乎再没有能像欧洲油画一样如此真实地再现丝绸华美光泽的绘画形式了。

以上两幅油画展示了平纹和缎纹丝织物。平纹和缎纹是三种基础织物组织中的两种。织物的组织结构由织机上经线和纬线交织的方式所定，三种基础织物组织分别是平纹组织（又称“绢”，塔夫绸就是平纹织物）、缎纹组织和斜纹组织，它们已有数千年历史。平纹组织相对暗淡无光泽，缎纹组织非常有光泽，斜纹组织的光泽度介于前两者之间，且有倾斜的纹理。经线和纬线相交的方式还有很多种变体，但基础原理是相同的。虽然丝绸厂也生产提花织物，但生产最多的通常是没有复杂图案的平素织物。这是因为平素织物的需求较为稳定，不容易受到流行元素变化的影响，而且平素织物作为基础面料能够满足各种装饰需求。此外，生产平素织物所需的原料和劳动力较少，生产的时间成本低，且平素织物对纺织技术要求不高，不需要设计图案，只需要简单地将经线和纬线交织即可。总的来说，平素织物是更为经济的纺织品。

图 54（上）
多雷小姐
弗朗索瓦-休伯特 · 德鲁埃绘
法国巴黎（可能），约 1758
布面油画

由约翰 · 琼斯遗赠
V&A 博物馆藏品编号：600 - 1882

图 55（下）
绸料样品册
法国里昂，1764
此为样品册中编号 f.4v 的一页，该页展示了一些平素丝织物样品

英国玛莎百货公司和英国纺织同业公会在藏品购入过程中提供了帮助
V&A 博物馆藏品编号：T.373 - 1972

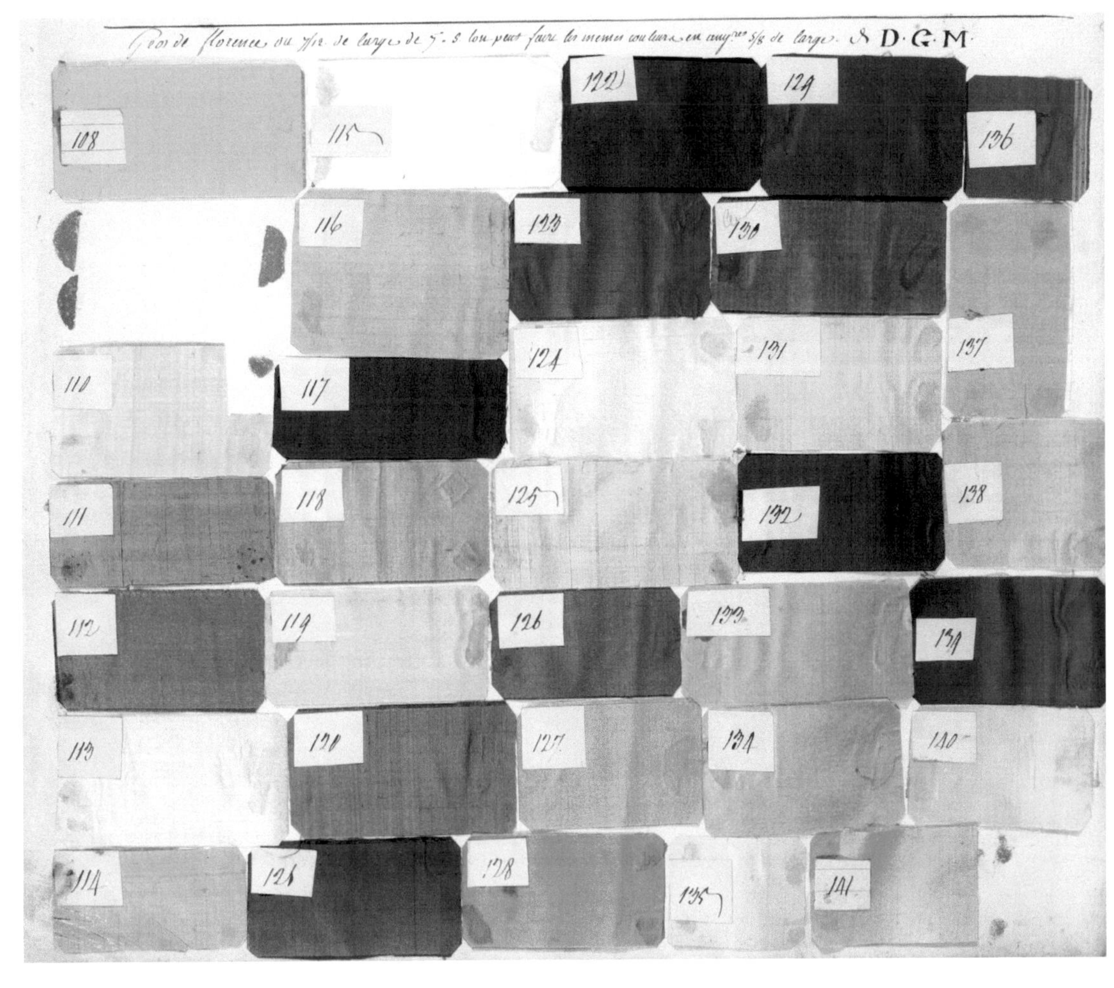

J. 921-1901.

图 56（对页）
织工在平素织机上工作
吴俊绘
中国广州，1870—1890
水墨画

V&A 博物馆藏品编号：D.921 - 1901

图 57（左下）
在织造坊工作的织工
英国伦敦，1820—1850
铜版画

图 58（上）
在地坑织机上织绸的织工
约翰·洛克伍德·吉卜林绘
印度拉贾斯坦邦阿格拉市，1870
淡水彩画，有钢笔和铅笔痕迹

V&A 博物馆藏品编号：0929:40/（IS）

图 59（右下）
麦克尔斯菲尔德的动力织机车间
英国柴郡，1933
黑白照片，照片中的织机由独立电力引擎通过皮带驱动

在19世纪前，平素织物通常都是由家庭作坊织造的，但织造所用的手工织机不尽相同（图56～58）。经线是沿着织物长度方向排列的一组纱线，通常紧紧绷在机架上，织工用脚控制踏板来提拉单组或多组经线，形成梭口，然后进行引纬，即让携带纬线的梭子在经线中穿行。19世纪后，丝绸厂中动力织机（图59）的工作原理和19世纪前的并没有什么不同。早期，引纬由织工手动完成，之后则由蒸汽、水力或电力驱动机器来完成。动力织机在19世纪20年代大量进入工厂，但未能完全取代手工织机，其原因是动力织机织造的织物更为粗糙，会浪费更多的原料。不过在早年间，动力织机还是获得了一些成功，人们用它生产出了更为便宜的丝带、衬里、丧服用纱和半真丝面料（丝与羊毛或棉的混合面料）。[1] 如今，世界上许多地方仍生产用手工织机织造的织物。例如，一些手艺人或设计师通常使用手工织机织造有特殊纹理效果的织物。

除了经线和纬线的粗细、材料等以外，影响平素织物的光泽、质地、透光性和悬垂性的因素还有：经线和纬线在织前的处理方式、经线和纬线的数量、经纬密度以及织物的后整理。经线和纬线是由不同数量的纱线加捻而成的，加捻的捻向和捻度也不同。就生丝（家蚕丝）和野蚕丝来讲，短的或一般长度的纤维能够被加捻成条干（条干指轴向上粗细或重量的均匀程度）。不均匀的丝线，这样的丝线有竹节效果和哑光外观，且丝线会保留一些天然丝胶，有增重效果。在织造时使用不同粗细的经线和纬线可以使织物表面形成或浅或深的罗纹，而使用不同捻向的经线和纬线则可以使织物产生皱褶（雪纺或绉纱都是这样织造的），这类织物的光泽度不高。一般来说，使用的纱线越细，织造的织物就越轻薄；使用的纱线越粗，织造的织物就越厚重。经线和纬线排列得越紧密，织物的透光性就越低；经线和纬线排列得越疏松，织物的透光性就越高。例如，纱罗织物的经线和纬线的排列就非常疏松，生产过程中的要点之一是用不同组交叉的经线将纬线夹在中间，以防止其滑移，从而使织物更为牢固。

很多平素织物都是先织后染的，也有先将经线和纬线染色，然后再用染色后的纱线织造的平素织物。这种先染后织的平素织物上有或效果柔和或对比强烈的几何图案。例如，闪色绸在织造时采用了对比强烈的经线和纬线，因此能够随着光线照射角度的改变产生不同的色彩效果。有条纹或格纹的织物可以由不同颜色的经线和纬线简单地交织而成，这种织物在许多文化圈中都能见到。

在时装中，缎料可以用于衬托同色的罗缎或与乔其纱搭配。有些设计师会将平素织物通过拼布工艺组合在一起。不同的平素织物有着不同的品质，将不同纹理和垂坠感的平素织物拼在一起能令时装产生令人惊叹的效果。

有些织物虽然织法相同，但在克重或质地上存在差异，或者有生产技术创新，为了更好地进行区分，人们赋予了它们不同的名称。此外，生产商还认为，为产品起新的名称有利于销售。通常，织物有微小的改变就会被冠以新的名称，例如20世纪50年代后期发明的透明丝织物（图60中晚礼服使用的面料）就有很多名称。LEM

图 60

弗拉明戈舞裙式晚礼服
克里斯托伯尔 · 巴伦西亚加设计
法国巴黎，1961 年 2 月
面料为透明丝织面料，由瑞士亚伯拉罕
公司提供

由斯塔夫罗斯 · 尼亚尔霍斯捐赠
V&A 博物馆藏品编号：T.26 - 1974

单色丝绸

一卷丝绸，无论是单色的、双色的、格纹的、条纹的还是闪色的，都可以被称为“一匹丝绸”。一匹丝绸长 4.5 米，宽 30 ~ 80 厘米。一般来说，丝绸成匹地被销往国内外，用于制作室内软装饰和服装。在印度半岛北部的一些城市，比如印度的阿格拉、巴基斯坦的拉合尔（该城市曾属于印度），就专注于织造耐洗的成匹丝绸（图 61 ~ 64）。这些丝绸所用的生丝有些产自当地，也有些进口自乌兹别克斯坦、阿富汗以及东部的孟加拉和中国。丝线会在织造前进行染色。AF

图 61
红色平纹绸样
巴基斯坦拉合尔出自约翰 · 福布斯 - 沃森为当时的印度事务部编纂的《印度纺织制造商》第 14 卷。绸样的编号为 521

现藏于英国哈德斯菲尔德大学

图 62（上）、图 63（右下红色丝绸）
和 64（右下紫色丝绸）

三匹单色平纹绸
印度北方邦阿格拉市，约 1855

V&A 博物馆藏品编号：7192（IS）、
7123（IS）和 7167（IS）

18和19世纪的欧洲女性会穿套装（图65中女性的穿着），套装通常包括连衣裙和紧身胸衣。一般来说，紧身胸衣与连衣裙或属于同色系，或能够形成颜色对比。在制作工艺上，裁缝一般会用直行针脚或回式针脚将丝绸与不那么华丽的面料（如粗亚麻布）缝在一起，制成衬裙。有时，为了增强保暖性，衬裙的两层面料之间还会填充羊毛。裁缝会从裙摆处向上缝线以固定羊毛，有些裁缝会精心设计缝线，在丝绸表面缝出方形、菱形或其他装饰性图案（图66和图67）。这种缝制方法既保证了衬裙的保暖性，又不会使其显得廉价。LEM

图65（上）
月历画
老罗伯特·迪顿绘
英国，约1785
钢笔水彩画

V&A博物馆藏品编号：E.35 - 1947

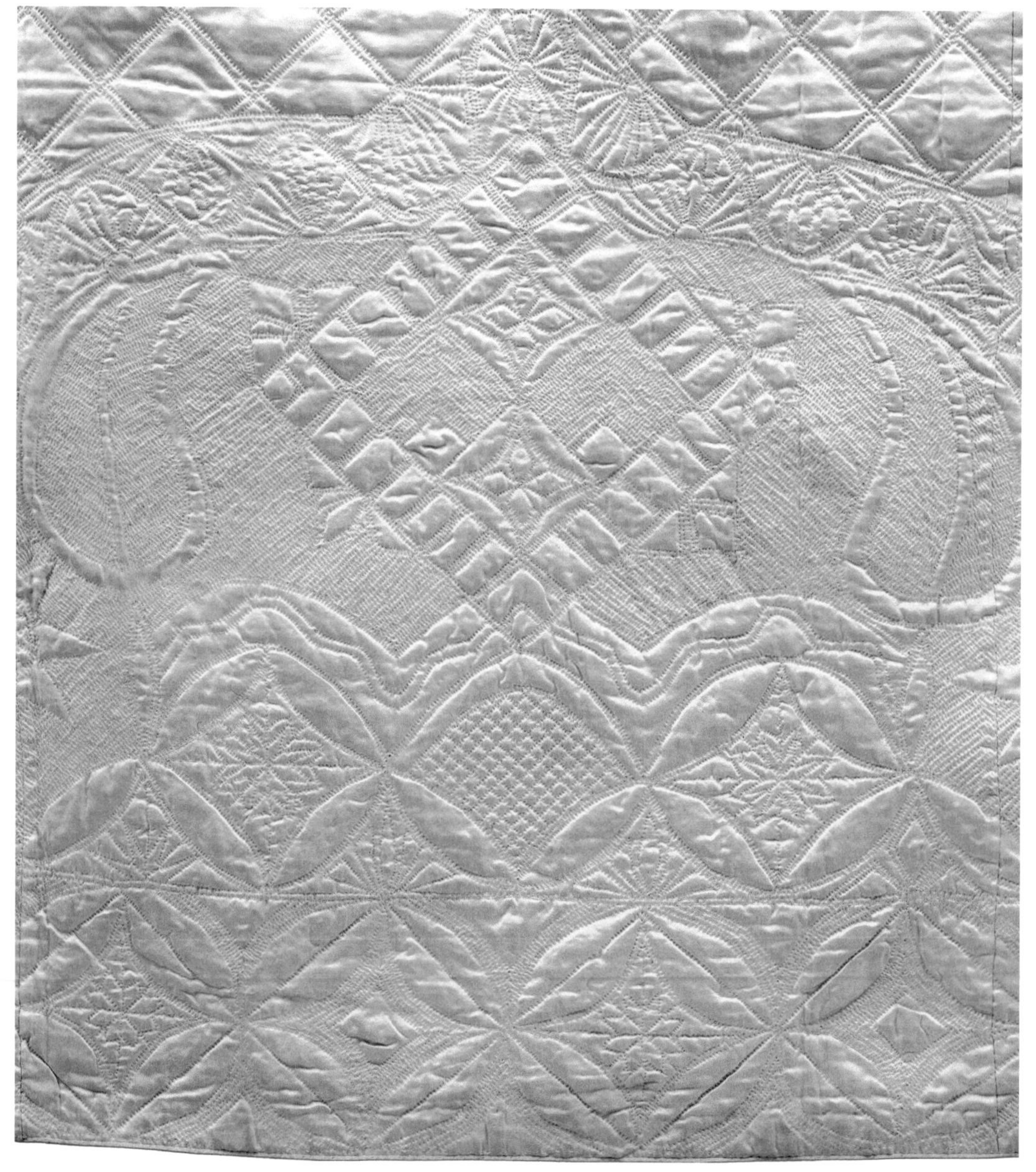

图66（下）和图67（对页）
衬裙的缎面（细节图）
英国（可能），1940—1950

V&A博物馆藏品编号：8 - 1897和T.367 - 1910

在过去的200年里，缎面鞋（图68 ~ 71）和女装上各种元素之间的搭配效果有的是对比之美，有的是和谐之美。在19世纪早期，缎面鞋经常与腰带和帽子上的丝带进行搭配。1951年出版的《丝绸之书》中说："作为色织物的缎子较为硬挺、颜色多样。在英国维多利亚时代（1837—1901），缎子的特殊之处在于，……它们能让穿着者显得高贵，但如今，缎子更多地给人以轻柔之感。缎子拥有丰富的外在表现力，它们常用制作晚礼服、披风和天鹅绒服装的内衬。上面提到的鞋面用缎则是礼服用鞋的首选材料。LEM

图68（上）
黄色缎面无跟鞋
英国（可能），1830—1835

由C.M. 巴克尼捐赠
V&A 博物馆藏品编号：T.178&A - 1962

图69（中）
蓝色缎面皮鞋
S. & J. 斯莱特纺织厂生产
美国纽约，约1900

由霍耶·米勒夫人捐赠
V&A 博物馆藏品编号：T.38C&D - 1961

图70（下）
白色缎面皮鞋
手工鞋履制作品牌雷恩制作
英国，1930—1940

由加拿大巴塔鞋博物馆基金会捐赠
V&A 博物馆藏品编号：T.76:1&2 - 2017

图 71

女士白色缎面鞋

英国伦敦，1950—1960

福南梅森百货公司的零售商品

由女演员卡罗尔 · 布朗捐赠

V&A 博物馆藏品编号：T.330&A - 1987

贴里是中国元代出现的一种袍服，其腰部以下为打褶，便于穿着者活动。在朝鲜王朝，贴里被用作军服。图 72 和图 73 中的连衣裙套装是以贴里为灵感设计的。套装包括一条连衣裙以及与之搭配的短款马甲和纱质衬裙，能够很好地凸显穿着者的腰身。RK

图 72（对页）和图 73
现代套裙
金永珍设计
韩国首尔，2014
套裙主体为中长款紫色缎面收腰连衣裙，搭配黑色纱质衬裙和短款紫色提花马甲

由三星集团出资购入
V&A 博物馆藏品编号：FE.15 - 2015

图 74 中的睡衣可能是一位新娘的嫁妆。拥有一件丝质睡裙代表女性进入了人生的新阶段，开始了婚姻生活。英国时尚专题作家埃里克·普里查德夫人对上述观点颇为赞同。她在《崇拜雪纺》一书中充分表达了自己对轻质真丝雪纺的热爱。在书中，她还提倡穿丝质睡裙，最好是白色或粉色的。CAJ

轻盈透薄的真丝雪纺具有独特的优雅气质，非常适合作为晚礼服的面料，能彰显穿着者的审美品位。图 75 中的晚礼服表现了希腊女装设计师让·德塞斯对真丝雪纺垂坠感和古典风格服装的迷恋。晚礼服上的高密度褶裥充分体现出设计师的高超技艺。SS

图 74
丝质睡裙
露西尔（可能）设计
英国伦敦，1913
睡裙下半身的面料为真丝雪纺，上半身的面料为乔其纱，腰部有装饰性缎带

由沃马尔德夫人捐赠
V&A 博物馆藏品编号：T.1 - 1973

图 75（对页）
真丝雪纺晚礼服
让·德塞斯设计
法国巴黎，约 1953
奥珀尔·霍尔特夫人穿过

由奥珀尔·霍尔特的养女 D.M. 海恩斯夫人和 M. 克拉克夫人捐赠
V&A 博物馆藏品编号：T.105 - 1982

一直以来，婚纱都是单色的，这使得设计师为了设计出与众不同的婚纱，只能在婚纱的面料和装饰上进行创新。图 76 和图 77 展示了著名设计师约翰·加利亚诺设计的真丝婚纱礼服，其肩膀处有二十几朵如瀑布般倾泻而下的玫瑰花。玫瑰花主要用婚纱的面料制作而成，用真丝雪纺和欧根纱制作的几朵玫瑰花点缀其间。由多种面料制作的玫瑰花丰富了婚纱的整体效果。

英国著名服装设计师奥西·克拉克在设计婚纱（图 78 和图 79）时，为了丰富婚纱的效果，将单色缎面进行了打褶处理，褶裥之间缝缀了单色割绒雪纺长条。CKB

图 76（对页）和图 77（左上）
婚纱礼服
约翰·加利亚诺设计
英国伦敦，1987
此为弗朗西斯卡·奥迪 1987 年结婚时所穿

由穿着者本人捐赠
V&A 博物馆藏品编号：T.41 - 1988

图 78（右上）
缎面婚纱（细节图）
奥西·克拉克设计
英国伦敦，1971
包括婚纱和无袖外套，外套面料为象牙色素绸和割绒雪纺。此为黛安·鲍彻在 1971 年结婚时所穿

由穿着者本人捐赠
V&A 博物馆藏品编号：T.21 - 2019

图 79（右下）
黛安·鲍彻穿着图 78 中的婚纱
英国伦敦，1971
黑白照片，摄于婚礼当天

图 80 中的黑色平纹绸来自彼得・罗宾逊丧葬用品店。丧葬服装面料或暗淡无光泽，或柔软有光泽，面料的选用需要严格遵守具体的礼仪要求。

身穿素净无装饰的黑色服装出席家庭、朋友或公开葬礼的着装礼仪源于英国维多利亚时代。1861 年，维多利亚女王（图 81）的丈夫逝世后，这种着装礼仪逐渐固定了下来。

自此，出现了一批靠专卖丧葬服装面料发家的商人，比如纺织品商悉尼・考陶德。图 82 展示的是他的织造公司生产的真丝绉纱，这是一种表面有皱纹的哑光纱罗，被广泛用于制作有沿的帽子、旧式系带女帽和连衣裙。JL

图 81（上）
英国皇室照片
威廉・班布里奇摄
英国伦敦，1862
黑白照片，照片中有维多利亚女王、长公主、威尔士亲王和爱丽丝公主，在他们身边还有艾尔伯特亲王的半身塑像

V&A 博物馆藏品编号：3517 - 1953

图 82（对页）
真丝绉纱样
悉尼・考陶德公司生产
英国埃塞克斯郡，1862
收录在一本样品册中。样品册名为《1862 年英国伦敦世界博览会记录》第 20 卷，丝绸与天鹅绒分册，由约瑟夫・巴洛・罗宾逊・伊顿整理

V&A 博物馆藏品编号：T.258 - 2009

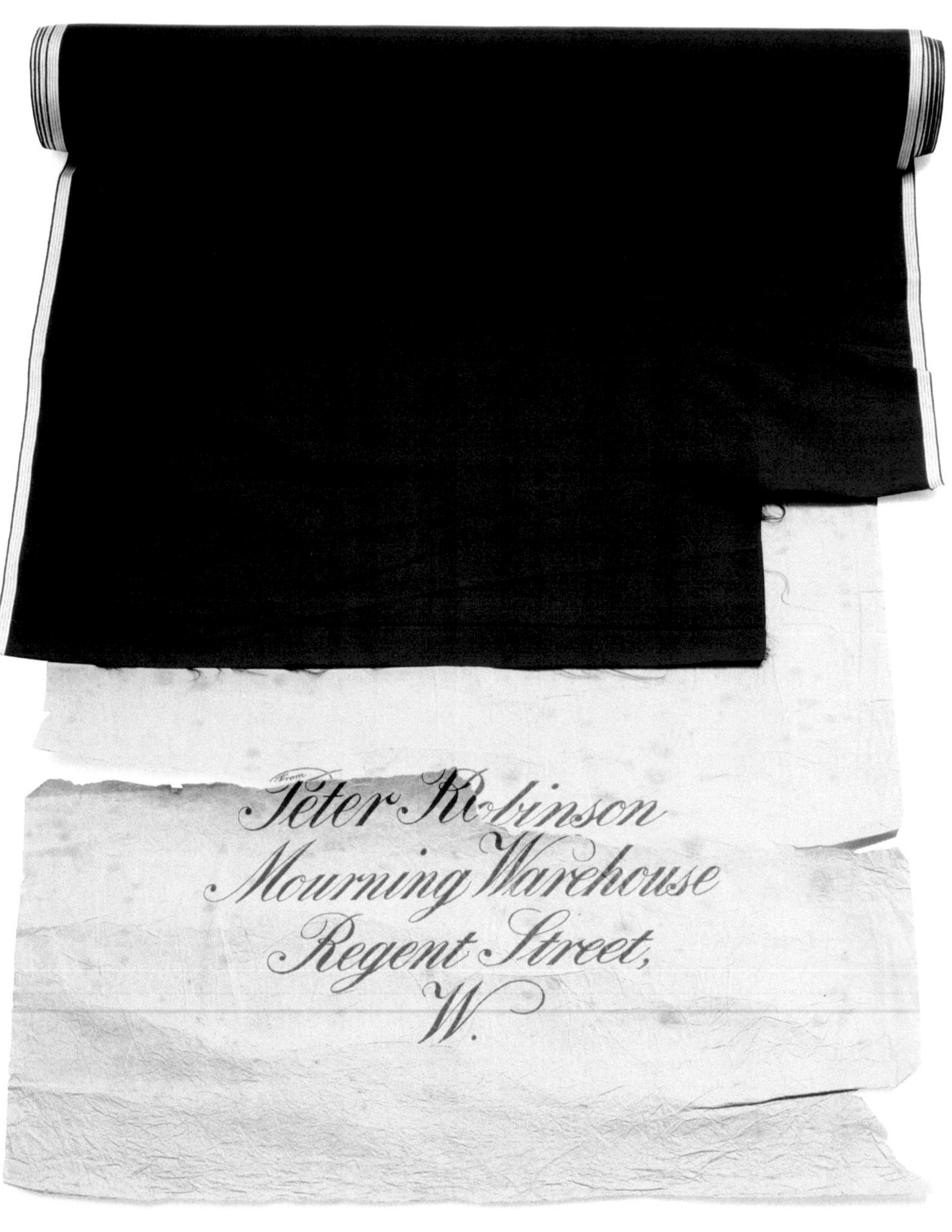

图 80（下）
一匹黑色平纹绸
英国伦敦，约 1890
此为彼得・罗宾逊丧葬用品店的商品

由 J.M. 比尔德夫人捐赠
V&A 博物馆藏品编号：T.115 - 1998

INTERNATIONAL
1862.
EXHIBITION.
MEDAL
1862
LONDINI
HONORIS
CAUSA
AWARDED.
CLASS 20.
NUMBER 3860
S. Courtauld & Co
19 Aldermanbury London
Black & coloured crapes. For
superior manufacture.

自20世纪20年代末起，女装的款式日趋修身，因为纱罗轻且垂坠性好，所以定制纱罗的日装和晚装逐渐成为风尚。图83和图84中的晚礼服由伊娃·勒琴斯设计，晚礼服整体选用纱罗，袖子和肩膀处的塔夫绸丝带与晚礼服整体形成颜色对比，使手臂线条显得更优美。在英国伦敦，如果老顾客无法到店与宫廷裁缝沟通，就会有专属销售顾问带上服装设计稿和面料样品（图85）上门征询顾客的意见。OC

图83（对页）和图84（左）
纱罗晚礼裙
伊娃·勒琴斯设计
英国伦敦，1935—1940

由马丁·卡默捐赠
V&A博物馆藏品编号：T.105-1988

图85（右）
“征服”晚礼服设计图及面料样品
伊丽莎白·汉德利-西摩绘
英国伦敦，1938
这是玛丽公主（前英国长公主、哈伍德伯爵夫人）的晚礼服套装设计图，由宫廷裁缝伊丽莎白·汉德利-西摩仿照法国的珍妮·拉福里设计的晚礼服绘制。面料为紫色绉纱，外套上有金线刺绣

由乔伊斯·怀特豪斯夫人捐赠
V&A博物馆藏品编号：E.4438-1958

图 86 和图 87 中作品的灵感都来自朝鲜半岛传统的拼布包袱皮。拼布工艺指将制作衣服和床上用品等的剩余布料进行缝缀拼接。艺术家将不同颜色的纱罗碎片用握手缝的方法缝合在一起，使作品呈现像彩色玻璃花窗一样的效果。这两件作品是对拼布工艺和朝鲜传统服装的现代诠释。RK

图 86
装饰性拼布鞋
李正熙设计
韩国，1992
采用拼布工艺和握手缝将不同颜色的纱罗碎片缝合在一起

V&A 博物馆藏品编号：FE.280:1&2 - 1995

图 87（对页）
纱罗女士连体服
李正熙设计
韩国，1992
赤古里大面积采用绿松石纱罗。两袖采用了拼布工艺，拼布的用量和布局不同，形成视觉差异。无袖女式连体服代替传统的拖地长裙，给人以现代时尚感

V&A 博物馆藏品编号：FE.281:2 - 1995

条纹与格纹

长期以来，丝绸推销员会随身携带丝绸样品册以便随时向客户推销。图 88 中的丝绸样品册是 1764 年被英国海关查获的非法入境物品，样品册中不仅有基础且相对便宜的丝绸，也有图案复杂且相对昂贵的丝绸。所有的丝绸都根据图案、组织结构和克重来命名。例如，塔夫绸被叫作“没有条纹或格纹的轻质平纹绸”，巴达维亚绸被叫作“有条纹或格纹的斜纹绸”。LEM

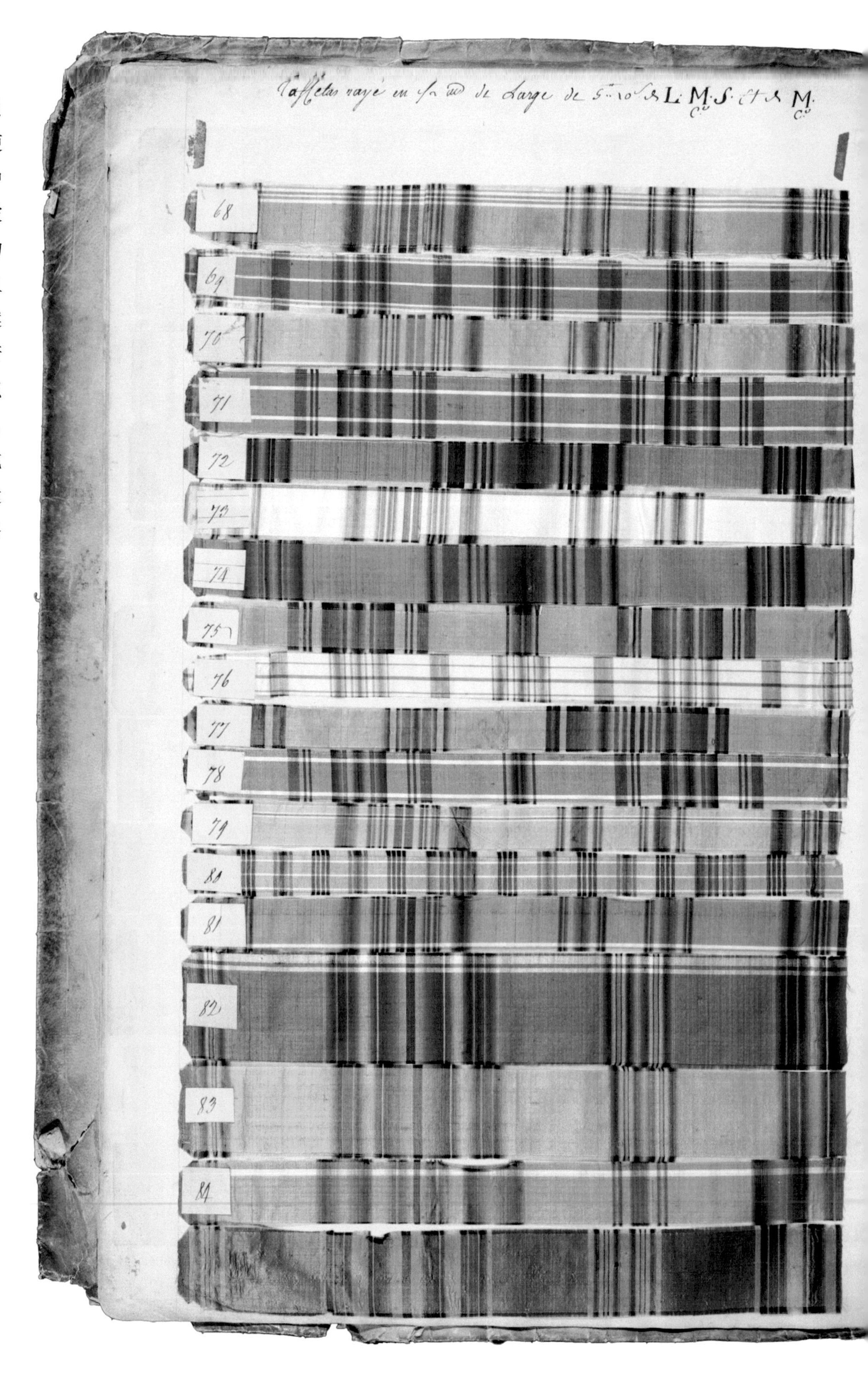

图 88
平纹和斜纹绸样品
法国里昂（可能），1764
来自某位法国丝绸商的丝绸样品册

V&A 博物馆藏品编号：T.373 - 1972

Batavia rayé et cadrillé 5/8 de large de 6.. 12.. 6.. de N.B. Cie
une partie de la trame est crüe
10
179
180
181
182
183
184
185

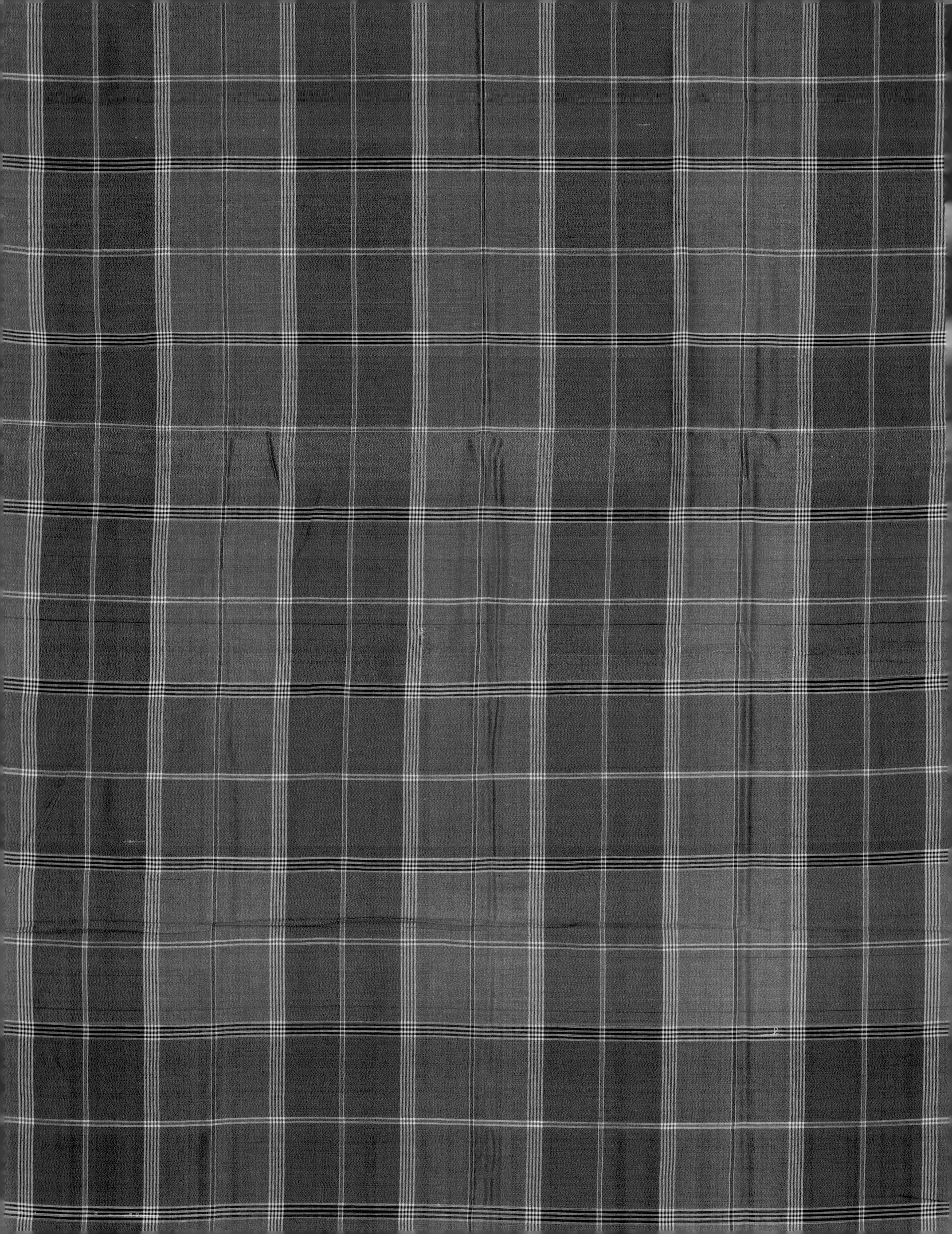

在老挝，成年男性要穿着丝质格纹纱笼（图 89 和图 90，图 91 为织造格纹平纹绸的织机）参加佛教圣职授予仪式或婚礼。穿格纹服装是老挝男性成年的标志。老挝的织工机智地将不同颜色的丝线加捻（如将红色和黄色的丝线加捻，或将绿色和黄色的丝线加捻），并将其作为纬线，这种纬线能够让纺织品有微微闪光的效果，使简单的平纹绸变得不平凡。SFC

图 89（对页）和图 90（上）
老挝成年男性穿着的格纹平纹绸纱笼（细节图）
老挝，1960—1970

由约翰 · 阿迪斯爵士遗赠
V&A 博物馆藏品编号：IS.73 - 1984

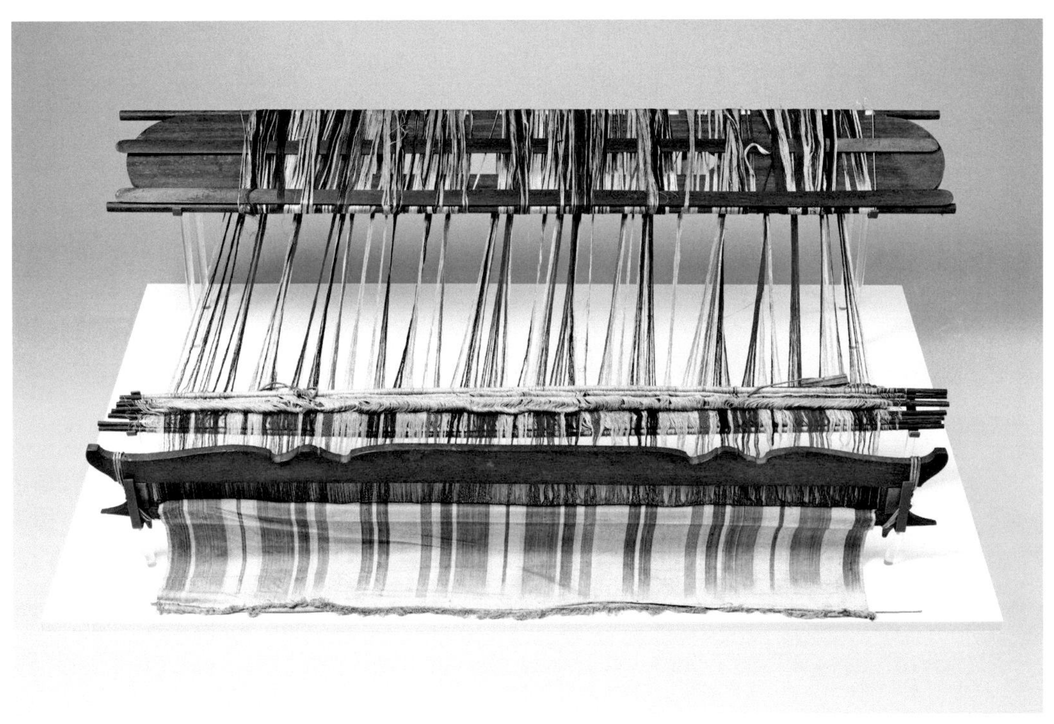

图 91（下）
手工木织机上的部件
马来西亚登嘉楼州
部件主要包括筘、分经杆、送经轴，上面已经装好了不同颜色的丝质经线。我们可以看到一段已经织好的平纹绸。该部件曾在大英帝国博览会（1924）的马来西亚馆展出

V&A 博物馆藏品编号：IM.303 - 1924

闪色绸

用不同颜色的经线和纬线交织而成的丝绸具有闪光的效果，因此得名“闪色绸”。

1956年，纺织品织造商齐卡·阿舍尔推出了一款颜色多达34种的真丝欧根纱（图92）。这款欧根纱一经推出，便很快被广泛用于制作晚礼服和鸡尾酒礼服。每种颜色的欧根纱都用到了闪色绸的织造工艺。用这种欧根纱制作的礼服套在人台上只会呈现某种特定颜色，但在穿着者身上会随着其活动而闪现另一种颜色。英国著名时装设计师薇薇安·韦斯特伍德曾设计过一件以18世纪的华托裙为灵感的晚礼服（图93），面料选用了一款平纹闪色绸。紫色丝带与晚礼服上的紫色相呼应，但由于拍摄角度问题，晚礼服主体呈现绿色。LEM

图92（右）
真丝闪色欧根纱样品
阿舍尔有限公司生产
英国伦敦，1956

由织造商本人捐赠
V&A 博物馆藏品编号：T.194 - 1988

图93（对页）
华托裙款式的晚礼服
薇薇安·韦斯特伍德设计
英国伦敦，1996
出自1996春夏“风情万种不自知”系列，面料选用平纹闪色绸

由设计师本人捐赠
V&A 博物馆藏品编号：T.438:1 to 3 - 1996

吕西安娜·戴曾在商业纺织品图案设计领域工作近40年。在20世纪70年代中期，她开始创作一次性艺术作品。她曾设计过名为“丝绸马赛克”的系列作品（图94和图95），作品由不同颜色和种类的、极小的丝绸块组成，这使得作品有丰富的视觉效果，比如有的地方有闪光效果，有的地方只有单色效果。VB

图94（对页）和图95

“在蓝色里翱翔”丝质壁毯

吕西安娜·戴设计

英国，1985

面料选用平纹绸和缎纹绸

由设计师本人捐赠

V&A博物馆藏品编号：T.229 - 1985

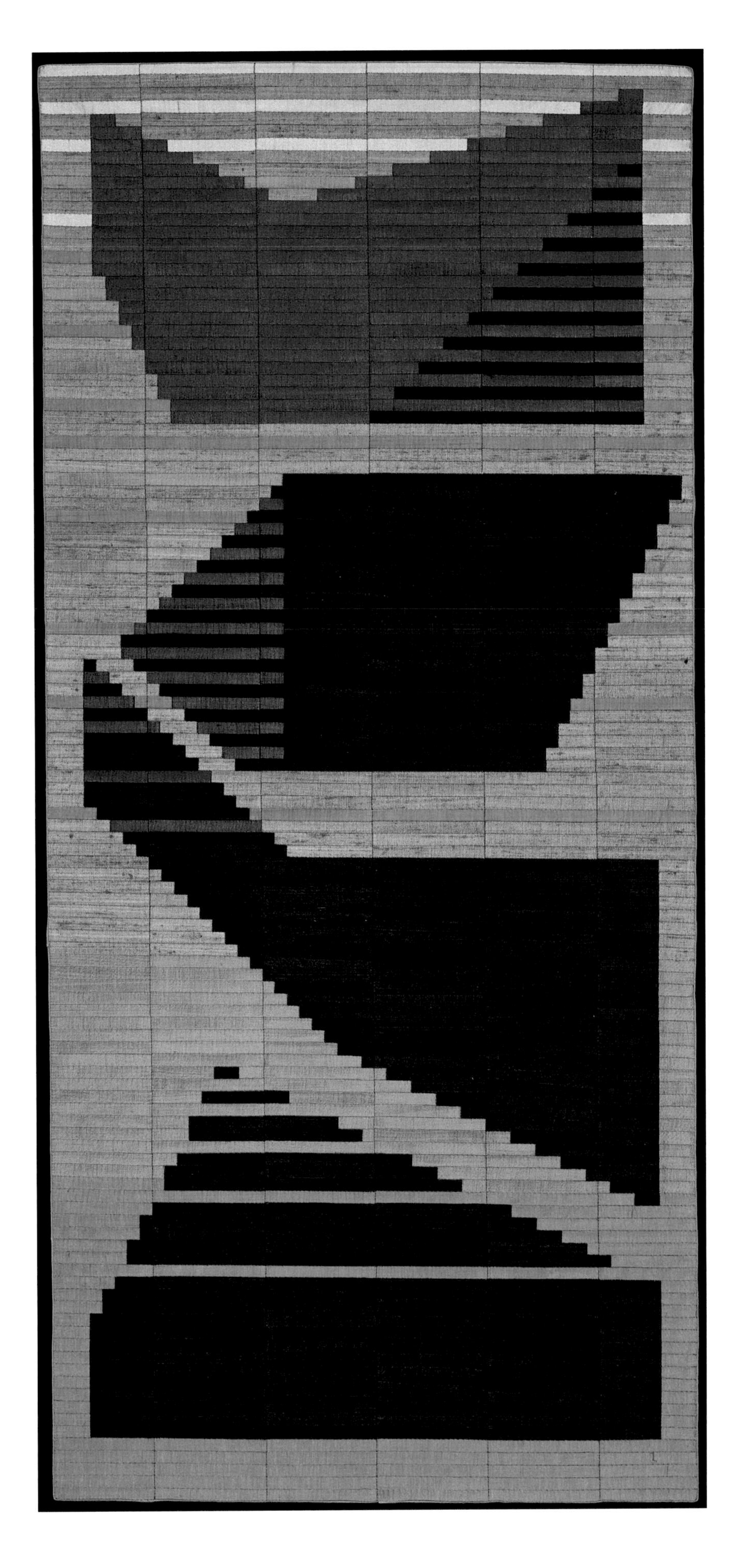

丝绸的保存

尽管蚕丝纤维在强度方面表现优良，但无论是平素丝织物，还是组织结构复杂的丝织物，都会随着时间而老化。环境因素，比如光照、温度、湿度等都能导致丝绸老化。光线对丝绸造成的伤害尤为明显，光照能够造成丝绸褪色，白色或浅色丝绸也会因为光照而变黄、褪色。如果丝绸持续暴露在光照下，损伤就会累积，使得蚕丝纤维变脆，最终断裂。

以下面的老僭王（詹姆斯·弗朗西斯·爱德华·斯图亚特）玩偶的丝绸袍服为例。袍服的前襟（图96）因经常受到光照而明显褪色，且丝线变脆、断裂。但是，后襟（图97）受光照较少的位置还是亮粉色的，且状态相对较好。因此，为了减少丝绸受到的损伤，要限制丝绸暴露在光照下的时间。一般来说，在博物馆展出的丝绸接收到的光的照度要低于50勒克斯。避光是丝绸的重要保存措施之一。

但是，图98中这套精美的羊毛绒面呢套装的丝质衬里反映出，使丝绸受损的因素不止环境因素。套装的丝质衬里受到损伤的原因有两个。其一，穿着者走动时，套装的下摆会向外翻，淡蓝色衬里与套装的主体颜色形成鲜明对比，使衣服更具设计感。但是，衣领处和腋下的衬里会承受很大的拉力，从而造成衬里开裂。

其二，裁缝为了使套装更挺阔，使用了一系列衬垫（图99），如粗帆布和麻纤维。此外，为了使套装更合身，衬里是依照穿着者的体形缝合的，这就导致粗糙的衬垫与丝质衬里紧密接触，使得衬里磨损。2014年，修复师对这套衣服进行了修复，在受损处嵌入了一块新染的同色绸料，然后用针线进行缝补、加固（图100）。EAH

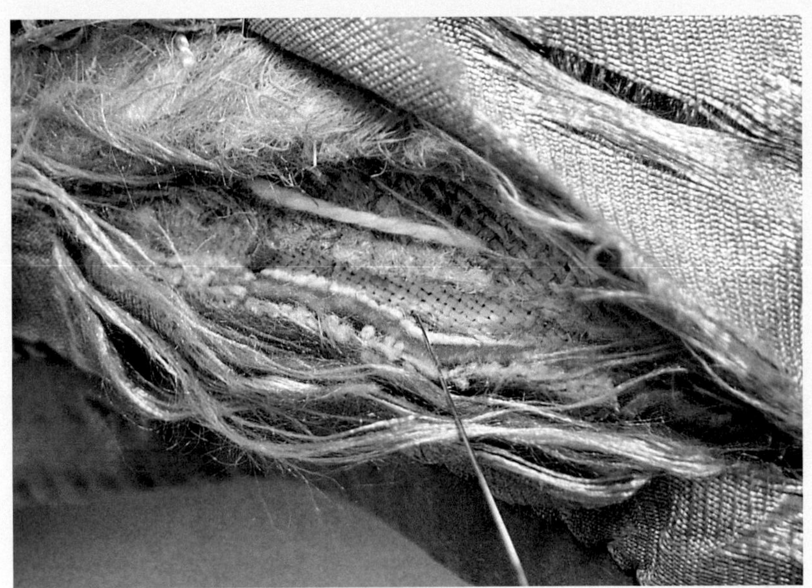

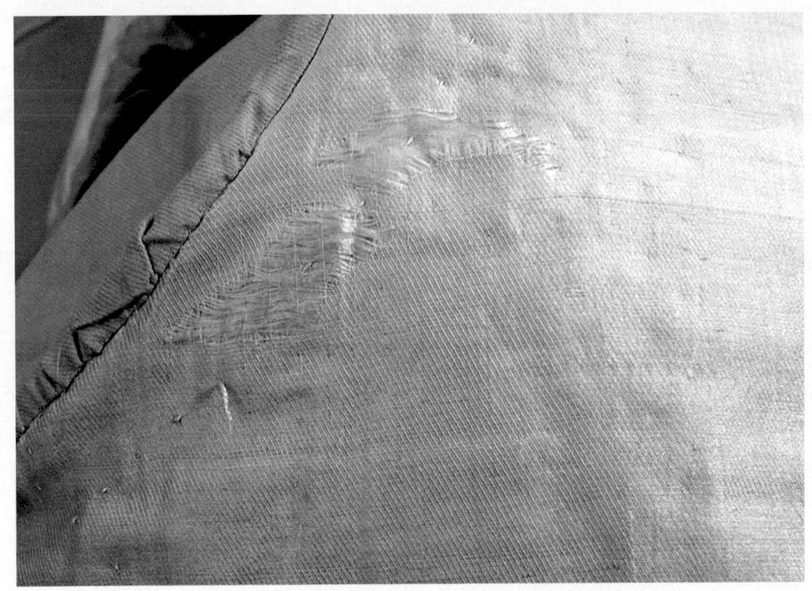

图 96（对页左）和图 97（对页右）

老僭王玩偶

英国伦敦，约 1680

玩偶的袍服面料为缎纹绸，饰有金属线的蕾丝和流苏。据说，此玩偶可能为老僭王送给其追随者的礼物，玩偶因此得名

由薇薇安 · 尼克尔斯少校代表克莱尔 · 斯泰尔捐赠

V&A 博物馆藏品编号：W.18 - 1945

图 98（左）

羊毛绒面呢套装

法国或荷兰，约 1770

衬里选用淡蓝色斜纹绸

V&A 博物馆藏品编号：T.214 - 1992

图 99（右上）

图 98 中的藏品修复前

图 100（右下）

图 98 中的藏品修复后

迪奥高定时装

克里斯汀·迪奥（图 101 展示了他设计的晚礼服）十分懂得通过巧妙地使用不同的面料来为他的时装增色添彩。例如，图 102 中的单色高定晚礼服“黑天鹅”就展现了微妙的对比之美。为了使时装层次丰富，他通常喜欢将具有不同纹理的面料搭配使用，而非使用色彩或图案不同的面料。以这件晚礼服为例。它的主要面料为缎面和天鹅绒。缎面组织结构简单，光泽度高，有反光效果；而天鹅绒组织结构复杂，表面有浓密绒毛，光泽度低，可以吸收光线，这两种面料在礼服上产生了对比效果。

在设计每季的时装之前，克里斯汀·迪奥都会与面料供应商沟通并确认他想在这一季使用的面料。他与一些面料供应商建立了密切的合作关系，其中就包括总部位于法国里昂的著名丝绸织造商比安基尼-费里耶公司。他曾谈到合适面料的重要性：“面料不仅可以表达设计师的理念，也能激发好点子。”他还补充道：“我的许多裙装的灵感就来自面料本身。”[2]

我们可以通过“黑天鹅”的原始设计稿（图 103）来理解他的设计思路。我们可以看到，使用天鹅绒的部分在原始设计稿中就已经仔细地用阴影描画出来了。将简单的缎面和复杂的天鹅绒搭配在一起——这件晚礼服的设计印证了克里斯汀·迪奥的主张：“面料是最迷人的”。他曾在《迪奥时尚图典》(1954）一书中说道：“面料是最能衬人的。”[3]CKB

图 101（左）
法国比安基尼-费里耶公司的天鹅绒面料广告
来自 1951 年 10 月的《费加罗报》的时尚版块。广告中为克里斯汀·迪奥设计的天鹅绒晚礼服

图 103（右）
“黑天鹅”晚礼服的设计手稿
克里斯汀·迪奥绘
1949
铅笔手稿，属于遗产“Héritage”系列的一款

图 102（对页）
“黑天鹅”晚礼服
克里斯汀·迪奥设计
法国巴黎，1949—1950
出自迪奥 1949 冬季“本世纪中叶”系列
由安托瓦妮特·德金斯堡男爵夫人捐赠
V&A 博物馆藏品编号：T.117&A-1974

经纬交织

经纬交织

织物有各种各样的图案。简单的图案不仅可以用不同颜色的纱线织出，还可以由用单色纱线织出的不同组织结构形成。因为用蚕丝加工而成的丝线极细，用它织成的织物可以达到很高的密度，所以丝线适用于织造多种不同组织结构的织物。[1] 图 104 中青年所穿丝质服装的组织结构可能与图 105 中条纹外套的组织结构相似。图 105 中的条纹外套用蓝色和黄色丝线织造而成，有缎纹和平纹两种组织。不同颜色的丝线和不同的组织结构不仅使这件外套的颜色更丰富，还使它在不同的光线下有不同的效果。

单层花缎之所以可以显现出图案，就是因为不同组织结构形成对比。许多世纪以来，单层花缎经常用来制作服装和家具的覆面。单层花缎是由一组经线和一组纬线交织产生图案的丝织品，其花部和地部是不同的组织结构。经典的单层花缎是靠正反缎纹组织的对比来形成图案的。一篇发表于 18 世纪的关于丝绸设计的文章写道："单层花缎的图案越明显、突出就越好。以花和叶的图案为例，花和叶应尽可能地放大，其他小图案应尽可能地省略，除非这些小图案位于花和叶之间。"[2] 这个描述非常符合 18 世纪英国著名丝绸设计师安娜·玛丽亚·加思维特设计的单层花缎，图 106 中的单层花缎就是按照她的设计图织造而成的，这种单层花缎是基于两种不同的组织结构对光的反射效果不同来呈现图案的。相

图 104（左）
时尚达人
法国巴黎（可能），1780—1790
版画

由詹姆斯·拉弗二等勋位爵士捐赠
V&A 博物馆藏品编号：E.979 - 1959

图 105（右）
蓝黄条纹外套（细节图）
英国，1785—1790
在平纹地上以缎纹提出条纹（即地部是平纹组织，用缎纹织造方法织出条纹）

由 N.J. 巴顿夫人捐赠
V&A 博物馆藏品编号：T.92 - 1962

较而言，细致的、小的图案更适合呈现在双色花缎上，如图107中的椅垫覆面，它的经线是蓝色的，纬线是白色的，两种颜色的丝线交织，形成精致的花卉图案，其中地部因使用经面缎而富有光泽，花部则具有哑光效果。

图106（右）
单层花缎
英国伦敦，1752
根据安娜·玛丽亚·加思维特的设计图织造而成

V&A博物馆藏品编号：T.346A - 1975

图107（左）
女子肖像画
吉尔伯特·杰克逊绘
英国，17世纪20年代末
布面油画

由约翰·琼斯遗赠
V&A博物馆藏品编号：565 - 1882

下面，我们来了解单经单纬丝织品的图案是如何产生的。单经单纬丝织品是较为简单的丝织品，而重组织丝织品在织造时要用到额外的经线或纬线，以呈现复杂的图案和效果。踏板织机适用于织造基本组织和有小几何图案的丝织品，但要想织造图案单元循环的宽度超过2厘米的复杂织物，就需要能够提起单组或几组经线的织机。隋唐时期，中国出现了束综提花织机。束综提花织机在9世纪或10世纪传入欧洲，传入欧洲的束综提花织机有两套片综。经线穿过片综会形成

图 108
织图：攀花
中国，1662—1722
绢画，出自《耕织图》
V&A 博物馆藏品编号：D.1656 - 1904

图 109（对页）
有提花拉绳的束综提花织机
版画，出自丹尼斯·狄德罗和让·勒朗·达朗贝尔编著的《百科全书》第 27 卷（法国巴黎，1772）
V&A 博物馆下属国家艺术图书馆藏书编号：38041800774804

两个梭口，即被提起和未被提起的经线之间会形成一个引纬的通道。束综提花织机运作时，一套片综由织工通过脚踏足蹑来形成引入地纬的梭口，以织出地部组织；另一套片综与固定在织机上方的纤线相连，可以根据预先编制的图案程序控制相关经线的提升。

一台束综提花织机至少要由一位织花工和一位挽花工配合操作。织花工脚踏地综踏板，一手抛梭引纬，一手持筘打纬；挽花工坐在高处的座板上，按提花纹样提综开口（图108）。挽花工要坐在高处，且要与织花工协同操作，确保对应的经线在正确的时刻被提起。这种束综提花织机一直被使用到17世纪。随着提花拉绳的发明，挽花工得以在织机侧面而非顶部操作纤线，改进的束综提花织机（图109左）一直被使用到19世纪初。尽管束综提花织机一直被改进，但提花织物的织造速度仍然非常缓慢，这使得提花织物的织造成本极高。

在花本上机前，要先设计图案并绘制草图。绘制草图后，要将草图“翻译”成意匠图（图109右），意匠图上的每个方格代表特定的经线运动。将草图“翻译”成意匠图可能需要2周的时间，这一步骤至关重要，因为意匠图能告诉织工如何在织机上进行穿经。[4]穿经的过程耗时费力，且图案越复杂，过程就越耗时，甚至有可能耗费3～6周的时间。[5]因此，对当时的丝绸厂来说，使用同一台织机织造尽可能多有相同图案的丝织品是最经济的方法。即便20世纪束综提花织机被贾卡提花织机彻底取代，绘制意匠图的步骤也必

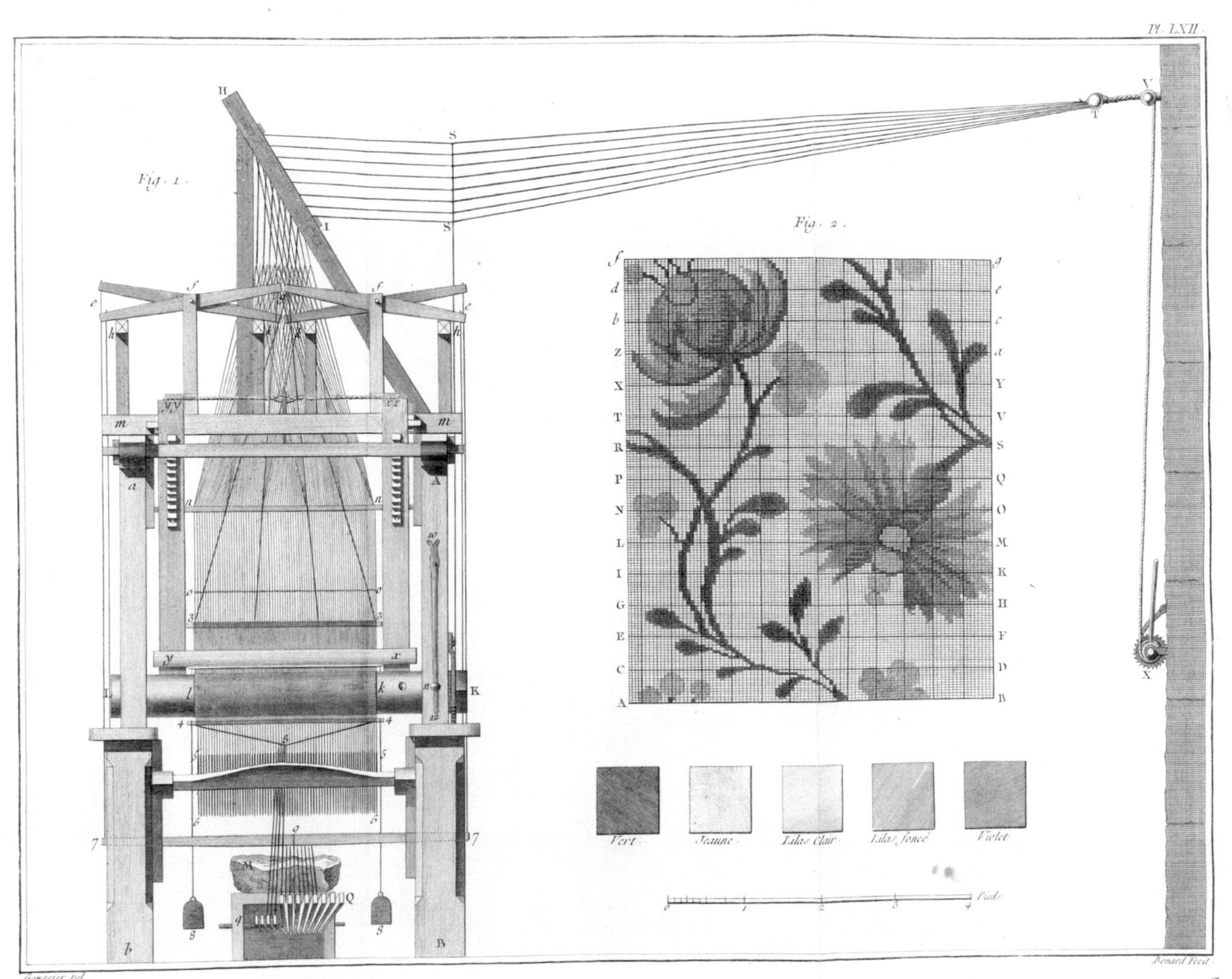

不可少。图 110 是画家劳尔・杜菲在 20 世纪 20 年代为当时法国顶尖的丝绸织造商比安基尼 - 费里耶绘制的意匠图，图 111 展示的是丝绸成品。

贾卡提花机是对束综提花机逐步改进的结果，它由约瑟夫 - 马里・贾卡于 19 世纪初在法国国立工艺学院制成。在 19 世纪 20 年代，贾卡提花机被其他欧洲国家引进。这种提花机有一个自动开口系统（图 112），可以安装在任何手动或电动织机的顶部，并有框架支撑。贾卡提花机的先进优越之处在于，自动开口系统有一系列穿孔卡片，卡片上每个孔对应一个钩子，钩子可以穿过孔将对应的经线提起来以形成梭口。卡片按照一定顺序连在一起，形成一条“循环链”，并被逐一送入“读取”它们的机构，机构“读取”一张卡片，织工就要投一次梭。从本质上看，贾卡提花机是打孔式计算机的前身，具有划时代的意义。贾卡提花机简化了织造的装备工作，使其能够在数小时内完成，且织工能够在无人协作的情况下操作织机并织出有复杂图案的织物。贾卡提花机还能提起单根经线，这使得织出的弧线更圆顺。相比之下，束综提花机只能提起成束的经线，所以织出的弧线呈明显的阶梯状。

虽然贾卡提花机的发明大大简化了织造的装备工作，但是，一些对技术要求高、耗时长的织造工艺，如挖花工艺，就不能用贾卡提花机完成。挖花工艺指的是使补充或附加的纬线在图案所需区域穿过。[6] 每根花纬都缠在一个小梭子上，当对应的地经被提起时，小梭子被人工投出，一次一根——花纬数量越多，织造过程就越复杂、越耗时。挖花工艺费时费力，即使是织造专家，每天也只能织 3 ~ 5 厘米。[7] 尽管如此，挖花工艺有两个明显的优势：一是在看不到的织物背面，纱线的用量显著减少；二是附加的纬线是断纬，不像通纬那样明显增加纺织品的重量。图 113 ~ 115 是纱丽的背面，底部的大象和四叶草图案采用了挖花工艺，因此，纱丽呈半透明且轻薄透气。

用许多不同的断纬织出图案是挖花工艺和缂丝工艺以及

图 110（对页）
“奥菲的游行”意匠图
劳尔・杜菲绘
法国里昂，约 1920

V&A 博物馆藏品编号：E.1401 - 2001

图 111（下）
“奥菲的游行”丝绸成品
比安基尼 - 费里耶公司生产
法国里昂，约 1920
以缎纹组织起花，用了通纬

V&A 博物馆藏品编号：T.219 - 1992

图 112（上）
安装有自动开口系统的贾卡提花机
美国康涅狄格州（可能），19 世纪 80 年代
版画

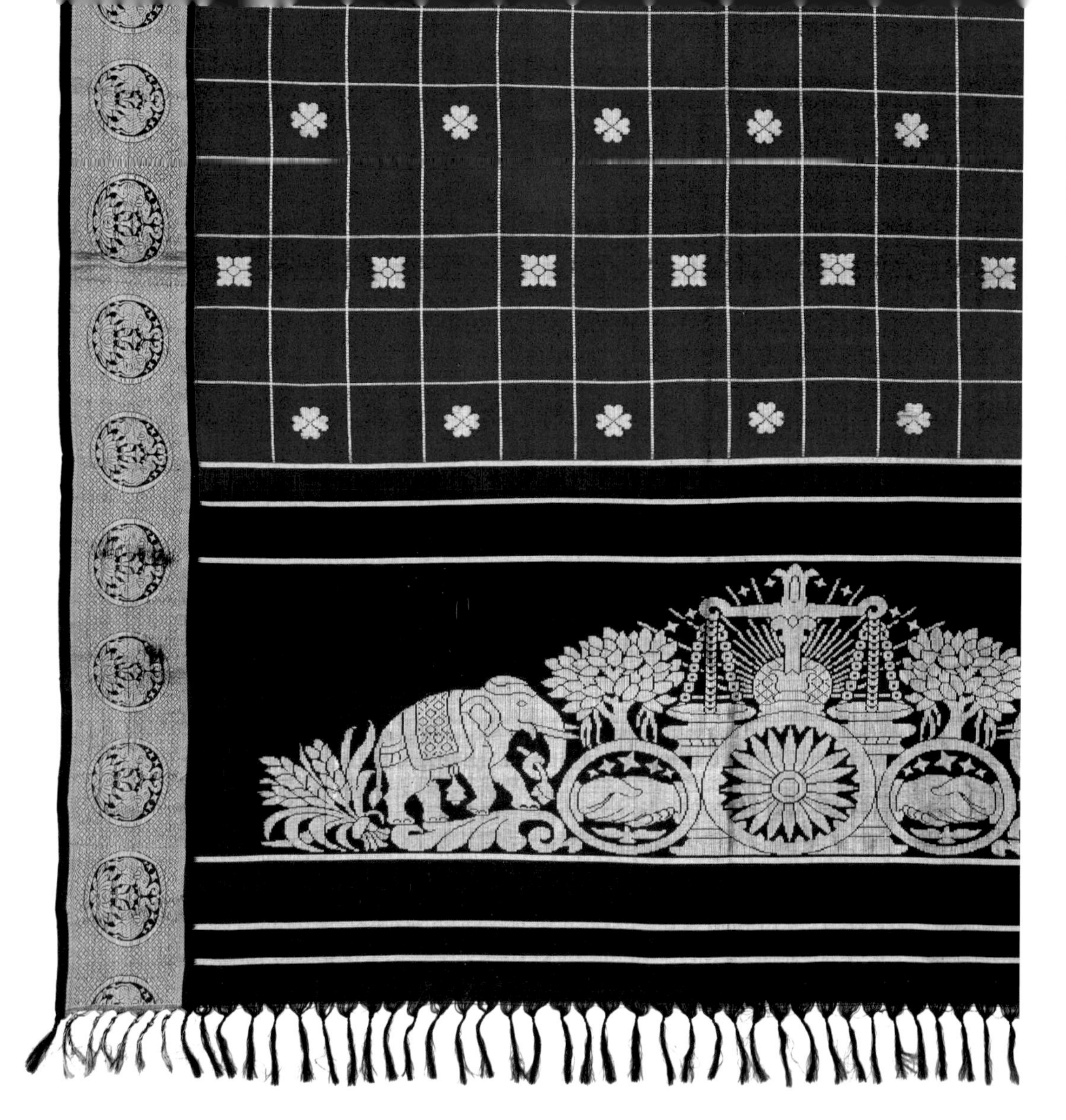

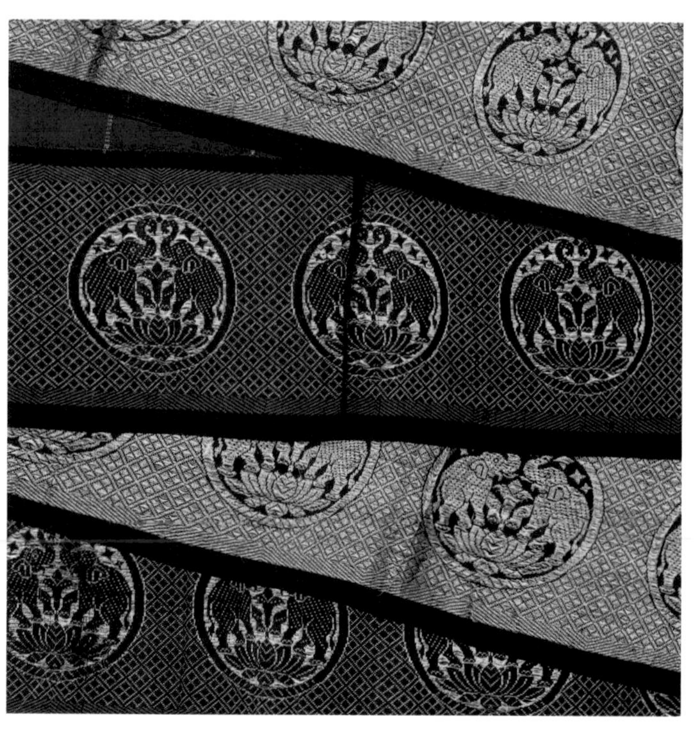

图 113（上）、图 114（左下）和图 115（右下）

纱丽

印度泰米尔纳德邦甘吉布勒姆，约 1935

边饰采用了金属线挖花工艺，边饰上的图案用附加经线织出

V&A 博物馆藏品编号：IS.42 - 1988

日本和印度类似的工艺的特征。[8] 缂丝是像图画般的、极具观赏性的丝织品，它起源于7世纪的中国。缂丝用未染色的经线和五颜六色的纬线织造，经线和纬线既形成地部组织，也织出彩色的图案（图116和图117）。[9] 各种颜色的纬线不贯通织物的整个幅面，仅在图案处与经丝交织。与踏板织机和束综提花机不同，缂丝机没有开口系统或者打纬机构。各种颜色的纬线都单独缠在一个纡子上，织工用手挑起所需数量的经线，并将梭子或纡子从下面穿过，从而插入纬线，最终形成特定的图案。在织造前，织工要将图案衬于经线之下，将其描绘在经线面上。

如果织物图案的设计过于细致或微小则无法直接织入，织工需要用连续不断的附加经线或附加纬线织出图案。例如，图113～115中纱丽边饰上的大象图案是通过金属包金线来实现，沿着织物的长度延伸。只有在图案处金属线才会显示；在没有图案的位置，附加的纱线会作为浮长线藏在织物背面。比起附加经线，附加纬线更常见，尤其适用于在较大的织物表面织出图案。

18世纪早期的特结锦（图118和图119）特别复杂，用到了大量的附加通纬和挖花断纬。纬线紧密地包裹着一条细细的镀银条，贯穿整个幅面，只有在需要时才会出现，以形成闪亮的地部组织。在这种情况下，大量的纹纬需要固定在适当位置，且不破坏地部组织和不影响织物的外观。解决这个问题的一种巧妙方法是引入一组额外的经线，这组经线不像地经那样密集，且颜色很浅，它的唯一的作用就是将大量丝线和包金属的纬线固定在一起。这组经线被称为“接结经”，有接结经正是特结锦的特征之一。接结经非常细，只有在放大镜下才能看清。

最奢华的特结锦会使用贵金属线，唯一能在原料成本和织造成本上与之匹敌的丝织品是天鹅绒。天鹅绒具有独特的、柔软的表面，这是绒经形成的。用于织造天鹅绒的织机（图120）有两根经轴（一根用于地经，一根用于绒经）和两根综杆。地经卷绕在经轴上，而绒经则置于机架上，机架上有数百个对齐的梭子。当绒经被提起时，织工在下方投入一根起绒杆（图121），起绒杆用于制造大量绒圈。然后，织工再用割刀切断绒圈，一簇簇绒毛就形成了。

割绒的过程存在风险。如果刀片切断经线，织物就会被毁掉。因此，织造天鹅绒需要织工具有高超的技术且注意力高度集中。非常熟练、优秀的织工每天最多只能织造25厘米长的天鹅绒。[10] 即使是单色天鹅绒，价格也十分高昂，除了因为织造费时费力，还因为在面积相同的情况下，织造天鹅绒所需的纱线量是织造平纹绸所需量的6倍。[11] 天鹅绒的制作成本随着图案的复杂程度的增加而增加。17世纪，热那亚织造的多色天鹅绒（图122）需要多达3组绒经，这需要在织机上安装3根经轴，并使用大量纱线。

在前面，我们简单地了解了一下来自世界各地的各种丝织物和织造它们的织机。进入20世纪后，一些织机可以用

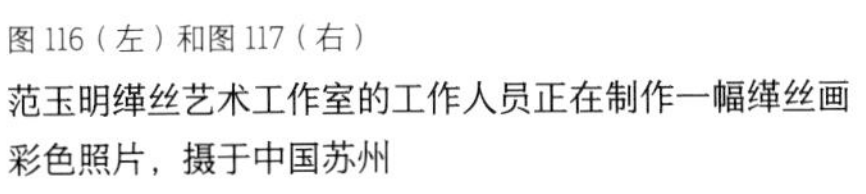

图116（左）和图117（右）
范玉明缂丝艺术工作室的工作人员正在制作一幅缂丝画
彩色照片，摄于中国苏州

图 118（左）
乔治一世加冕仪式上的华盖（细节图）
意大利威尼斯或法国里昂，1712—1713
以缎纹为地部、有多组附加纬线（长织纬和断纬）的特结锦

博物馆藏品编号：T.448 - 1977

图 119（右）
男子肖像画（细节图）
亚历克西斯 - 西蒙 · 贝勒绘
法国，约 1712
布面油画，画中人物上衣的面料应该是特结锦

V&A 博物馆藏品编号：P.12 - 1978

电力驱动，甚至还安装了计算机程序。然而，传统的手工织造方式还是保留了下来，手工织造的丝绸被用来制作高端服饰以及古迹或宫殿的软装饰。SB

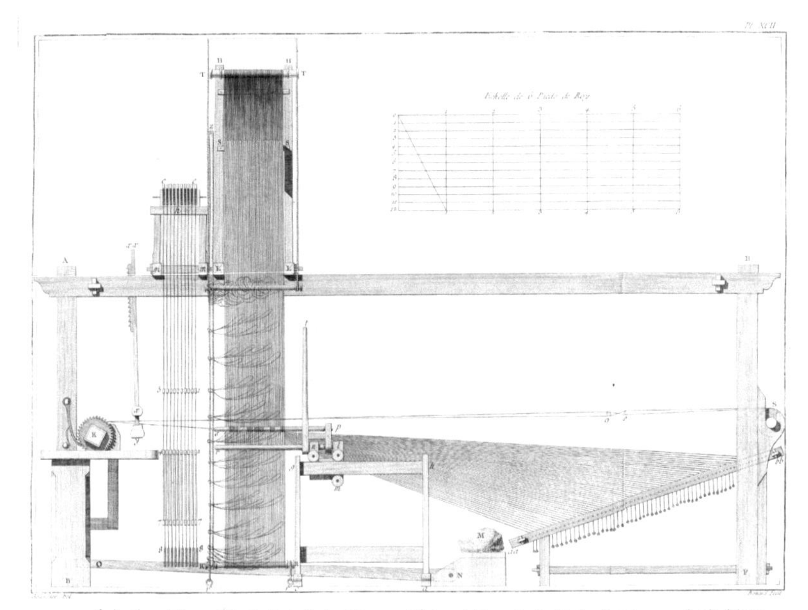

图 120（左上）
用于织造天鹅绒的束综提花织机
版画，出自丹尼斯·狄德罗和让·勒朗·达朗贝尔编著的《百科全书》第 27 卷（法国巴黎，1772）

V&A 博物馆下属国家艺术图书馆藏书号：38041800774804

图 121（左下）
织工正在织造多色西塞莱天鹅绒
意大利，2019
彩色照片，照片中的天鹅绒既有割绒的部分，又有未割绒的部分

图 122（右）
多色西塞莱天鹅绒
意大利热那亚（可能），1650—1700
有 3 组绒经，地部组织使用了银线。由意大利利吉里亚大区左阿利科尔达尼织造公司生产

V&A 博物馆藏品编号：339 - 1891

简单组织

图 123 中的丝织物来自中国，它是一件衣服的残片。据说，这件残片是在埃及阿斯尤特附近的阿扎姆墓地发现的。这件丝绸的质量反映了穿着者的社会地位和财富状况。HP

图 123
寿字团花纹缎残片
中国，1300—1400
V&A 博物馆藏品编号：1108 - 1900

图 124 展示的是一件暗花缎长袍，上面有一个巨大的香炉图案和围绕它的莨菪叶纹。这件长袍的款式类似和服，由于没有肩缝，所以长袍后襟上的图案是正的，但前襟上的图案是倒的。LEM

图 124
男式暗花缎长袍（背面图）
制作于英国或荷兰，1720—1750
面料来自中国

V&A 博物馆藏品编号：T.31 - 2012

图 125 ~ 127 中的花缎残片可能来自服装或家具覆面。图 125 和图 126 展示了一件单色花缎残片的正反两面。花缎残片上的图案有蜜蜂、衔着橄榄枝的鸽子和三个土丘，它们分别是巴贝里尼家族、潘菲利家族和基吉家族的标志，这些家族在 17 世纪先后各诞生了一位教皇。图 127 中的双色缎上有钻石形图案，这是美第奇家族的标志之一。SB

图 125（左）和图 126（右）
花缎残片
意大利佛罗伦萨，约 1660

V&A 博物馆藏品编号：1053 - 1888

图 127（对页）
花缎残片（细节图）
意大利佛罗伦萨，1525—1550

V&A 博物馆藏品编号：8679 - 1863

过去，精美的丝织物会被用来制作家具蒙面，以与房间里华丽的壁毯相协调。不过，家具背面的覆面通常选用较为便宜的面料，因此，图 128 中扶手椅背面的精美覆面可能是后来重装的，尽管面料与椅架大致属于同时期。VB

图 129 中的 5 张扑克牌的牌面为丝绸，制造者乔瓦尼·帕尼奇将自己的标志放在了红心六的牌面上。人头牌（即 K、Q、J）的设计来自法国，牌面为在简单的缎纹地上使用附加纬形成的重组织，而非在经面缎上以纬面缎起花的简单组织。SB

图 128（对页）
扶手椅
法国里昂或图尔（可能），1735 后
椅背包有红色花缎
V&A 博物馆藏品编号：W.55 - 1914

图 129
扑克牌
乔瓦尼·帕尼奇制作
意大利佛罗伦萨，1730—1740
这套扑克牌仅剩 48 张
V&A 博物馆藏品编号：271 - 1866

“纶子”是类似暗花缎的织物，它在16世纪从中国传入日本。这种织物具有柔软、表面光滑的特点，传入日本后广受欢迎，立刻取代了之前常用的较硬和服面料。图130中的纶子是1860年日本幕府时代（1192—1867）末代将军赠送给维多利亚女王的礼物。AJ

图130（对页）
用于制作和服的纶子（细节图）
日本京都（可能），1850—1860

由维多利亚女王捐赠
V&A博物馆藏品编号：330:1 - 1865

图131中的马甲可以说是一件艺术品，上面的花纹就像手工绣上去的一样。我们在梅兹&斯蒂尔公司的织物样品册（图132）中找到了马甲上花纹的配色方案。SN

图131（右）
男式提花缎马甲
梅兹&斯蒂尔公司生产
英国伦敦，1789—1792
由埃德蒙·德罗斯柴尔德夫人捐赠

V&A博物馆藏品编号：T.371 - 1972

图132（左）
织物样品册
梅兹&斯蒂尔公司制作
英国伦敦，1786—1791
图为样品册第177页

V&A博物馆藏品编号：T.384 - 1972

马什鲁布是印度特有的面料，它有多种用途。这种面料以丝线为经线、棉线为纬线，既有丝绸的光泽度，又有棉布的吸湿性。图 133 中的马什鲁布上有用附加纬线织出的布塔纹。

图 133
马什鲁布
印度特伦甘纳邦海得拉巴，约 1880
V&A 博物馆藏品编号：IS.2137 - 1883

图 134 是一件婚纱的细节图。这件婚纱采用了薄纱类面料，如简单的条纹纱罗。在这件婚纱制作的年代，条纹纱罗是非常流行的女装面料。这件婚纱属于一位贵格会教徒，其设计很有可能满足了新娘对婚纱低调但得体的要求。CAJ

图 135 中这件精美的和服由土屋顺纪设计，设计灵感来自中国四川省青城山的优美景色。和服选用了用天然染料染色的纱罗。和服上有许多大方格，每个大方格又由多个小方格组成，小方格从左下到右上越来越小，产生了瀑布倾泻而下的效果。AJ

图 134
婚纱（细节图）
英国或法国（可能），1872—1874
主体面料为纱罗，条纹为缎纹组织，饰边使用了缎纹绸和蕾丝

由费利西蒂・阿什比小姐捐赠
V&A 博物馆藏品编号：T.68 to B - 1962

图 135（对页）
"青山绿水"薄纱和服（细节图）
土屋顺纪设计
制作于日本关市，2006
面料织成于 2004 年

V&A 博物馆藏品编号：FE.144 - 2006

复合组织

纱罗是中国最古老的织物之一。汉代（公元前202—公元220）的织工就已经可以织出有几何图案的纱罗了。图136和图137展示的两件服装的面料均为纱罗。图137中的女袍用平纹地上经浮长起花的方式织出牡丹和蝴蝶图案，无论是从工艺上还是从图案风格上来看，这件女袍具有典型的中国风格。而图136中这件纱罗无袖夹袄的面料或是从欧洲进口的，或是中国织工模仿欧洲的织物织造的，其织法和图137中的完全不同。这可能是因为在20世纪初，使用国外的面料在中国是一种时尚。SFC

图136（右）
花卉纹纱罗无袖夹袄
中国，1900—1910

由M. 洛朗 · 隆捐赠
V&A博物馆藏品编号：FE.405 - 2007

图137（对页）
牡丹蝴蝶纹纱罗夏季女袍
中国，1800—1900

V&A博物馆藏品编号：1609 - 1901

图 138 中的是朝鲜王朝（1392—1910）官员所戴的纱帽。纱帽这个名称来自覆盖在帽体上的纱罗。这顶纱帽上有云纹，象征着长命百岁、修身修业。RK/EL

图 138（上）
纱帽
朝鲜王朝，1800—1900
V&A 博物馆藏品编号：T.516 - 1919

图 139 中的青绡衣是朝鲜王朝的宫廷祭服（内穿），其上的龙纹象征着权力和权威。历史上，朝鲜王朝的宫廷袍服所采用的细密的平纹丝质面料都是由官营织造局的织工手工织造而成的。万历朝鲜战争（1592—1598）后，朝鲜王朝的宫廷袍服进行了形制改革，袍服变为蓝色。RK/EL

图 139（对页）
青绡衣
朝鲜王朝汉城（现韩国首尔，可能），1880—1910
V&A 博物馆藏品编号：T.196 - 1920

来自中国、中亚和西亚的丝绸通过丝绸之路被运送到欧洲和非洲。最受欢迎的是动物联珠团窠纹丝绸和其他有精致图案的丝绸，如图140中有精致心形花瓣图案的织锦残片。我们根据残片的斜纹纬重组织结构以及所用经线加Z捻这些特点，确定这件残片应该来自中亚或西亚。HP

图141中的织物残片出土于位于丝绸之路中段的楼兰（现中国新疆羌若县）。这件织物残片采用了典型的中国织造工艺，组织结构为经显花平纹经重组织，丝线弱捻或不加捻。织物残片的图案有明显的西域风格，两只扭着身体的山羊在菱格内相对而立，这是典型的波斯萨珊或西亚图案风格。HP

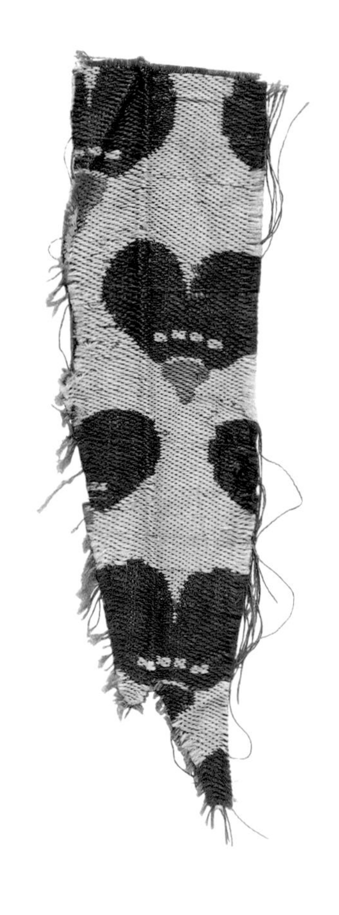

图140（左上）
斜纹纬锦残片
中亚或西亚，750—900

由印度政府和印度考古调查局借出
V&A博物馆借展品编号：LOAN:STEIN.338:1

图141（右上）
菱格对羊纹平纹经锦残片
中国，200—400

由印度政府和印度考古调查局借出
V&A博物馆借展品编号：LOAN:STEIN.214

图142（下）
菱格动物纹特结锦残片
西班牙阿尔梅里亚，1100—1150

V&A博物馆藏品编号：275&A-1894

12—15 世纪，位于西班牙南部（主要位于阿尔梅里亚和格拉纳达）的工坊织造出了大量有复杂图案的精美丝绸（图 142 ~ 144），并被销往欧洲和近东地区。这些丝绸常见的图案包括动物纹、类似阿尔罕布拉宫建筑的几何图案。ACL

图 143（上）和图 144（下）
特结锦残片
西班牙格拉纳达，1330—1450（图 143），1300—1400（图 144）

V&A 博物馆藏品编号：1312 - 1864、1105 - 1900

特结锦包含两种及两种以上组织结构。图 145 和图 146 展示的是一件特结锦残片的背面和正面。通过对比，我们可以看出它的织造方式：不同颜色的纬线从左到右排列，并与经线交织。残片的图案为中国的凤凰和阿拉伯纹样，反映了中国和阿拉伯文化对意大利丝织业的影响。ACL

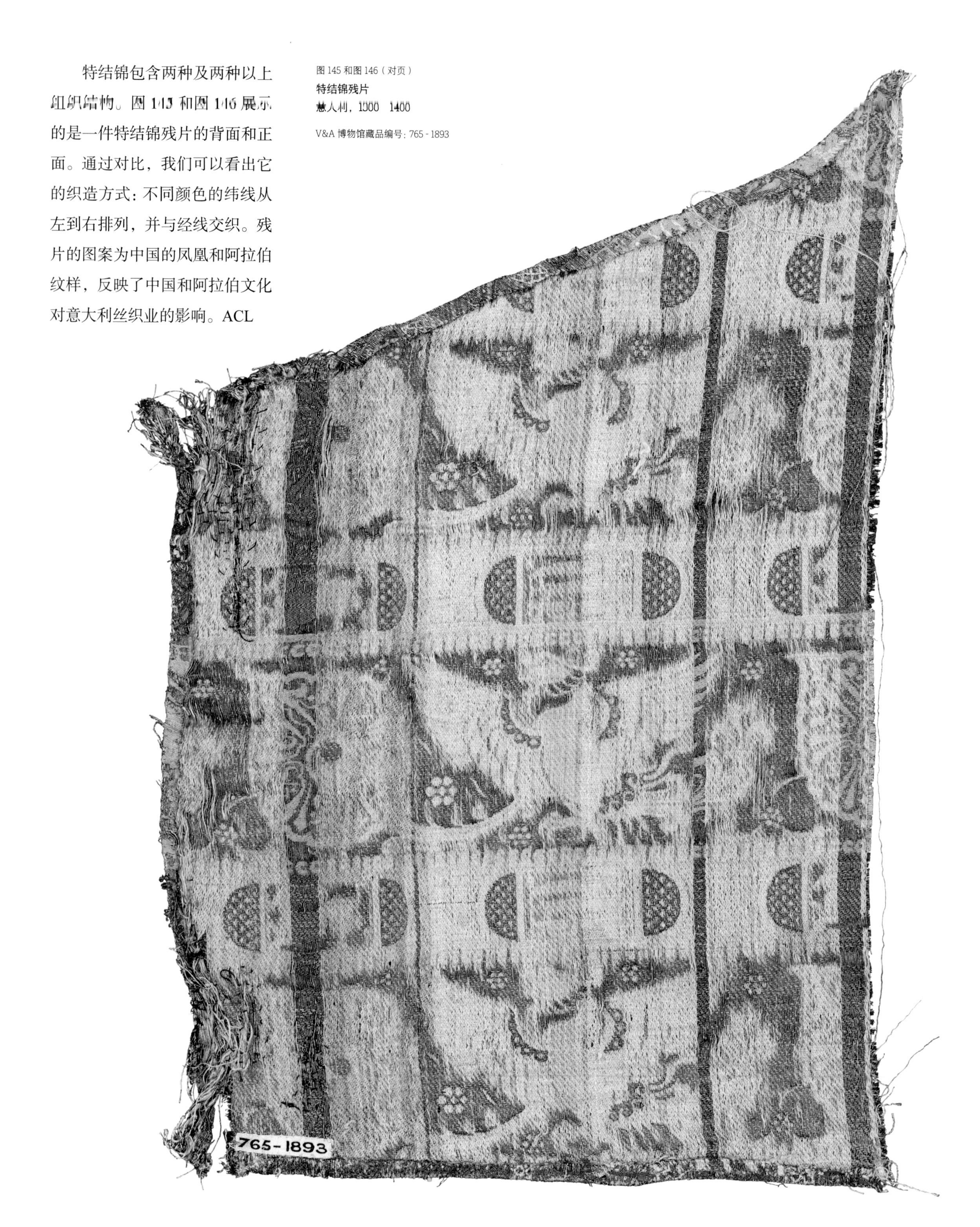

图 145 和图 146（对页）

特结锦残片

意大利，1300–1400

V&A 博物馆藏品编号：765 - 1893

图 147 是一件法衣的花纹细节图。这件法衣采用的面料为“鞑靼布”。这件法衣体现了不同文化的融合：鞑靼布来自当时蒙古人统治下的伊朗，而法衣是罗马天主教助祭礼拜时穿的衣服，法衣上的缠枝纹是中国的传统花纹，鹈鹕图案在基督教中象征着自我牺牲。TS

图 147（上）
特结锦法衣（细节图）
伊朗，1300 - 1400
使用了丝线与镀金线

V&A 博物馆藏品编号：8361 - 1863

图 148（下）
特结锦刺绣祭坛罩布
面料可能来自近东地区或伊朗
刺绣制作于西班牙巴伦西亚或巴塞罗那，
1375—1450

V&A 博物馆藏品编号：792 - 1893

图 148 和图 149 中的织物在设计、材料和织造工艺方面都很相似。图 148 中的是一件祭坛罩布，它可能制作于西班牙阿拉贡地区，因为上面的条纹菱形图案来自阿拉贡王室的盾形纹章，其面料可能来自近东地区或伊朗。图 149 中十字褡上的图案是马穆鲁克王朝时期（1250—1517）埃及或叙利亚织造的丝绸上的典型图案，这些丝绸被广泛出口到欧洲。ACL

图 149（右）
特结锦十字褡
近东地区，1400—1425
使用了丝线与镀金线

V&A 博物馆藏品编号：664 - 1896

图 150 中这件织物残片来自一件华美的衣服，上面的装饰图案和面料织造工艺的复杂性均表明穿着者可能有崇高的地位。图案为一位年轻的侍者站在花园中侍酒，其穿着较为低调，与当时的侍者的穿着基本一致。TS

图 150（右）
人物风景纹特结锦残片（细节图）
伊朗，1500—1600
V&A 博物馆藏品编号：282 - 1906

在中东地区，人们用有植物图案的纺织品装饰建筑的拱廊。图 151 中织物上的拱形纹和织物的饰边之间填充了折枝纹，这种纹样在萨珊王朝时代（651 年之前）就已经固定下来了。织物上的叶形纹和花卉纹源于 13 世纪的中国，中心更为精致的花卉图案则让人联想到 16 世纪奥斯曼帝国瓷砖上的图案。TS

图 151
花树纹特结锦壁毯（细节图）
伊朗，1600—1700
V&A 博物馆藏品编号：T.9 - 1915

图 152
虎纹特结锦儿童长袍
土耳其布尔萨，约 1590
采用了丝线和金属线挖花工艺
V&A 博物馆藏品编号：753 - 1884

在亚洲的大部分地区，人们会用波纹代表虎皮纹。图 152 中这件儿童长袍上的金色波纹就代表虎纹，蓝白波纹用于勾勒金色波纹的轮廓。这件儿童长袍很有可能属于奥斯曼帝国的王室成员。TS

伊朗统治者会将用最高质量的丝绸制成的“荣誉之袍”授予其最重要的臣民，“荣誉之袍”上独特的图案代表穿着者对君主的忠诚。1800 年以前制作的“荣誉之袍”或遗失或被剪裁，因此只留下了残片。图 153 展示了一件东正教法衣，这件法衣所用的大部分面料裁自一件“荣誉之袍”。

图 153
特结锦法衣
伊朗，1650—1700
使用了镀金银线

V&A 博物馆藏品编号：576 - 1907

16世纪中期，印度阿萨姆邦的一位王子命人织造了一件描绘克里希纳神早期生活的巨幅丝绸画。该巨幅丝绸画的原件已经遗失。图154中的丝绸残片是印度阿萨姆邦已知的最古老、最精美的特结锦丝织物之一，上面的图案描绘了克里希纳神的日常生活，我们据此推测，这件残片有可能属于前文所述的巨幅丝绸画。AF

图155中的丝织品来自1851年伦敦世界博览会。它是突尼斯贵妇外出时所佩戴的头巾。我们可以看到，头巾底部的黑色部分没有纬线，这样的设计既可以遮挡佩戴者的面部，又能让佩戴者有较为清楚的视野；有装饰图案的部分则用于遮盖头部和身体。ACL

图154
特结锦残片
印度阿萨姆邦，1560—1570

V&A博物馆藏品编号：IS.365 - 1992

图155（对页）
特结锦头巾（细节图）
突尼斯，1850前

V&A博物馆藏品编号：830 - 1852

坦绸伊（图 156）是由两组经线和多组通纬织成的，这种织造工艺被认为是19 世纪中期从中国传入印度的。那时，许多印度帕西人活跃在中印贸易中，使得融合了中国和印度风格的坦绸伊和服装大量出现。AF

在巴基斯坦旁遮普省和信德省，织工用双面织造工艺织造出了柔软而奢华的双面丝质服装——隆吉（图 157）。隆吉可以作为披肩、腰布或头巾。精美、昂贵的隆吉的幅边和两端会用金银线织造。AF

图 156（对页）
坦绸伊纱丽（细节图）
印度古吉拉特邦苏拉特（可能），1875—1925

由拉坦 · 塔塔捐赠
V&A 博物馆藏品编号：T.247 - 1920

图 157（上）
隆吉
巴基斯坦旁遮普省巴哈瓦尔布尔（该地区曾属于印度），约 1855

V&A 博物馆藏品编号：0556(IS)

15世纪，欧洲贵族偏爱来自意大利的丝绸，尤其是来自意大利卢卡和威尼斯的丝绸。这些丝绸上的图案（图158和图159）丰富多样，如具有东方风情的石榴纹、花卉纹和叶形纹。图159中织物上的图案为猛禽猎捕受惊的鹧鸪，描绘的是当时贵族狩猎的场景。SB/ACL

图160和图161展示的是两件意大利丝绸残片，上面的图案是1625—1650年间意大利提花丝绸上常见的图案。这种图案男女皆宜，金色的挖花图案与波斯丝绸上常见的图案相似。当时，波斯丝绸备受欧洲人的喜爱，也成为意大利丝绸设计的灵感来源。SB

图158和图159（对页）
挖花特结锦（细节图）
意大利，1400—1450

V&A博物馆藏品编号：713-1907
V&A博物馆藏品编号：T.27-1922

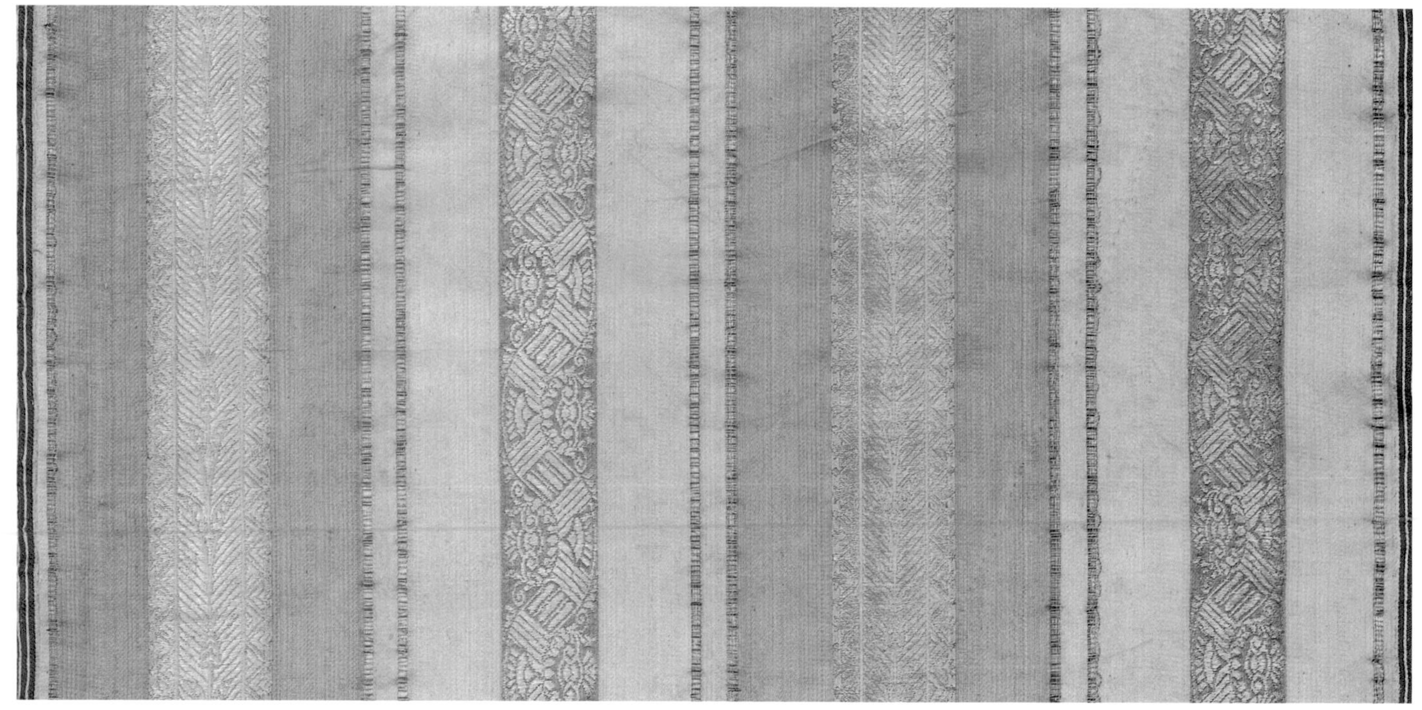

条纹丝绸在17世纪末的欧洲十分流行。图162中织物的深蓝色和浅蓝色宽条纹以及金色细条纹使用了三组经线，有花纹的宽条纹是用挖花工艺织出来的。SB

图163中的织物残片可能来自一件裙子或衬裙，残片与1720年在西班牙出版的一本裁剪书中出现的织物相似，因此这件织物残片很有可能来自西班牙。不过，其设计更符合当时法国的主流审美。雪尼尔花线和高捻度粗丝线的使用使织物有更丰富的肌理。ACL

图160（对页左上）和图161（对页右上）
挖花花卉纹绸残片（细节图）
意大利，1625—1650

V&A博物馆藏品编号：1114-1899、T.196-1910

图162（对页下）
条纹丝绸（细节图）
法国，1685—1700

V&A博物馆藏品编号：T.427-1976

图163
挖花平纹绸残片（细节图）
西班牙巴伦西亚（可能），1700—1720
残片上的图案有人、兽、鸟、船只、花卉等

V&A博物馆藏品编号：T.276-1910

在中国的明代（1368—1644），妆花缎是最受欢迎和最贵重的丝绸之一，它用于制作豪华的服装和内饰。图 166 中的织物残片有极精细的地部组织，同时用片金线勾勒出云纹和花卉纹的轮廓。HP

图 166（上）
妆花缎残片（细节图）
中国苏州或杭州，1500—1650

由英国艺术基金会赞助购入
V&A 博物馆藏品编号：T.81 - 1948

图 164 和图 165 展示的是一双女鞋，这是 18 世纪欧洲的典型款式。鞋面采用伊朗萨非王朝时期（1501—1722）织造的丝绸，上面有星形图案和连续的“S”形曲线。制作鞋面的丝绸可能是一件衣服的边角料。SN

图 164（对页）和图 165（下）
锦缎鞋面高跟鞋
制作于英国，1720—1730
面料来自伊朗，1600—1700

由哈罗德兄弟捐赠
V&A 博物馆藏品编号：T.444&A - 1913

在 1680—1710 年，受到来自法国、意大利和亚洲的纺织品的启发，英国织造出大量具有异国情调的丝绸。才华横溢的织物设计师、织工詹姆斯·莱曼利用复杂的提花程序将手绘设计图（图 167）转移到了织物（图 168）上。V&A 博物馆共收藏了 104 件詹姆斯·莱曼设计的织物，其中许多织物都有制作说明，并标有委托人的姓名。LEM

图 167
织物设计图
此为英国伦敦科文特花园的绸缎商艾萨克·图利在 1709 年 7 月 15 日委托詹姆斯·莱曼设计的织物的图纸

V&A 博物馆藏品编号：E.1861:98 - 1991

图 168
挖花特结锦（细节图）
詹姆斯 · 莱曼织造
英国伦敦，1709

V&A 博物馆藏品编号：T.156 - 2016

在 18 世纪的欧洲，法国是时装制作和丝绸织造的中心。图 169 和图 170 中的两件丝绸可能是用于制作女式礼服的面料。在 18 世纪 20—70 年代，宽大的衬裙和飘逸的腰背部设计在欧洲非常流行，这种服装设计能完美地凸显图 169 和图 170 中的图案。1733 年左右，法国里昂著名的丝绸设计师让·雷维尔发明了有颜色渐变效果的组织的织造方法，这使得自然主义风格的图案能够呈现在织物上。例如，图 170 中的丝绸就有突出的、写实的植物图案，图案循环较大，这种图案风格流行于 18 世纪 30 年代。而图 169 中丝绸的图案更为精致，花束分布在波浪形蕾丝图案的两侧，这种图案风格流行于 18 世纪 60—70 年代。
SB/LEM

图 169
挖花花卉纹丝绸（细节图）
法国里昂（可能），1765—1770

V&A 博物馆藏品编号：108 - 1880

图 170（对页）
挖花花卉纹丝绸（细节图）
法国里昂（可能），1735—1740

V&A 博物馆藏品编号：T.170 - 1965

T. 115-1912

1765年在巴黎出版的第一本丝绸设计手册中写道，织物设计师必须了解织造过程中用到的全部材料和织造过程，以便更经济地用昂贵的纱线织造出具有美感的丝绸。图171和图172展示的是一件丝绸的背面和正面，从背面（图171）我们可以看到，这件丝绸节约了大量金线，丝绸正面（图172）有华美的图案。这种丝绸适合用来制作宫廷服装以及去剧院观看表演时穿着的礼服。LEM

图171（对页）和图172

挖花花卉纹丝绸

法国里昂（可能），1745—1760

V&A博物馆藏品编号：T.115-1912

17世纪，荷兰拥有了丝织业。自此，荷兰不但能够满足国内对丝绸的需求，还将本国织造的丝绸出口到国外。荷兰东印度公司成立于1602年，并于1799年解散。在解散前，荷兰东印度公司一直与日本进行贸易往来，并在日本锁国时期（1639—1853）垄断日本贸易。为了迎合欧洲人对东方情调的喜好，荷兰织工受到中国和日本织物的启发，设计出了夸张又有趣的图案（图173 ~ 175），比如具有东方情调的花卉、渔船、宝塔、纸伞、人物、蝴蝶图案。SB

图173（上）
挖花缎十字褡（背面细节图）
荷兰，1733—1740

V&A 博物馆藏品编号：611 - 1896

图174（下）
挖花缎法衣（细节图）
荷兰（可能），1720—1730

V&A 博物馆藏品编号：CIRC.466 - 1919

图175（对页）
中国风格挖花缎（细节图）
荷兰，1735—1745

由玛丽女王捐赠
V&A 博物馆藏品编号：T.73 - 1936

18 世纪，人们会用有精美图案的丝绸来装饰房间。图 176 和图 177 中的丝绸可能是西班牙国王查理四世宫殿内的软装饰，它由法国里昂的王室纺织品供应商卡米耶·佩尔农公司生产。直到 21 世纪，这家公司仍在生产并销售华丽的装饰用丝绸。LEM

图 176（上）和图 177（右）
挖花花叶动物纹装饰用丝绸
让-狄摩西尼设计
卡米耶·佩尔农公司生产
法国，1797—1798
V&A 博物馆藏品编号：T.69 - 1951

法国皇帝拿破仑一世偏爱传统的徽章纹样，如古瓮纹、香炉纹等，并借这些纹样来彰显其正统性。织造图 178 中丝绸的织工可能受此启发，为崇拜法国的瑞典皇室和贵族织造了有类似纹样的丝绸。织物上的“IPM41”字样可能代表使用者的身份。JL

图 178（对页）
缎地斜纹提花装饰用丝绸（细节图）
让·皮埃尔·马泽尔织造
瑞典斯德哥尔摩，1813
V&A 博物馆藏品编号：T.32 - 1988

能戏是日本的古典剧种之一。唐织是扮演女性角色的男性演员所穿的长袍，图 179 和图 180 就展示了一件唐织。其主要颜色为红色，代表该角色为年轻女性。红色的地部、金色的几何图案和闪亮的团花纹分别使用了不同的组织结构。AJ

图 179（对页）和图 180
唐织
日本京都，1780—1820

V&A 博物馆藏品编号：T.194 - 1959

印度丝绸启发了19世纪的许多英国设计师。设计师欧文·琼斯在1851年的英国伦敦世界博览会上看到了图181中的纱丽，并将上面的图案（图182）收录在《装饰的法则》（英国伦敦，1856）一书中，这本书是英国现代设计的奠基之作。AF

图181（上）
纱丽（细节图）
印度北方邦瓦拉纳西，约1850
V&A博物馆藏品编号：767 - 1852

在中国，图183中的织锦缎曾用作经书的裱封。上面的缠枝莲花纹是在红色缎纹地上插入金色纹纬织出的。金色纹纬为片金线。因为织物作为裱封使用，所以看不到织物背面的片金线。SFC

图182（下）
《装饰的法则》原画稿（之一）
欧文·琼斯绘
英国，1856
V&A博物馆藏品编号：1642

图183（对页）
缠枝莲花纹织锦缎（细节图）
中国，1825—1875
V&A博物馆藏品编号：6559(IS)

根据剪裁和装饰，我们推测，图 184 中的安格尔卡（一种男式长袍）可能是在巴基斯坦信德省裁制的，但它所用的华丽红色丝绸可能是在印度古吉拉特邦织造的。我们能够根据丝绸的图案和地部所用贵金属线的量判断其出品地，印度古吉拉特邦的艾哈迈达巴德和苏拉特是图中长袍所用丝绸的主要生产城市。AF

图 184（左）
安格尔卡
制作于巴基斯坦信德省
面料来自印度古吉拉特邦（可能），
约 1867
采用了挖花工艺，在平纹地上用金属线织出图案

V&A 博物馆藏品编号：05648(IS)

用金银线织成的丝绸在印度的皇宫中非常常见。图185中的女式短上衣来自印度纳瓦纳加尔（现印度古吉拉特邦的贾姆纳格尔市），它由两块锦缎制成，边缘处饰有两种丝带。锦缎可能来自附近的艾哈迈达巴德，艾哈迈达巴德专门生产这种昂贵的面料。AF

图185
女式短上衣
制作于印度古吉拉特邦的贾姆纳格尔市
面料来自印度古吉拉特邦艾哈迈达巴德（可能），约1867
采用了金属线挖花工艺

V&A 博物馆藏品编号：05499:2/(IS)

袈裟是一种长方形的佛教法衣。日本的佛教僧侣会将袈裟披挂于左肩上，右肩裸露。袈裟通常由多块布片拼缝而成，布片不会被拼成特定的图案，其排列方式与佛法相关，非常抽象。图186中的袈裟却像一幅画，精美的丝绸片按图案被缝合在一起，然后用丝线进行贴线缝绣，以形成图案。AJ

图186（第154～155页）
丝绸袈裟（细节图）
日本京都，1800—1850

由T.B.克拉克-桑希尔捐赠
V&A 博物馆藏品编号：T.80-1927

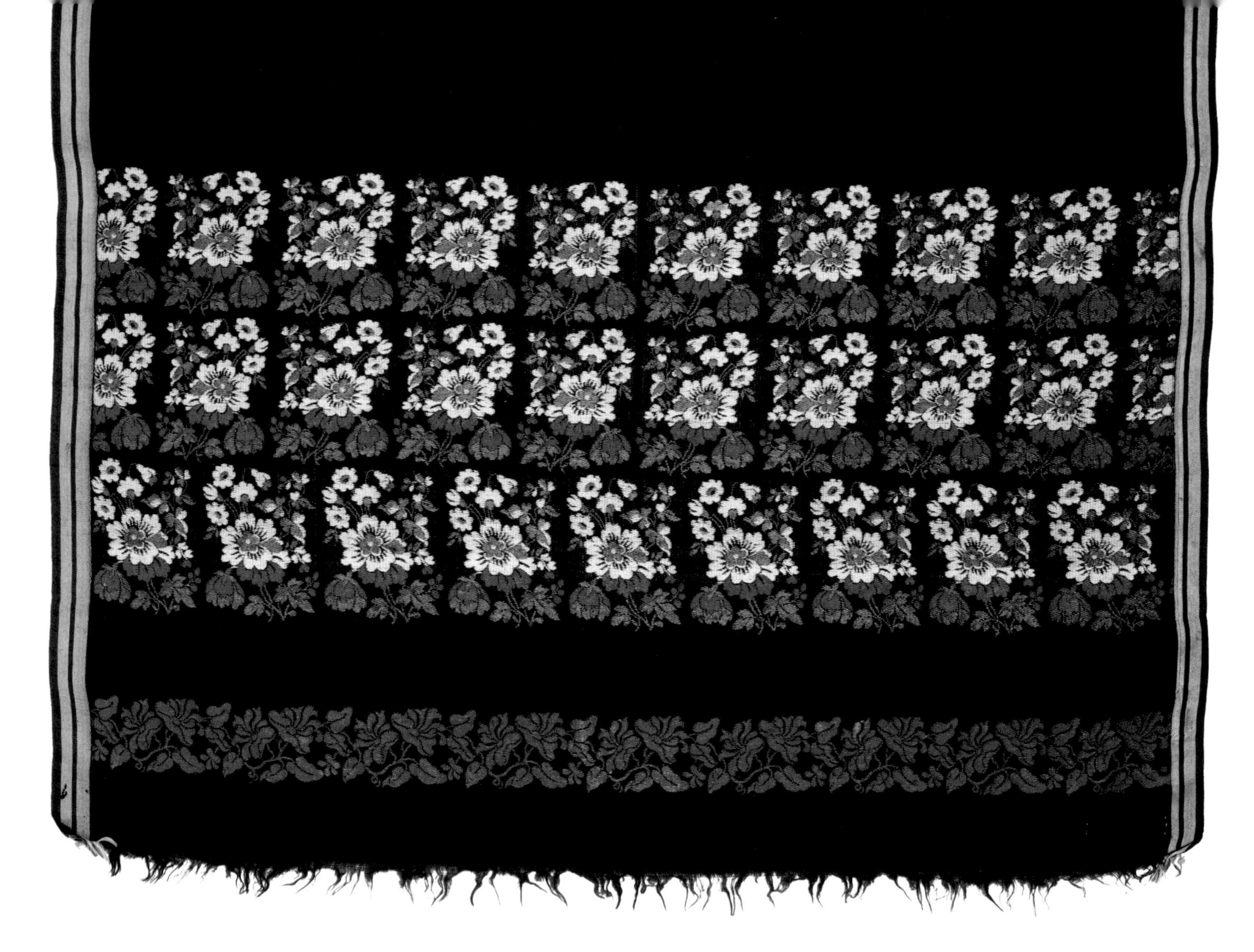

18世纪末，从克什米尔地区出口到欧洲的披肩备受欢迎。由于颜色鲜艳且保暖性好，这种披肩通常用来披在白色薄纱礼服外面（如图187中人物所示）。英国伦敦、诺里奇、爱丁堡和佩斯利的织工对这种奢华的配饰进行了改进，他们用丝、毛和棉织造出不同质量和图案的披肩（图188）。从19世纪20年代开始，提花织机的改良使得织机能够织造出更复杂的图案，如精美的印度经典布塔图案，布塔图案也象征着火苗、凤凰、太阳、老鹰，形状近似腰果仁、杏仁、泪珠或菠萝。（图189），这种图案后来在英国被称为“佩斯利纹”。JL

图187（左）
手绘时装图样
出自图册《巴黎服装》

由沃斯家族捐赠
V&A博物馆藏品编号：E.22396:55 - 1957

图188（上）
披肩（细节图）
英国伦敦（可能），1800—1805
由束综提花织机织造，使用了附加纬线

V&A博物馆藏品编号：T.26 - 2015

图189（对页）
提花丝织流苏披肩（细节图）
约翰·芬内尔设计
克拉伯恩&克里斯普父子公司生产
英国诺里奇，1862
背缝的标签上有如下字样：“CALEY SHAWLMAN AND SILK MERCER TO THE QUEEN AND PRINCESS OF WALES. NORWICH / IMPORTER OF CONTINENTAL MANUFACTURES”（意为“女王和威尔士王妃的披肩和丝绸供应商，诺里奇/大陆产品进口商”）

V&A博物馆藏品编号：T.177 - 1929

泰国（旧称“暹罗国”）王室曾喜欢将从印度和柬埔寨进口的丝绸作为礼服面料和王家礼物。泰国的锦缎织造业是20世纪初在王室的支持下发展起来的，泰国的锦缎（图190）风格受到印度的影响。SFC

图190（对页）
织银平纹绸（细节图）
泰国，1900—1935

由玛丽女王陛下捐赠
V&A博物馆藏品编号：IM.9 - 1936

图191中的哈卡女式上衣展示了缅甸钦邦妇女用原始的腰机织造复杂织物的高超技艺。菱形图案是用不连续的附加纬线织出的，象征穿着者有较高的身份地位。上衣的上半部分采用了经面织法，下半部主要采用纬面织法，采用斜纹织造工艺的人字纹将上下两个部分分隔开。

在马来西亚，王室成员和高级贵族都会在重要场合穿图192中的纱笼。它采用的面料被称为“宋吉绸”，宋吉绸采用了将金属线作为附加纬线进行纬显花的织造工艺，上面的图案通常是马来西亚特有的植物，比如山竹和竹笋。SFC

图191（上）
哈卡女式上衣
缅甸钦邦，1900—1950
采用平纹织造工艺和斜纹织造工艺

V&A博物馆藏品编号：IS.42 - 1997

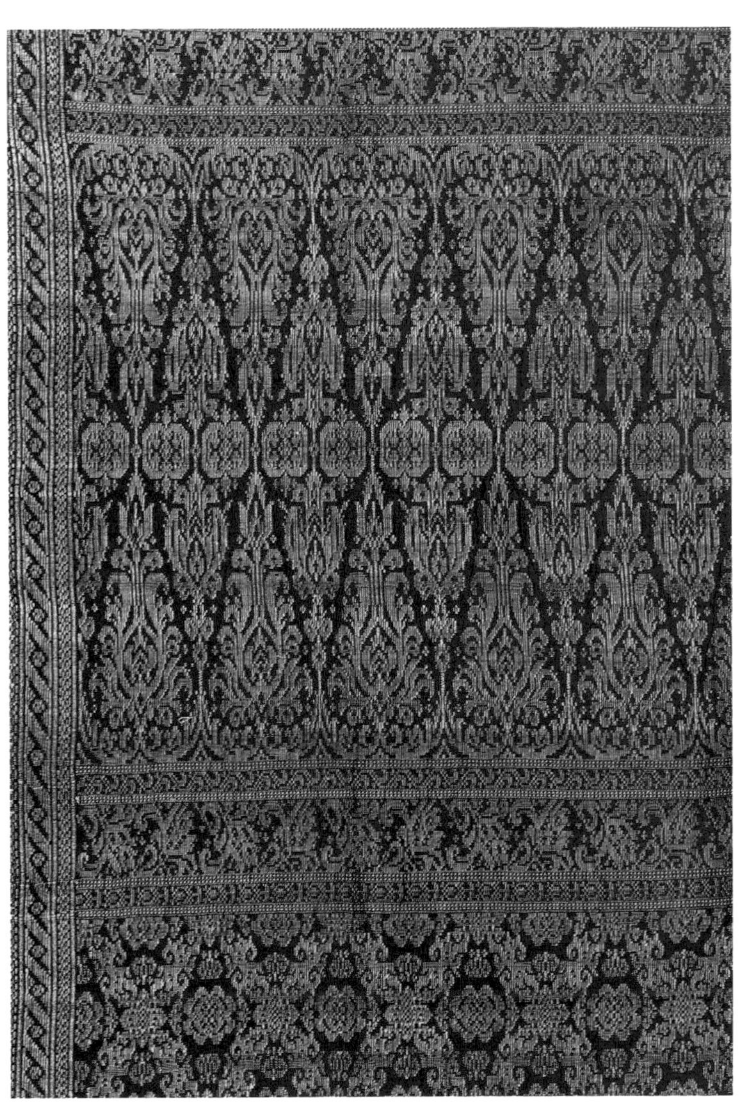

图192（下）
男式纱笼面料（细节图）
马来西亚丁加奴，1924
织金平纹绸

V&A博物馆藏品编号：IM.269 - 1924

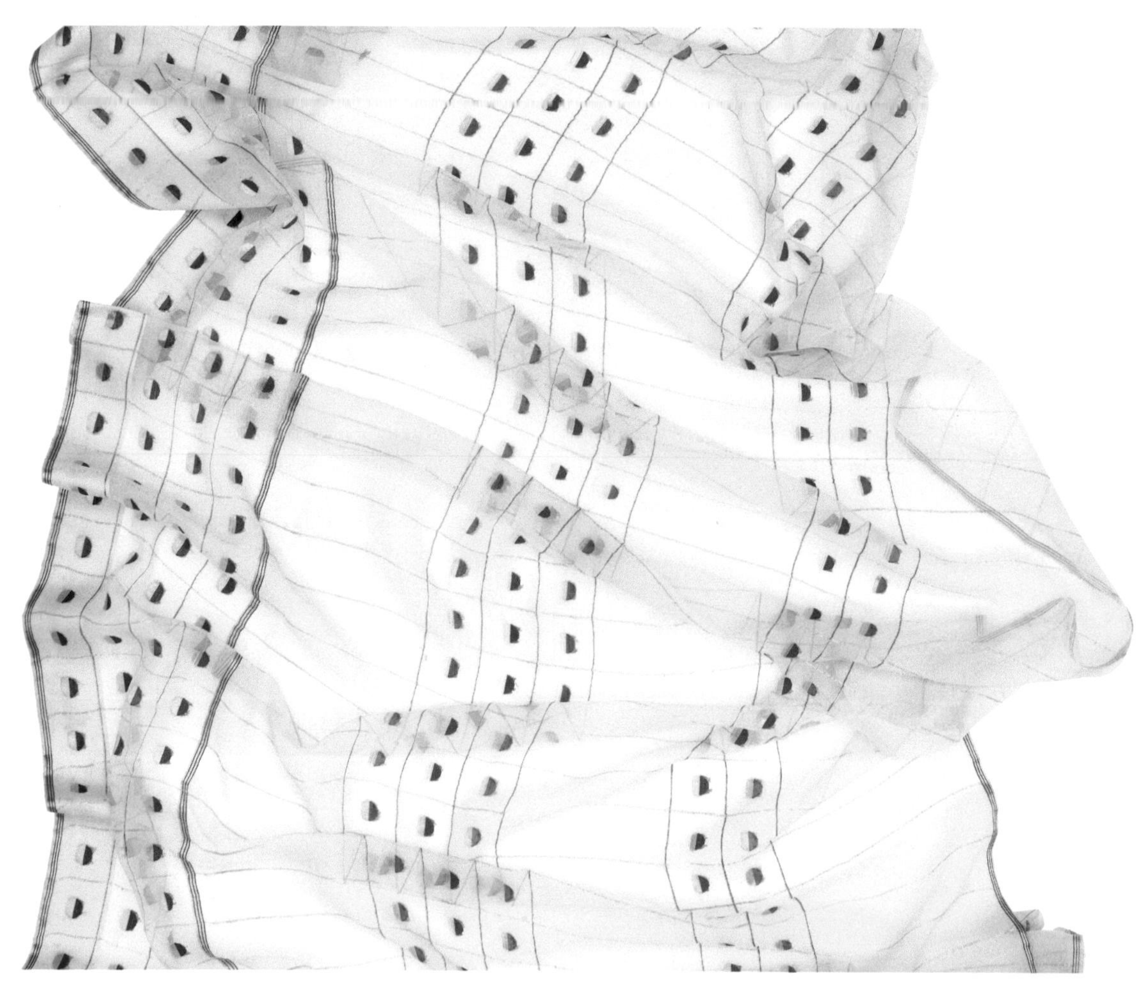

自20世纪30年代起，具有现代设计风格的透明丝质纱丽在印度上流社会的女性中成为时尚。图193中这件横纹和竖纹交错的纱丽可能来自印度著名的纺织城市——瓦拉纳西。DP

图193（左）
平纹绸纱丽（细节图）
印度北方邦瓦拉纳西（可能），
1930—1950
使用了丝线、金线，有金色线提花

由马尤拉·布朗夫人捐赠
V&A博物馆藏品编号：IS.51 - 1998

坚达尼是孟加拉特有的手工编织工艺：在手工织机织造过程中引入额外的纬线以形成图案。图194中丝绸坚达尼纱丽上的人力三轮车图案就是用上述方式织出来的。有图案的部分会被披在穿着者的肩膀上。DP

图194（右）
丝绸坚达尼纱丽（细节图）
艾布拉姆&塔库尔工作室设计
努坦·法利亚·坦图拜·萨马拜·萨米提斯有限公司织造
印度西孟加拉邦纳迪亚区，2010

由设计师本人捐赠
V&A博物馆藏品编号：IS.30:1 - 2012

山口源兵卫是日本京都的家族纺织企业誉田屋源兵卫的第十代传人。他致力于创作非凡的织物，率领工匠们将技术革新推向极限。图195中腰带上的麻之叶纹是日本织物上的经典图案，但这条腰带特别织入了珍珠母贝纹纬。（这种工艺叫作“引箔织”。）工匠先将轻薄的珍珠母贝用漆粘附在和纸衬上，然后再将其切成窄条，制成纹纬织入织物。AJ

图 195
引箔织腰带
山口源兵卫设计
日本京都，2015

由设计师本人捐赠
V&A 博物馆藏品编号：FE.82 - 2016

通经回纬织法

在中世纪，阿拉伯领袖会将一种在麻地上用通经回纬织法织成的丝带作为礼物赠予他人。这类丝织物被统称为“第拉兹”。图 196 中的第拉兹残片是在一座墓葬中发现的。ACL

图 196（下）
第拉兹残片
埃及，1050—1150
平纹麻地丝织缂花织物
V&A 博物馆藏品编号：755 - 1898

图 197 展示了 V&A 博物馆收藏的年代最久远、保存最完整的中国袍服。它色彩鲜艳，图案大胆，所采用的织成料成本高昂，使用了金线和至少 22 种不同颜色的丝线。长袍上的图案表明它与祝寿相关：牡丹象征财富和尊贵，而仙鹤和“寿”字则代表长寿的美好祝愿。HP

图 197
缂丝长袍
中国，约 1600

由加纳女士捐资购入
V&A 博物馆藏品编号：FE.41:1 - 1985

缂丝指的是用通经断纬工艺织造的丝织品，多指自中国唐代（618—907）以来出现的摹缂丝织品。工匠将多种颜色的、不连贯的纬线与未染色的经线交织，从而织出高度复杂的双面图案。宋代（960—1279）早期的缂丝模仿或摹缂著名的卷轴画和画册（图198和图199），因此具有一定的收藏价值。在明清两代（1368—1911），工匠还会用画笔在缂丝上绘制人物五官等细节，比如在图200中，所有人物的五官都是手绘而成的。通经断纬工艺的出现使得服装面料上的图案及其布局可以按服装形制直接在织机上织成，如图201中的女袍。YC

图198（左）
缂丝风景画
中国，1900—1940

V&A 博物馆藏品编号：T.180 - 1948

图199（右）
缂丝花鸟画
中国，1600—1800
此为画的中部

由英国艺术基金会赞助购入
V&A 博物馆藏品编号：T.232 - 1948

图200（第166 ~ 167页）
端午赛龙舟缂丝画
中国，1750—1800

V&A 博物馆藏品编号：1647 - 1900

图201（对页）
缂丝女袍（细节图）
中国，1800—1900

由英国艺术基金会赞助购入
V&A 博物馆藏品编号：T.223 - 1948

自18世纪以来，缅甸生产一种带有波纹的华丽丝绸，被称为“百梭布”（图202中的女子就穿着一条百梭布裙）。这种丝绸是由技艺高超的织工操作100～200支梭子，采用断纬工艺织造而成的。百梭布上的波纹是缅甸服饰的标志性纹样。图203展示了一件华丽的百梭布壁毯，上面饰有佛教图案。FHP

图202（左）
穿着百梭布裙的年轻女子
菲利普·克里尔摄
1906年8月7日
黑白照片

图203（右）
百梭布壁毯
缅甸，约1850

V&A博物馆藏品编号：9753(IS)

通常，来自印度中部几个织造中心的纱丽的侧边和边饰都有用通经回纬工艺织出的图案。根据图案和织造工艺，图 204 中的纱丽应该就来自印度中部。这件纱丽的侧边有用附加经线织出的图案，而边饰的图案则是用通经回纬工艺织出的，使得这件纱丽具有双面装饰的效果。AF

图 205 中的双色筒裙应该是生活在菲律宾棉兰老岛的马拉瑙妇女所穿的，特点是筒裙上有固定的装饰性条带。这些条带以通经回纬工艺织造而成，上面的曲线设计反映了当地人对几何图案和其他抽象图案的喜爱。SFC

图 204（上）
纱丽残片（细节图）
印度泰伦加纳邦梅德格地区，约 1867
采用了通经回纬工艺，使用了金属附加纬线
V&A 博物馆藏品编号：4388B/(IS)

图 205（下）
双色筒裙（细节图）
菲律宾棉兰老岛，1900—1995
面料为平纹绸，有用通经回纬工艺织成的条带
V&A 博物馆藏品编号：IS.40 - 1997

泰族织工经常用多种织造工艺来织造一件纺织品。图 206 中有密集图案的丝质壁毯反映了织工熟练的通经回纬和用附加纬线织造的工艺。传统上，通经回纬工艺只用来在筒裙的装饰性条带上织出图案。而这件壁毯的主体图案采用了通经回纬工艺，这是现代设计理念和传统织造工艺的有机结合。FHP

图 206
丝质壁毯（细节图）
苏卡森．卡卡姆潘织造
老挝华潘省三台区，2015
V&A 博物馆藏品编号：IS.14 - 2017

图 207 展示了一块用来包裹礼物的包袱皮。这张包袱皮是用复杂且耗时的缂绒工艺织成的，并用不同颜色的附加绒经织成图案。这种缂绒织物在日本生产了几年后就停产了，因此十分罕见。一只公鸡、一只母鸡和三只小鸡的图案象征着和谐的家庭，该图案可能来自 18 世纪日本著名画家圆山应举的画作。AJ

图 207（对页）
缂绒包袱皮
日本京都（可能），约 1860
V&A 博物馆藏品编号：361 - 1880

起绒织物

天鹅绒的特点是质地柔软以及图案有立体感。图 208 ~ 210 展示了天鹅绒上不同的图案效果，图案效果与绒毛的颜色、绒圈是否切割，地部组织是否可见有关。图案越复杂，天鹅绒的价格就越贵。最奢华的天鹅绒有多种颜色，并使用了贵金属附加纬线。SB

图 208（上）
银线挖花双色天鹅绒（细节图）
意大利，1425—1450

V&A 博物馆藏品编号：859 - 1894

图 209（下）
提花天鹅绒
意大利，约 1700
有切割和未切割的绒圈，可能曾是长椅背面的覆面

V&A 博物馆藏品编号：T.80 - 1958

图 210（对页）
花式天鹅绒法衣（细节图）
意大利威尼斯，1400—1425

V&A 博物馆藏品编号：T.87 - 1912

莫卧儿帝国的奢华能从左侧宝石色天鹅绒残片（图211）中窥见一二。天鹅绒用紫胶染料染色，其颜色随绒毛方向的变化而变化，在花头上花瓣的缝隙处还留有金属线的痕迹。AF

天鹅绒常用作壁毯或用来盖在物品之上。图212展示了一张壁毯：男子优雅地站在柏树旁，手拿一朵水仙花置于鼻前，轻嗅香气。在波斯诗歌中，英俊的青年通常被描述为“像柏树一样挺拔”。TS

图211
割绒天鹅绒残片（细节图）
印度古吉拉特邦（可能），约1700

V&A 博物馆藏品编号：281 - 1893

图212（对页）
天鹅绒壁毯
伊朗，1550—1620

由英国艺术基金会出资购入。I. 施魏格尔先生、塞尔弗里奇有限公司、A.F. 肯德里克先生、O.S. 贝尔贝里安先生、G.P.&J. 贝克尔公司和A. 贝纳尔杜先生在藏品购入过程中提供了帮助
V&A 博物馆藏品编号：T.226 - 1923

17世纪伊朗出现了写实的花卉图案，这种新式图案对传统的抽象花卉纹产生了一定的影响。图213中织物将上述两种图案结合了起来：写实的玫瑰、鸢尾、康乃馨和百合图案与抽象的缠枝纹结合在了一起。TS

图214中天鹅绒地毯饰边上的花卉纹可以追溯到17世纪40年代。当时，莫卧儿帝国典型的花卉纹首次出现在纺织品上。写实的花卉图案有序地排在织物上，其中百合图案为天鹅绒组织，地部由银包线织成。织工使用从伊朗传入的绒经显花工艺，为织物增色。AF

图213（上）
花卉纹天鹅绒
伊朗伊斯法罕（可能），1600—1700

V&A博物馆藏品编号：733-1892

图214（下）
天鹅绒地毯饰边
印度古吉拉特邦艾哈迈达巴德（可能），1640—1650

V&A博物馆藏品编号：320-1898

图 215 中地毯上的图案融合了 17 世纪的三种流行图案：柏树图案、写实的花卉图案和有花头的缠枝纹。天鹅绒是印度有史以来最昂贵、最珍贵的纺织品之一。它用作地毯和壁毯，也用作门帘、栏杆罩、帐篷、华盖、家具的覆面和动物身上的装饰等。AF

图 215
天鹅绒地毯
印度古吉拉特邦艾哈迈达巴德（可能），1650—1700
V&A 博物馆藏品编号：IS.16 - 1947

图 216（左）
天鹅绒残片
印度古吉拉特邦（可能），1650—1700
V&A 博物馆藏品编号：664A - 1883

图 217（右）
天鹅绒
土耳其布尔萨（可能），1500—1600
使用了金属线
V&A 博物馆藏品编号：1061 - 1900

图 218（对页）
天鹅绒垫套
土耳其布尔萨（可能），1650—1700
使用了金属线
V&A 博物馆藏品编号：4061 - 1856

在 17—18 世纪，莫卧儿帝国和萨非王朝的天鹅绒在风格和组织结构上都十分相似，因此区分这两个地区生产的天鹅绒是极具挑战性的工作。图 216 中的天鹅绒残片用了印度特有的紫胶和靛蓝染料进行染色，写实的叶片和花卉图案更接近莫卧儿帝国时期出现的图案。AF

有大型花卉图案是 16 世纪中后期奥斯曼帝国丝绸的特点，如图 217。在大的、抽象的郁金香花头的顶部饰有小的石榴图案，花头的腹部饰有大的金色石榴花图案，花瓣上成串的红色花枝使整个图案在视觉上更丰富，花枝上还有各种小的花卉图案。TS

在奥斯曼帝国时期，垫套是重要的室内软装饰。1600 年后，土耳其西北部布尔萨的天鹅绒织工开始按照一定的标准生产垫套——垫套呈长方形且两端各有一排编织花边，中间填满各种创造性图案，这些图案通常来源于奥斯曼帝国时期早期的纺织品（图 218）。大量垫套从土耳其出口到欧洲。TS

在欧洲，男式马甲可能是用一块天鹅绒裁剪并缝制而成的，也可能是直接织成的，比如图219中的这件男式马甲。它用了三种不同的组织结构，使表面产生了不同的颜色效果，让单色的设计变得丰富——地部组织为菱形图案，一朵朵玫瑰花蔓延至前襟和下摆，覆盖于口袋的袋盖之上。而在图220中，这件19世纪的天鹅绒马甲上，割绒和未割绒两种效果与横平竖直的条纹相辅相成，形成棱纹。19世纪以来，马甲使男性相对单调、暗淡的服装更丰富、亮丽。SN/CKB

图219（上）
男士天鹅绒马甲
英国，1840—1850

由玛丽·吉福德捐赠
V&A博物馆藏品编号：T.150-1996

图220（下）
男式天鹅绒马甲（细节图）
英国或法国，1750—1760

V&A博物馆藏品编号：664-1898

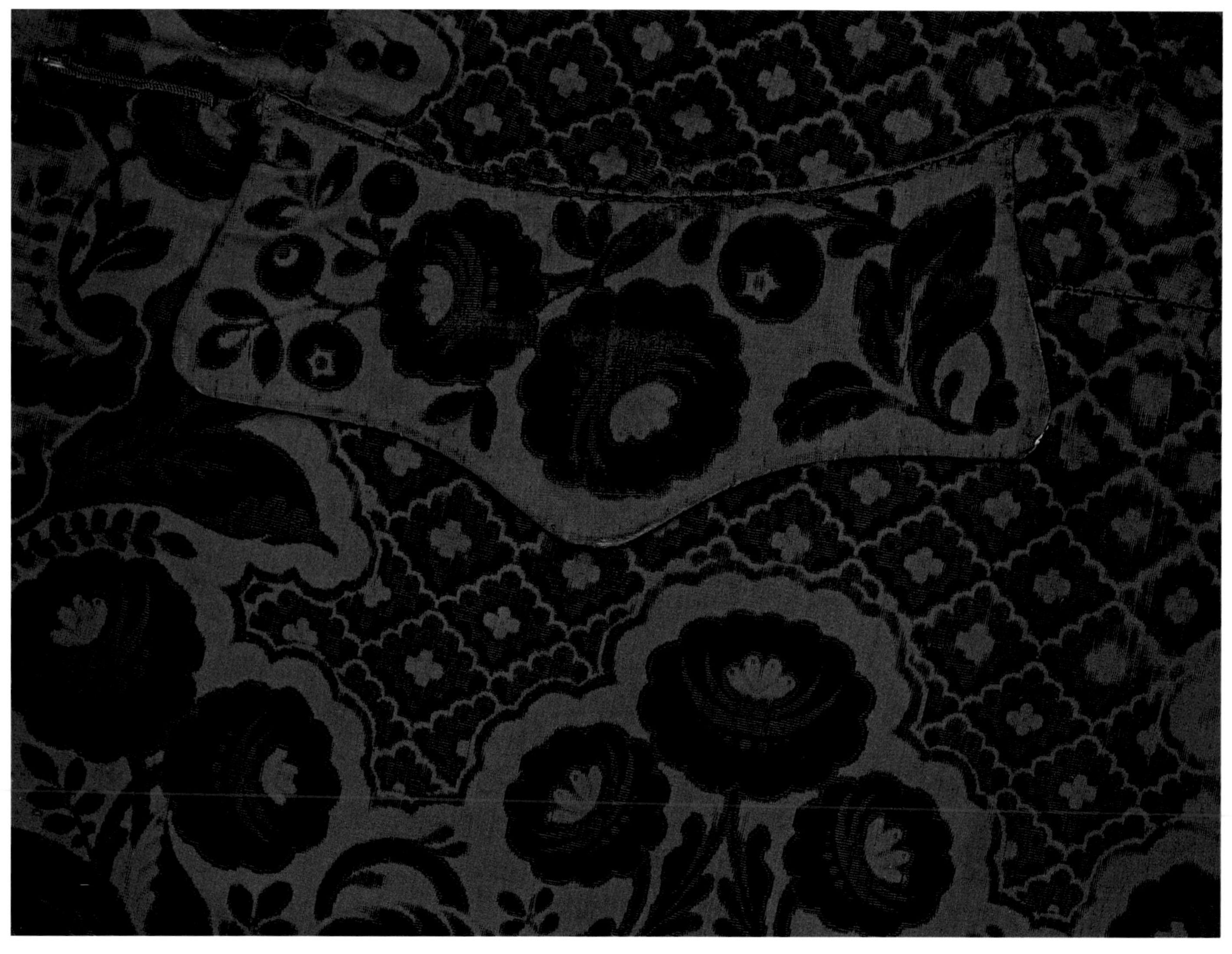

在中国的明清两代，天鹅绒常作为服装面料或室内软装饰。当时，福建漳州和江苏南京是中国的天鹅绒织造中心。漳州的天鹅绒产量非常大，以至于天鹅绒在中国也被称为“漳绒”。图 221 的天鹅绒可能是女式袍服的面料。YC

图 221
雕花天鹅绒（细节图）
中国，1850—1880
V&A 博物馆藏品编号：435-1882

17世纪，伊朗开始大量生产大面积采用金属线挖花工艺的丝绒地毯（图222和图223），其中许多用于出口，特别是出口到波兰，因此这类地毯也被称为“波兰地毯”。有人认为，由于丝绸比羊毛更不易染色，所以大部分波兰地毯的颜色都较为柔和。但这种说法并不正确，柔和的配色一定是刻意设计的。我们猜测，波兰地毯受到追捧的主要原因可能是它所使用的昂贵材料能反射出特殊的光泽。TS

图222
丝绒地毯残片
伊朗伊斯法罕（可能），1600—1625
采用了金属线挖花工艺

V&A博物馆藏品编号：T.36-1954

图223（对页）
丝绒地毯
伊朗伊斯法罕（可能），1600—1650
使用了棉经、羊毛纬和丝纬，采用了金属线挖花工艺

由乔治·素廷遗赠
V&A博物馆藏品编号：T.404-1910

贾卡提花织物

19 世纪 20 年代，贾卡提花机在法国获得了专利。图 224 和图 225 中织有艾尔伯特亲王和维多利亚女王肖像的织物都是用贾卡提花机织成的，它们体现出了贾卡提花机对图案细节的极强处理能力。RH/SFC

图 224（左）和 225（右）
织有艾尔伯特亲王和维多利亚女王肖像的提花织物
巴拉隆 & 布罗萨德公司生产
法国圣埃蒂安，约 1861
根据 F. 培根的版画织造，版画参考威廉 · 查尔斯 · 罗斯创作的肖像画
V&A 博物馆藏品编号：AP.119 - 1862、AP.120 - 1862

Her most Gracious Majesty
QUEEN VICTORIA OF ENGLAND

图 226 中的提花丝绸由丹尼尔·沃尔特斯父子公司生产。如今，这家公司仍在进行丝绸织造。丝绸上的玫瑰、三叶草和蓟草图案分别代表英格兰、爱尔兰和苏格兰。这件丝绸被挂在白金汉宫接待外国政要的宴会厅墙壁上，并于 1902 年被取下。JL

图 226（对页）
提花丝绸
艾尔伯特亲王设计
丹尼尔·沃尔特斯父子公司生产
英国艾塞克斯郡布伦特里，1856

由丹尼尔·沃尔特斯父子公司捐赠
V&A 博物馆藏品编号：4759A - 1859

图 227 中的提花丝绸或是欧文·琼斯设计的，或是其他设计师受到其《装饰的法则》原画稿的启发而设计的。蓝色的缎纹组织和其他颜色的斜纹组织形成对比，营造出微妙的纵深变化。虽然这件丝绸上的图案被称为“阿尔罕布拉宫式图案”，但它的灵感来源并非阿尔罕布拉宫，而是 15 世纪末伊斯坦布尔新清真寺内的装饰图案，琼斯的画稿中有类似图案（图 228）。CKB

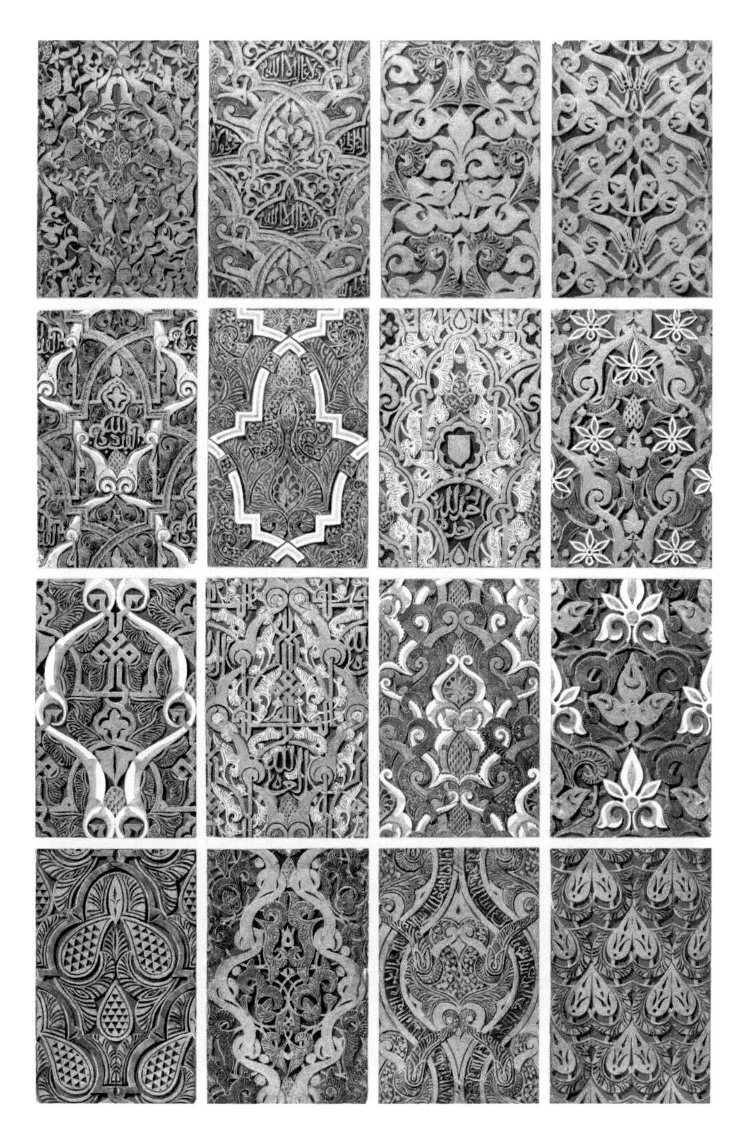

图 228（左）
《装饰的法则》原画稿（之二）
欧文·琼斯绘
英国，1856 前

V&A 博物馆藏品编号：1614

图 227（右）
提花丝绸
丹尼尔·基思公司织造
英国伦敦（可能），1855

由沃纳父子公司捐赠
V&A 博物馆藏品编号：T.132 - 1972

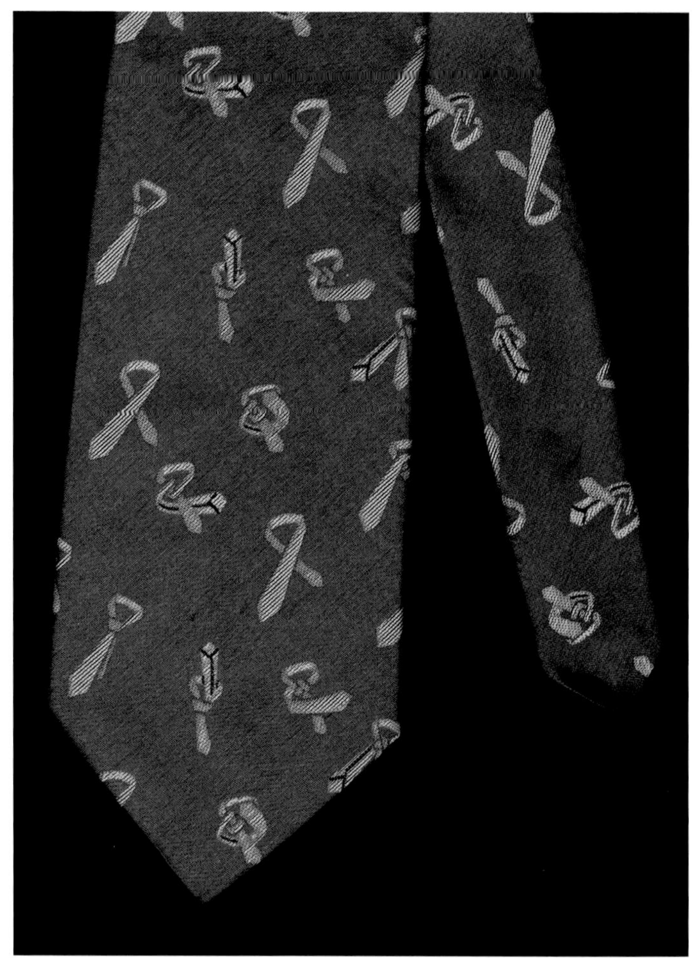

有图案的领带可以削弱传统西装的严肃感。图 229 中的领带是某男式服装系列的主打产品，上面印有毕加索的作品，使这件领带变成一件可穿戴的艺术品。领带标签上的“SPADEM”字样是法国艺术家知识产权保护组织的标识。图 230 中的领带由弗兰科·莫斯基诺设计，上面的图案是打领带的步骤图，设计师想借此表达对男性死板的着装礼仪的调侃之意。SS

图 229（左）
丝质提花领带
法国，1960—1970

由马丁·巴特斯比捐赠
V&A 博物馆藏品编号：T.260 - 1967

图 230（右）
丝质提花领带
弗兰科·莫斯基诺设计
意大利，1991

V&A 博物馆藏品编号：T.141 - 1991

1925 年，玛丽·伊丽莎·英格拉姆夫人去世，在其家人整理她的衣橱时，图 231 中的丝质提花礼服无疑是最醒目的一件。橙子图案是用提花机织出的，只用了两种颜色的纬线，就使橙子产生了立体的效果，让人觉得橙子好像随时会从衣服上掉下来。RH

图 231（对页）
丝质提花礼服（细节图）
英国，1890—1895

由英格拉姆家族捐赠
V&A 博物馆藏品编号：T.201 - 1927

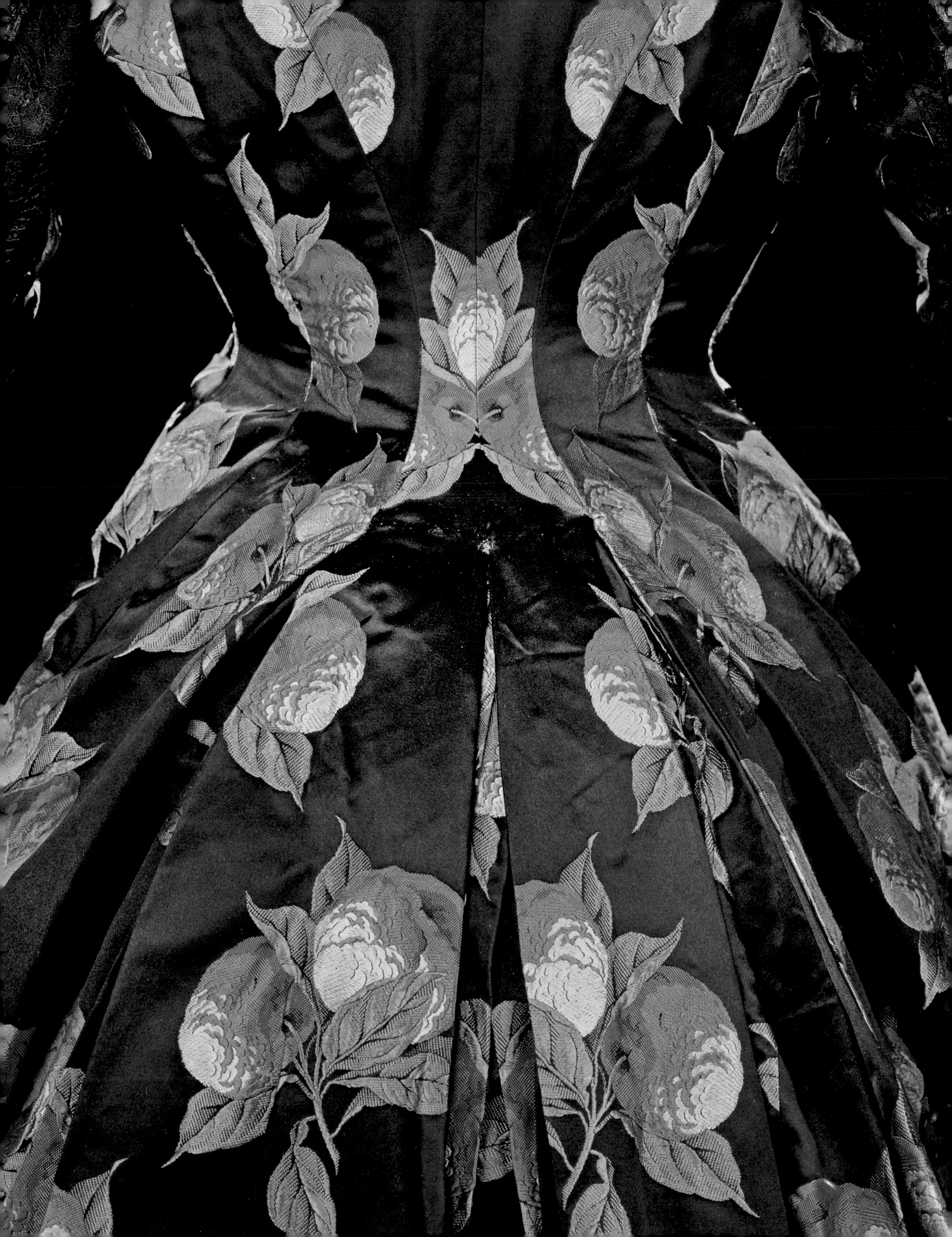

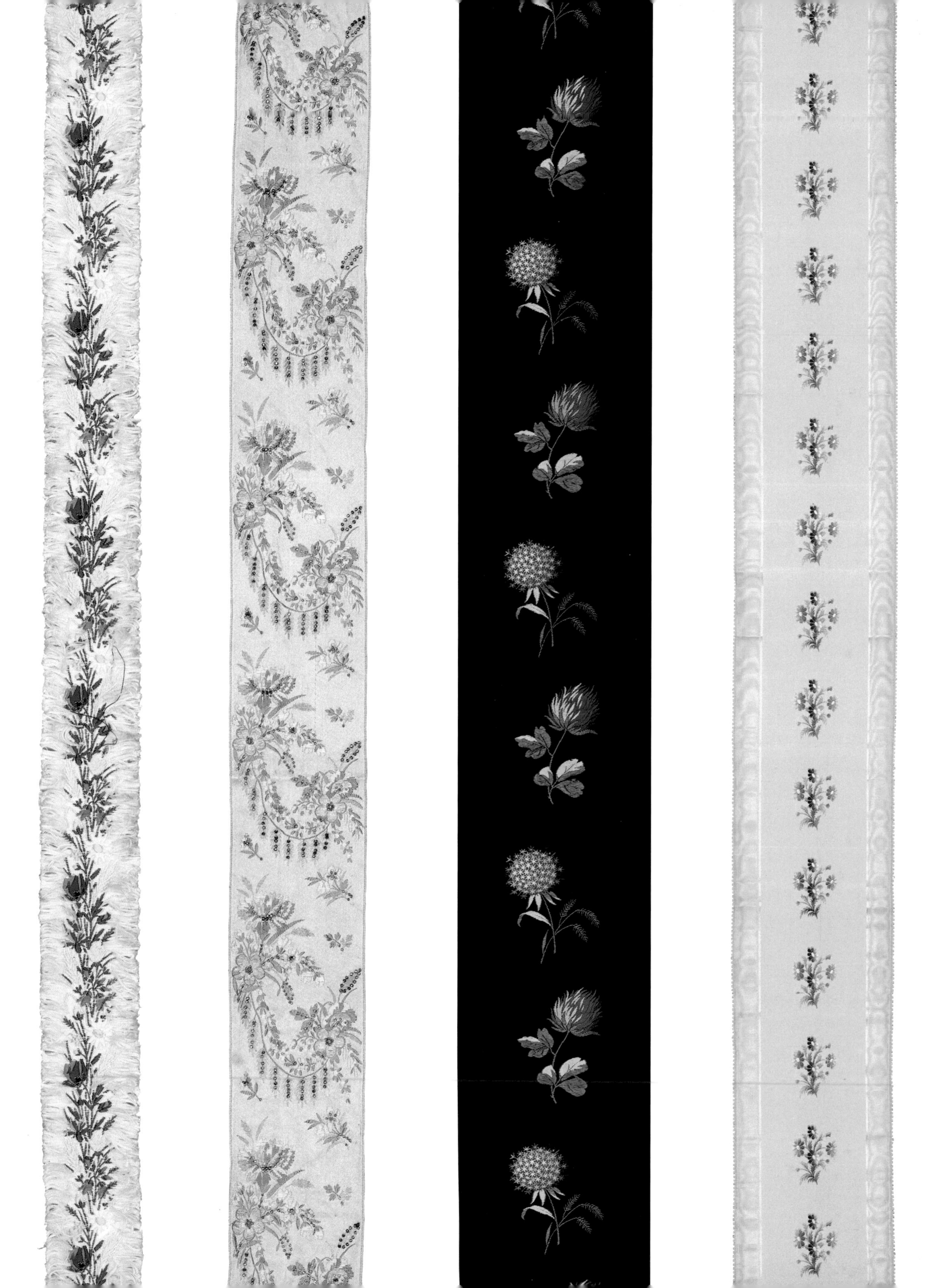

丝带

挂经和挖花一样，都是将附加线引入局部区域以织出复杂图案的工艺。挂经是添加附加经线，而挖花则指添加附加纬线。图 232 ~ 237 中的丝带均生产于 19 世纪，它们的地部组织各不相同，从紧密的罗纹组织（如图尔横棱绸）到透明的纱罗，应有尽有。丝带上的图案是用挂经工艺和挖花工艺织出的。图 233 中的丝带最为复杂，用了四组附加丝线和一组金属线来织出细小精致的花瓣。这条丝带上还有手工钉珠作为点缀。HF

图 232（对页左一）
平纹挖花图尔横棱绸丝带
英国，1850—1860

由 M.E. 普莱德尔 - 布弗里小姐遗赠
V&A 博物馆藏品编号：T.325A&B - 1965

图 233（对页左二）
挖花钉珠缎丝带
英国或法国（可能），1880—1890

由詹姆斯 · 莱希夫人捐赠
V&A 博物馆藏品编号：T.364 - 1971

图 234（对页左三）
丝质提花丝带
英国或法国，1860

由 F.M. 珀内尔小姐捐赠
V&A 博物馆藏品编号：T.157 - 1965

图 235（对页左四）
挂经图尔横棱绸丝带
英国或法国，1800—1850

由 B. 欣顿小姐捐赠
V&A 博物馆藏品编号：T.149 - 1971

图 236（左）
多工艺薄纱丝带
英国，1825—1849

由 C. 弗鲁尔小姐捐赠
V&A 博物馆藏品编号：T.135A - 1959

图 237（右）
挂经挖花平纹绸丝带
英国，1820—1840

由 E.B. 托恩夫人捐赠
V&A 博物馆藏品编号：T.116 - 1962

即使是较窄的织物，也能借助各种织造工艺产生丰富的效果。图 238 和图 239 是一条丝带的两面，这条丝带模仿了蕾丝的外观，用黑色纬线以及黑色和黄色经线织成。丝带两侧的几组黑色经纱将边框与主体的图案分隔开。这一设计巧妙地使这条丝带具有双面效果。图 240 和图 241 中的两条丝带款式相同，但使用了不同的配色，它们都采用了一系列相同的织造工艺，并产生类似西塞莱天鹅绒的复杂肌理。织造这两条丝带必须使用特定数量和特定种类的丝线，只有这样丝带才具有厚实的质感，甚至有些区域看起来像加了填充物一样。图 242 中的丝带是 1851 年伦敦世界博览会上的展品，它可以作为帽子或礼服上的装饰。在英国，考文垂是这种装饰性宽丝带的织造中心，这也是为什么这种丝带被称为“考文垂城市丝带”。HF

图 238（左）和图 239（右）
提花丝带
英国，1860—1880

由 D.E. 惠彻夫人捐赠
V&A 博物馆藏品编号：T.123 - 1972

图 240（上）和图 241（中）
使用了金属线的提花丝带
法国，1870—1900

由雅姬 · 昂斯沃思捐赠
V&A 博物馆藏品编号：
T.32&A - 1990

图 242（下）
提花丝带
M. 克拉克公司生产
英国考文垂，1850—1851

V&A 博物馆藏品编号：
AP.394:2

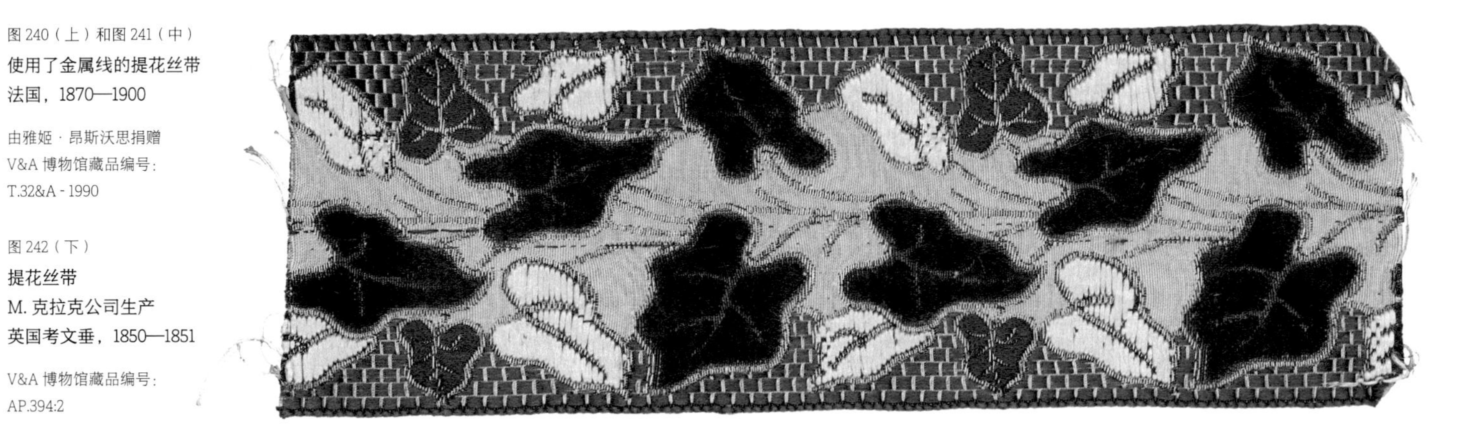

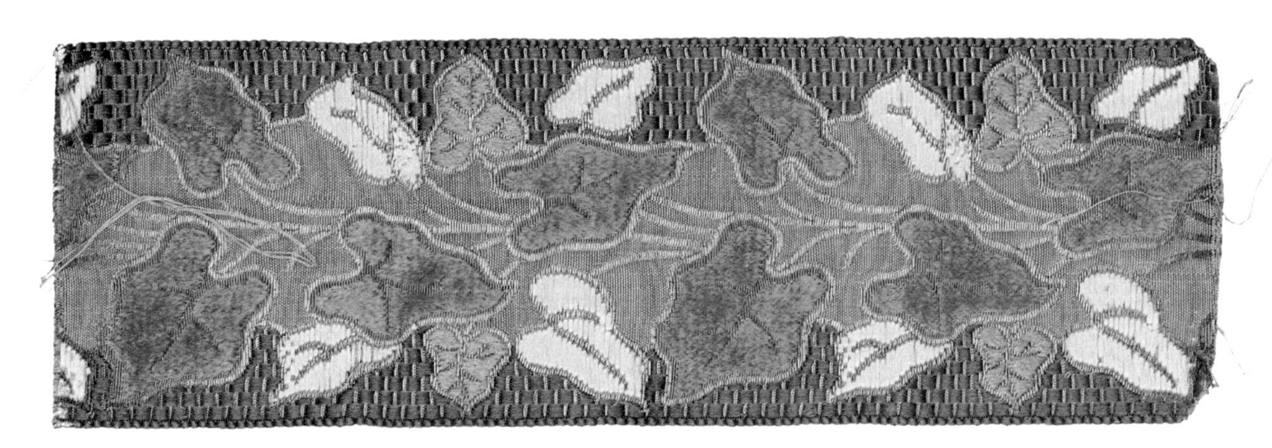

织金与织银

图 243 中的腰带是在 1851 年伦敦世界博览会上售卖的突尼斯纺织品，也是 V&A 博物馆首批来自非洲的藏品之一。这条腰带被誉为“遵循了设计的‘真正法则’且恰当地进行了装饰”。换句话说，这条腰带体现了设计的实用主义，即仅对穿用时露在外面的部分进行装饰。这条腰带在腰间缠绕数圈后，有条纹的部分会垂在身前，显得十分华丽。MRO

图 243
特结锦男式腰带
突尼斯突尼斯市（可能），约 1850
使用了金属线

V&A 博物馆藏品编号：761 - 1852

帕特卡腰带是 16—19 世纪印度宫廷中非常流行的男式配饰。图 244 和图 245 展示了两条非常华丽的帕特卡腰带，它们是用丝线织成的，有花纹的边框和两端使用了金线。这种腰带具有多层复合组织结构，采用了通梭的交织工艺和挖花工艺，使这种腰带成为印度有史以来最华丽、工艺最复杂的织物。17 世纪中期的莫卧儿帝国，织物两端装饰有一排写实的花卉图案是非常流行的设计，这种设计直到 19 世纪才随帕特卡腰带一起退出“时尚历史的舞台”。AF

图 244（对页）
丝质帕特卡腰带
印度古吉拉特邦（可能），1700—1730
使用了金属线

V&A 博物馆藏品编号：317 - 1907

图 246 中这件宽大而奢华的男式双面裹身式丝质织物在 19 世纪的印度宫廷中非常流行，它可能是为了可以在腰部多缠绕几圈而设计的。这样，丝绸两面的颜色都能展示出来，并能与用金银线织成的末端形成强烈的对比。AF

图 245（对页）
丝质帕特卡腰带
印度古吉拉特邦（可能），1700—1730
使用了金属线

V&A 博物馆藏品编号：IM.25 - 1936

图 246（右）
男式双面裹身式丝质织物
印度马哈拉施特拉邦普纳，约 1855

V&A 博物馆藏品编号：0785(IS)

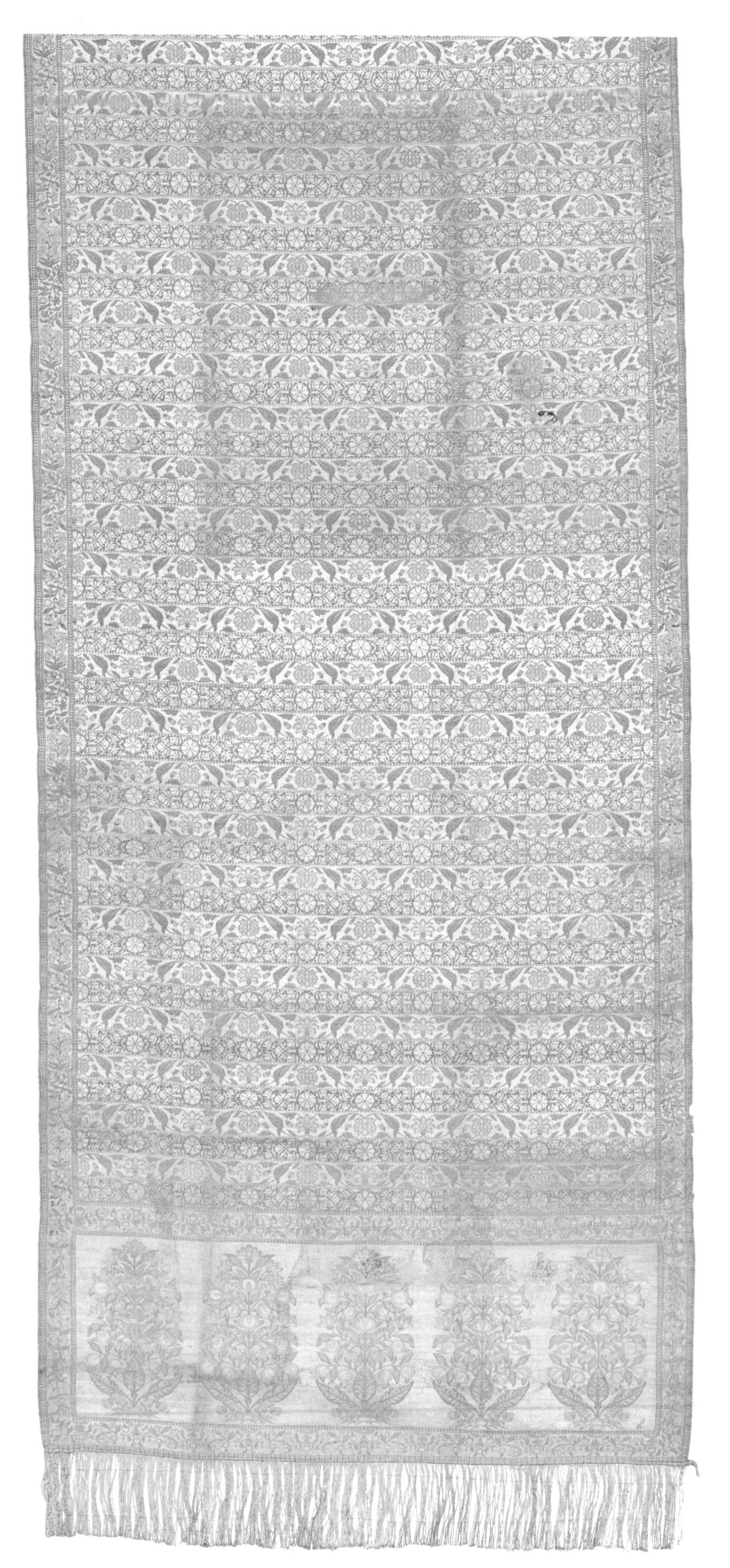

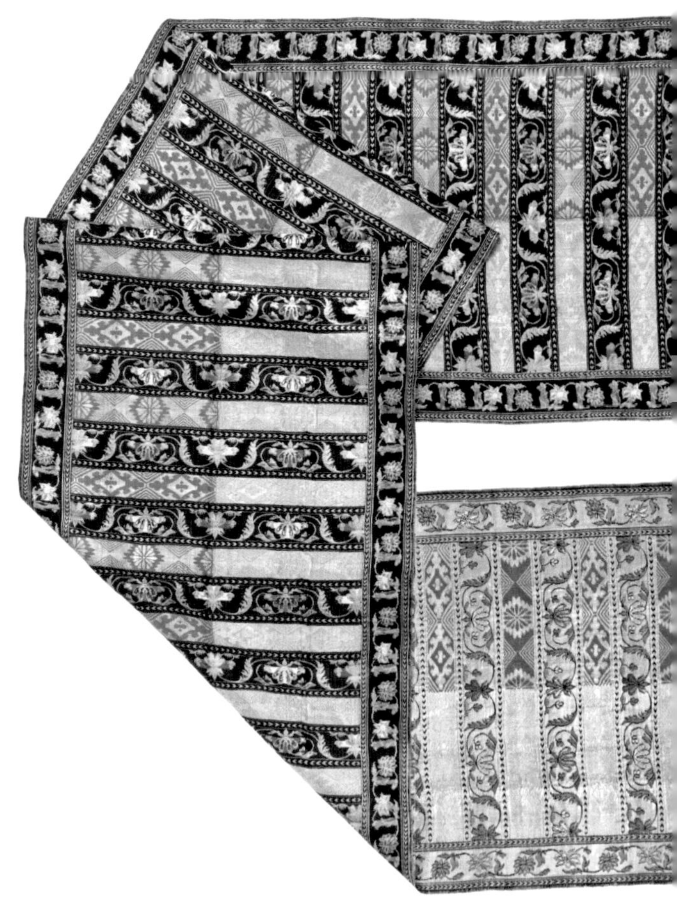

图 247 展示了伊朗贵族男性经常缠在腰间的腰带。这种腰带曾被大量出口。图中的腰带上印有一枚印章，表明这条腰带应该属于印度南部的一位地方统治者，他从 1746 年开始掌权。17 世纪，这种腰带成为波兰贵族常穿戴的具有东方风格的饰品。TS

图 247（左）
金属线挖花丝质腰带
伊朗，1700—1725

V&A 博物馆藏品编号：T.49 - 1923

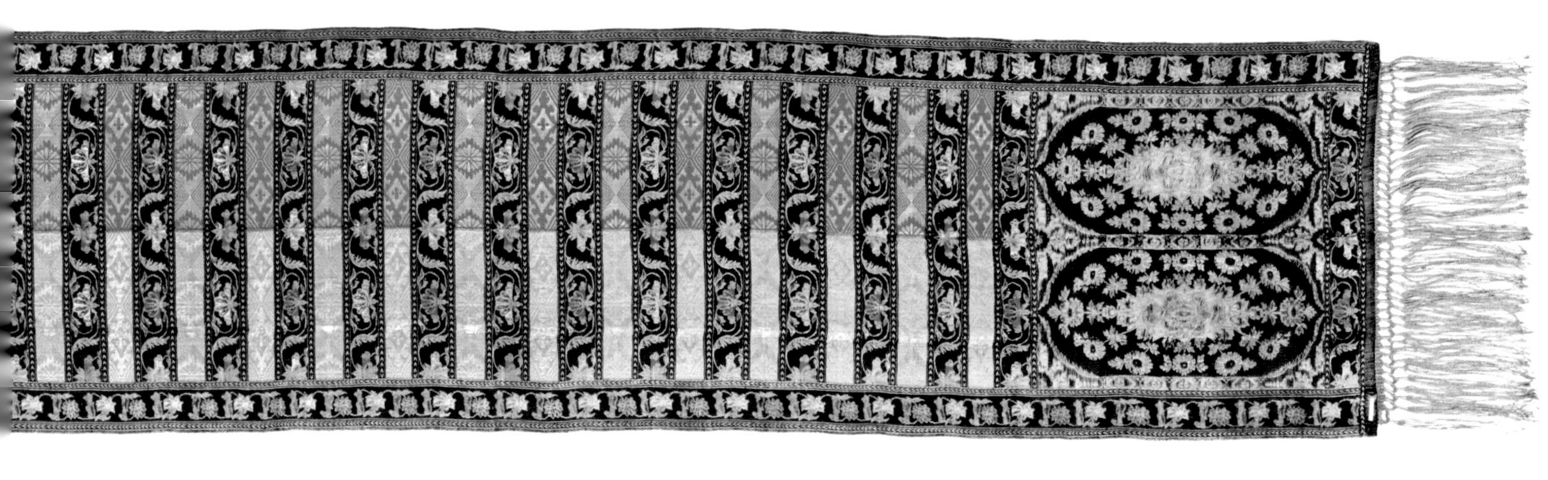

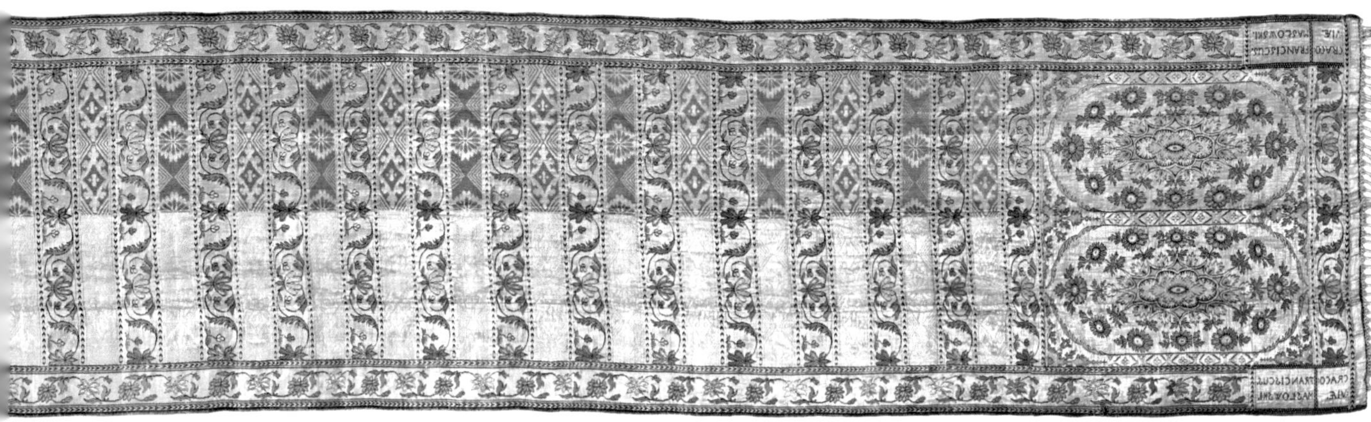

17—18 世纪，波兰贵族通常会在腰间缠一条腰带（如图 248 中人物所示），具有东方风格的腰带在波兰供不应求。1740 年前后，亚美尼亚织工将织染技术带到波兰，使得这些以前必须从亚洲进口的丝织品在波兰就可以织造。这些美丽的腰带融合了伊朗、中国和土耳其的图案风格，主要在斯卢茨克（现属于白俄罗斯）织造。图 249 中的腰带来自织工弗朗西斯·马索夫斯基所经营的工坊，它可以通过不同的折叠方式显露四种不同的颜色，颜色最鲜艳的部分适合搭配节日活动服装，颜色较深的部分适合搭配在庄重场合穿着的服装。LEM

图 248（下）
斯坦尼斯瓦夫·库尔比基肖像画
约泽夫·佩兹卡绘
1791
布面油画

现藏于波兰华沙国家博物馆

图 249（上）
使用了金银线的腰带
弗朗西斯·马索夫斯基织造
波兰克拉科夫市，1786—1806

V&A 博物馆藏品编号：T.98 - 1968

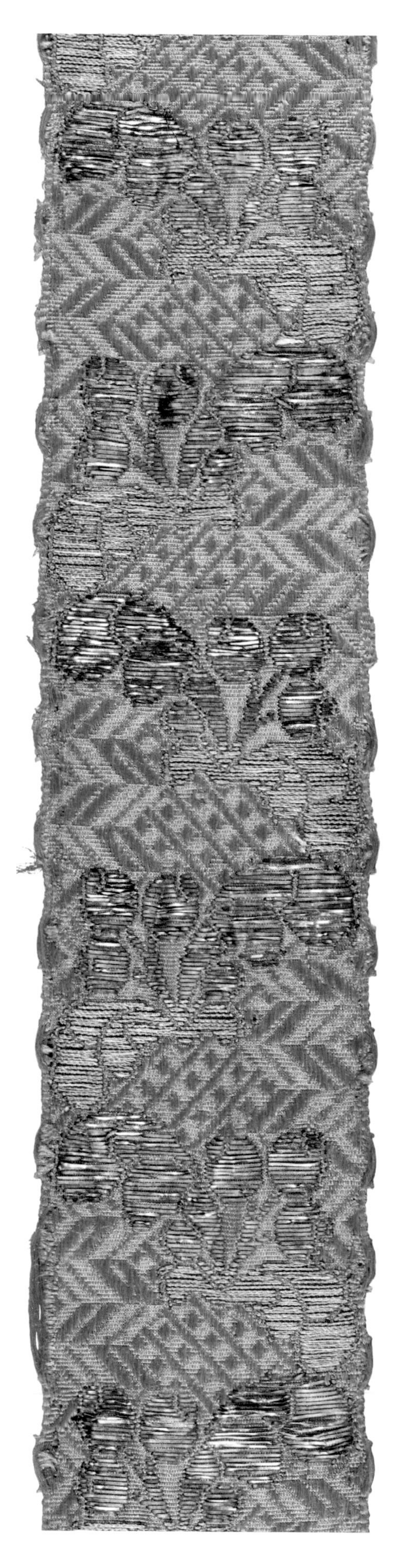

在18世纪，丝带（图250～252）或具有实用性（用于捆扎），或具有装饰性（作为服装的镶边或装饰）。设计简单的丝带可以在集市或小贩那里买到，更为精致的丝带则要在大城市的奢侈品商店购买。18世纪，欧洲的丝带大都具有极为复杂的组织结构，且主要在法国里昂、巴黎和图尔织造，后多在法国圣沙蒙和圣埃蒂安织造。法国的丝带织造行业协会规定，丝带不得宽于40厘米，要比制作裙子所用的面料至少窄10厘米。LEM

图253中的礼服是卢西恩·勒隆为1925年巴黎国际装饰艺术及现代工艺博览会设计的，它体现了20世纪20年代东亚艺术和文化对欧洲时尚的影响。礼服的中央有两条中国龙，龙纹是用金线织成的，并缀有饰珠（图254）。该礼服的设计注重面料的质感和动感，厚重的深蓝色缎面与轻薄的镶珠浅色真丝雪纺形成鲜明对比。EM

图250（对页左）、图251（对页中）和图252（对页右）
金属线挖花丝带
法国（可能），1700—1720（图250）、1720—1770（图251）、1700—1750）（图252）

V&A博物馆藏品编号：1354-1871、1355-1871、1357-1871

图253（右）和图254（第202～203页）
真丝雪纺礼服
卢西恩·勒隆设计
法国巴黎，1925

由威廉·戈登夫人捐赠
V&A博物馆藏品编号：T.50-1948

中国织造，意大利裁衣

16世纪，中国和意大利之间交流频繁。由于中国宫廷对欧洲艺术和技术的着迷，18世纪初，乔瓦尼·盖拉尔迪尼、马国贤和郎世宁等意大利艺术家访问中国，并任宫廷画师。[12] 图255和图256中的意大利袍子和内搭讲述了中国文化和意大利文化因美丽的妆花丝绸而结合在一起的故事。这两件衣服所用的蟒袍料可能是雍正或乾隆皇帝赐给当时宫廷中某个受宠的意大利官员的。

这种织有九条龙或蟒的丝绸用于制作清代的皇室袍服。皇帝的袍服有四种颜色——黄色、红色、蓝色和月白色（淡蓝色）。[13] 图中意大利袍子和内搭所用的蟒袍料特别华丽，上面蟒的眉毛和髭发是用丝线和孔雀羽织成的（图257）。[14]

这件袍料的历史可以追溯到1750年前，因为乾隆皇帝即位后规范了龙袍和蟒袍的设计：云纹为五色云纹，下摆处有并行排列的卷云纹。在后来的几十年里，龙袍和蟒袍下摆处的装饰越来越复杂（见图258中的蟒袍设计）。

传统的蟒袍应该是两块丝绸沿袍服后中缝缝合在一起的（图259），缝制时，裁缝会另取一块丝绸缝在前襟处使其覆盖于右胸上方。而制作前面意大利袍子和内搭的裁缝解开了袍料的前中缝做出了一个前开口，并将本该作为右前襟的袍料做成了内搭的前襟，将采用了妆花工艺的部分做成了内搭的下摆，蓝色平纹部分做成了的袖子和后襟（图260和图261）。由于18世纪中期带袖子的内搭不再流行，因此这套衣服可能是在1760年之前裁制的。SFC/SN

图255（左）
用蟒袍料制成的意大利袍子
裁制于意大利，1740—1760
面料来自中国，1730—1750

V&A博物馆藏品编号：T.77:1 - 2009

图256（右）
配套的内搭
裁制于意大利，1740—1760
面料来自中国，1730—1750

V&A博物馆藏品编号：T.77:2 - 2009

图257（对页）
袍料细节图

V&A博物馆藏品编号：T.77:2 - 2009

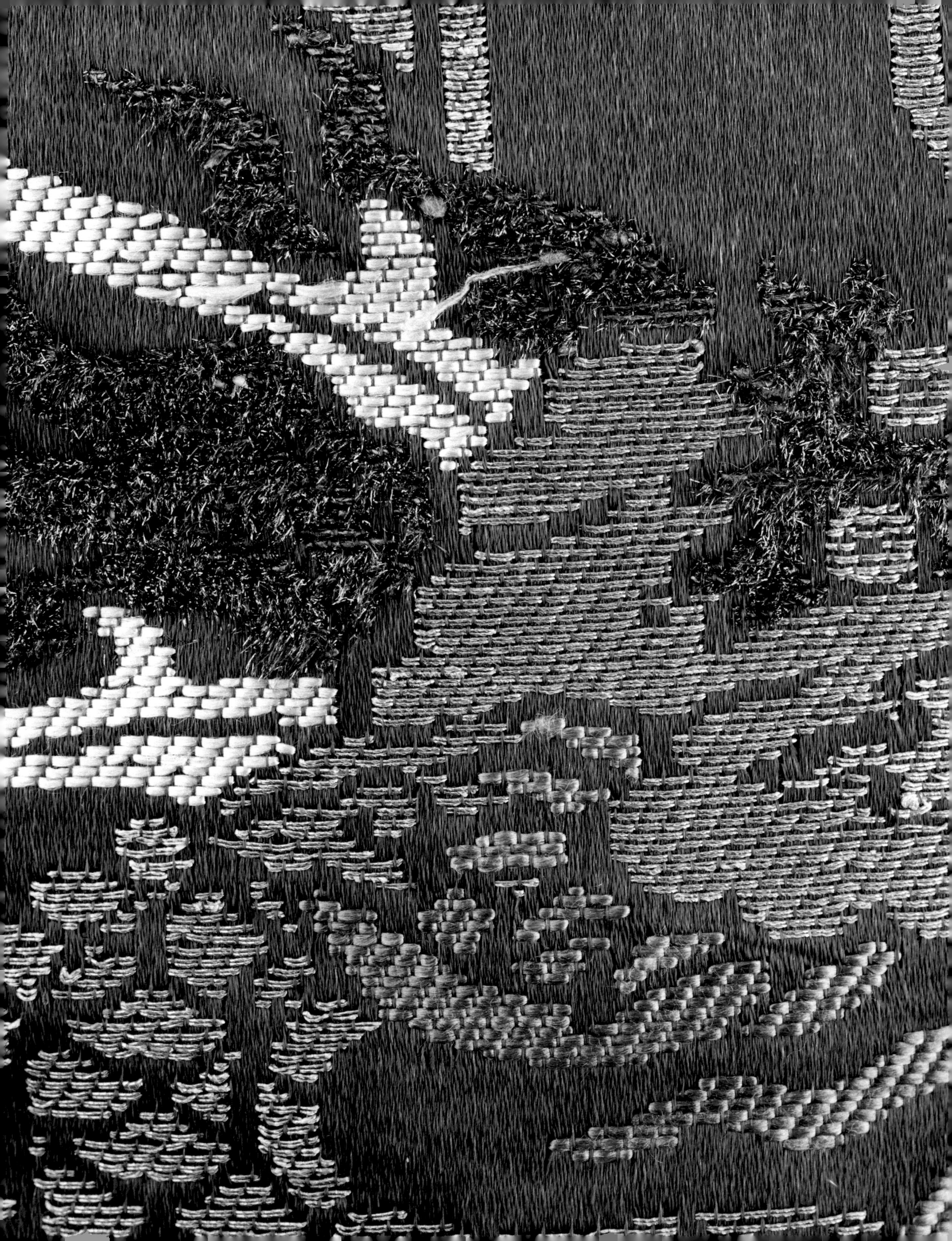

图 258（上）
皇朝礼器图式：文七品蟒袍图册
中国北京，1750—1759
绢画

V&A 博物馆藏品编号：D.1949 - 1900

图 259（对页左）
刺绣袍料
中国，约 1859
未剪裁，显示前后片，前片部分被压叠

V&A 博物馆藏品编号：CIRC.305 - 1935

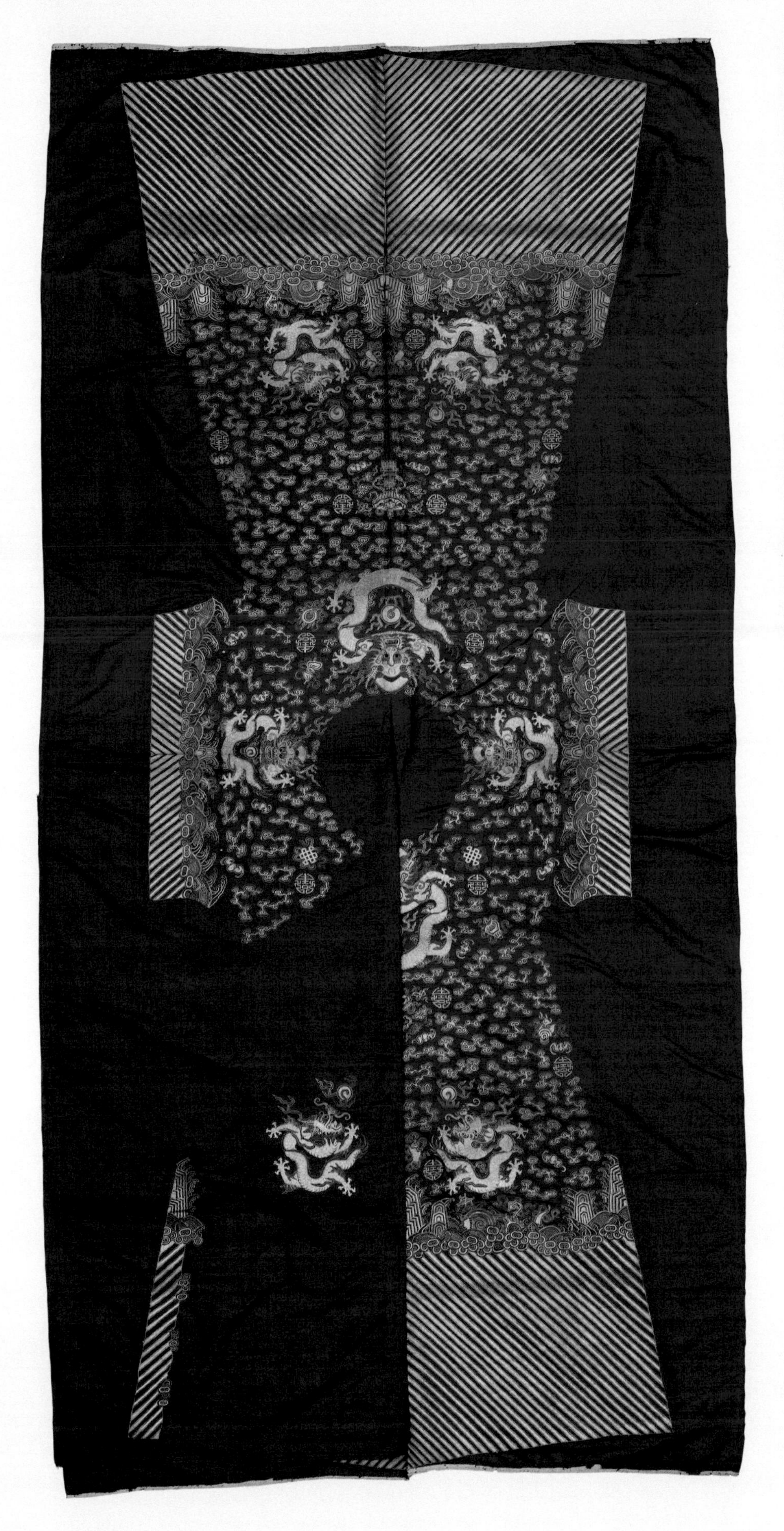

图 260（右上）

意大利袍子所用蟒袍料推测图

图 261（右下）

推测的内搭裁剪图

当拉杰什·普拉塔普·辛格遇见威廉·莫里斯

拉杰什·普拉塔普·辛格长期以来着迷于威廉·莫里斯的设计作品（图 262 和图 263）。威廉·莫里斯是 19 世纪英国织物设计师和手工艺倡导者。在为 2018 年“欢迎来到丛林”系列制作的纱丽（图 264）中，拉杰什将莫里斯设计的经典印花“兔兄弟”与出现在鲁迪亚德·吉卜林《丛林之书》（1894）中的印度意象结合在一起。这件柞蚕丝纱丽由哈吉·沙夫丁在印度瓦拉纳西手工织成。瓦拉纳西是印度北部一座以织锦闻名的城市。

纱丽是无须针线缝制的服装，通常长 5 ~ 9 米，有装饰性边框以及披在肩部的边饰。拉杰什设计的这件纱丽边饰上饰有金色的图案（图 265），用鹦鹉代替“兔兄弟”印花中的画眉鸟，用嚎叫的狼和咆哮的虎代替“兔兄弟”印花中的兔子。鸟类和兽类的搭配规律参考了 16—17 世纪的欧洲丝绸，它们也是威廉·莫里斯的设计灵感来源。

纱丽边饰的一些图案元素散布于纱丽的其他位置，比如装饰性边框上的鹦鹉以及点缀整个纱丽地部的花朵。

柞蚕丝使这件纱丽显得优雅柔和，并使其具有很好的垂坠性。设计师还巧妙地使用了红色丝线：点缀整个纱丽地部的花朵的花心是红色的，虎和狼的眼睛闪着红光。除此之外，位于左下角的凶猛的红色虎头（图 266）十分引人注目，因为只有它是完全用红色丝线织出的。

威廉·莫里斯是印度手工艺的追捧者，他如果今天还在世，很可能会非常喜欢这件纱丽。这件纱丽体现了两种文化借助高级的工艺和设计实现了跨越时间和空间的融合。DP

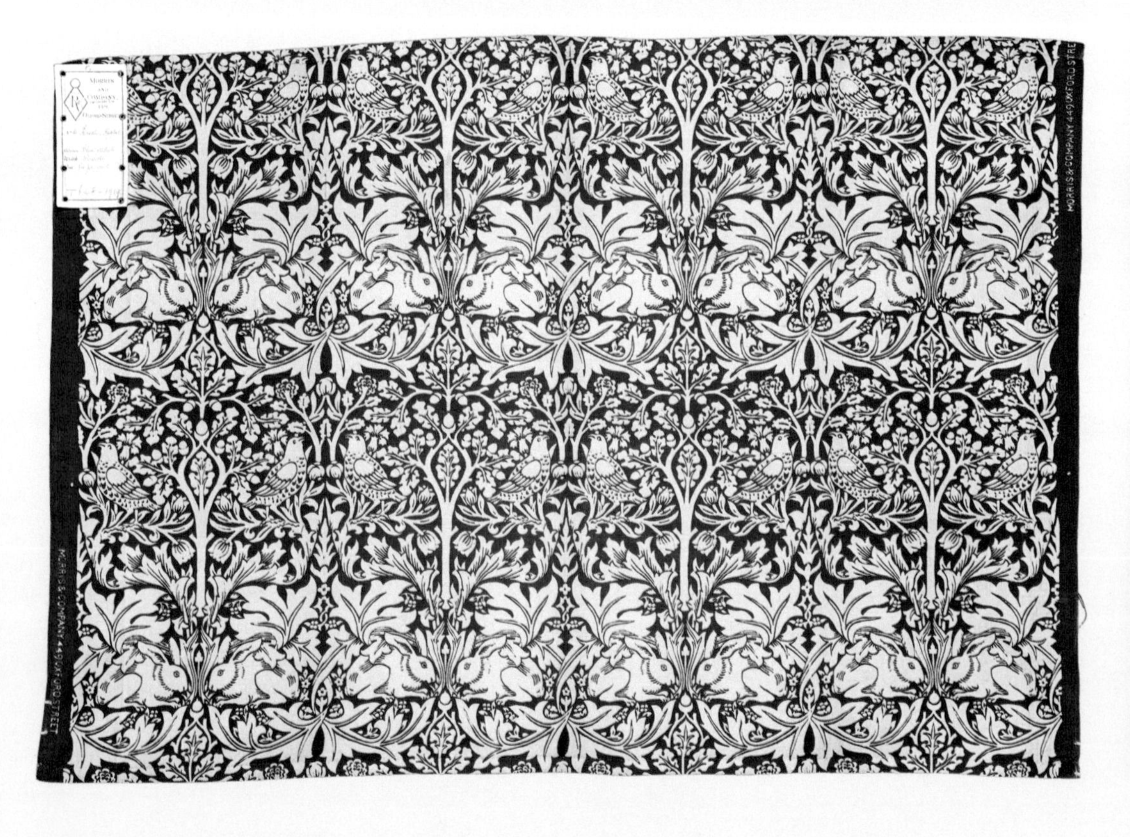

图 262（左）
靛蓝“兔兄弟”印花纺织品样品
威廉·莫里斯设计
英国伦敦莫顿修道院，1880—1881
V&A 博物馆藏品编号：T.648 - 1919

图 263（右）
“兔兄弟”印花的数码设计图
拉杰什·普拉塔普·辛格绘

图 264（对页右）
织金纱丽
拉杰什·普拉塔普·辛格设计
印度德里，2018
出自“欢迎来到丛林”系列
由设计师本人捐赠
V&A 博物馆藏品编号：IS.1495:1 - 2019

图 265（对页左上）
以“兔兄弟”印花为灵感设计的图案
拉杰什·普拉塔普·辛格设计
此为数码设计图

图 266（对页左下）
图 264 中织金纱丽边饰上的图案

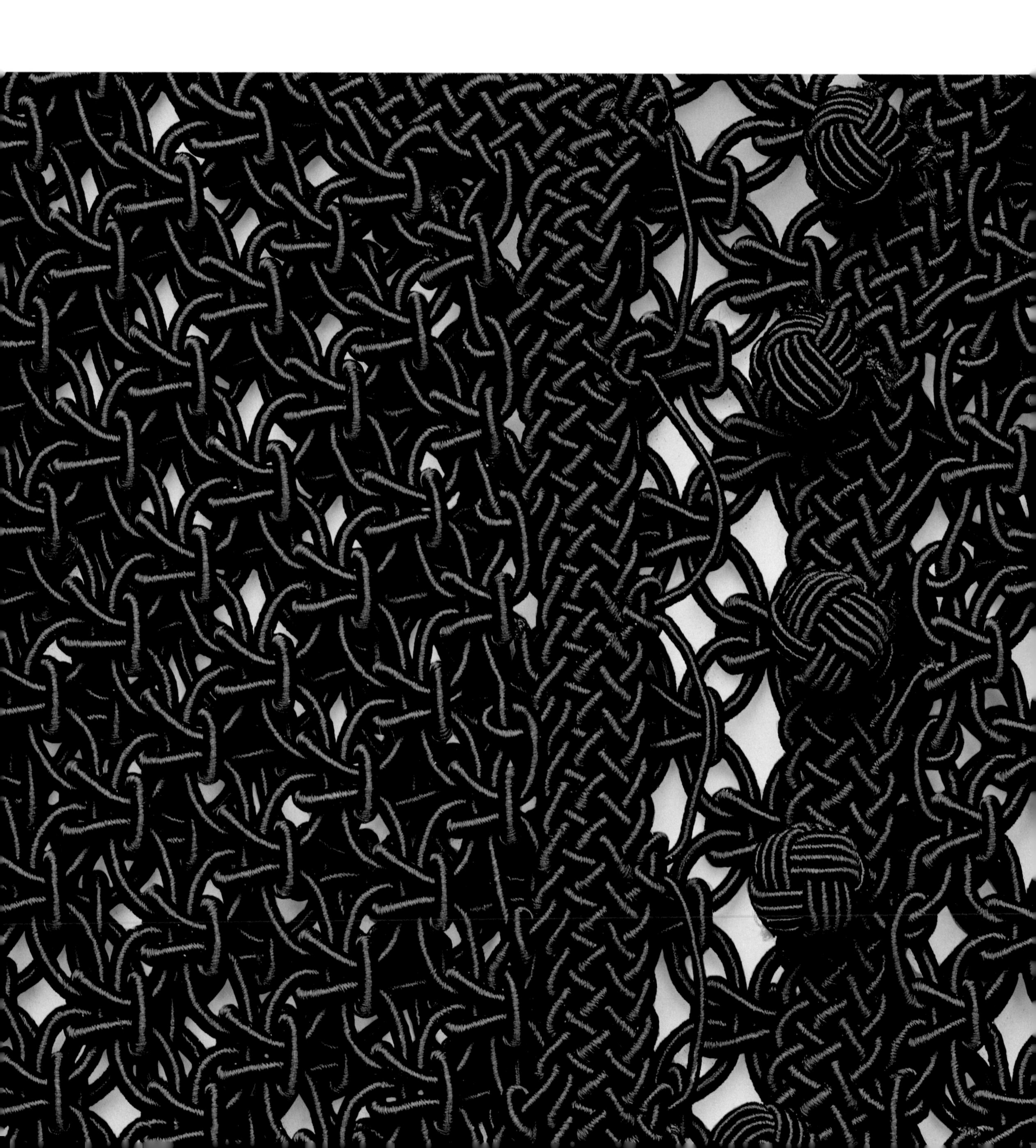

缠绕和绞编、结网、打结和针织

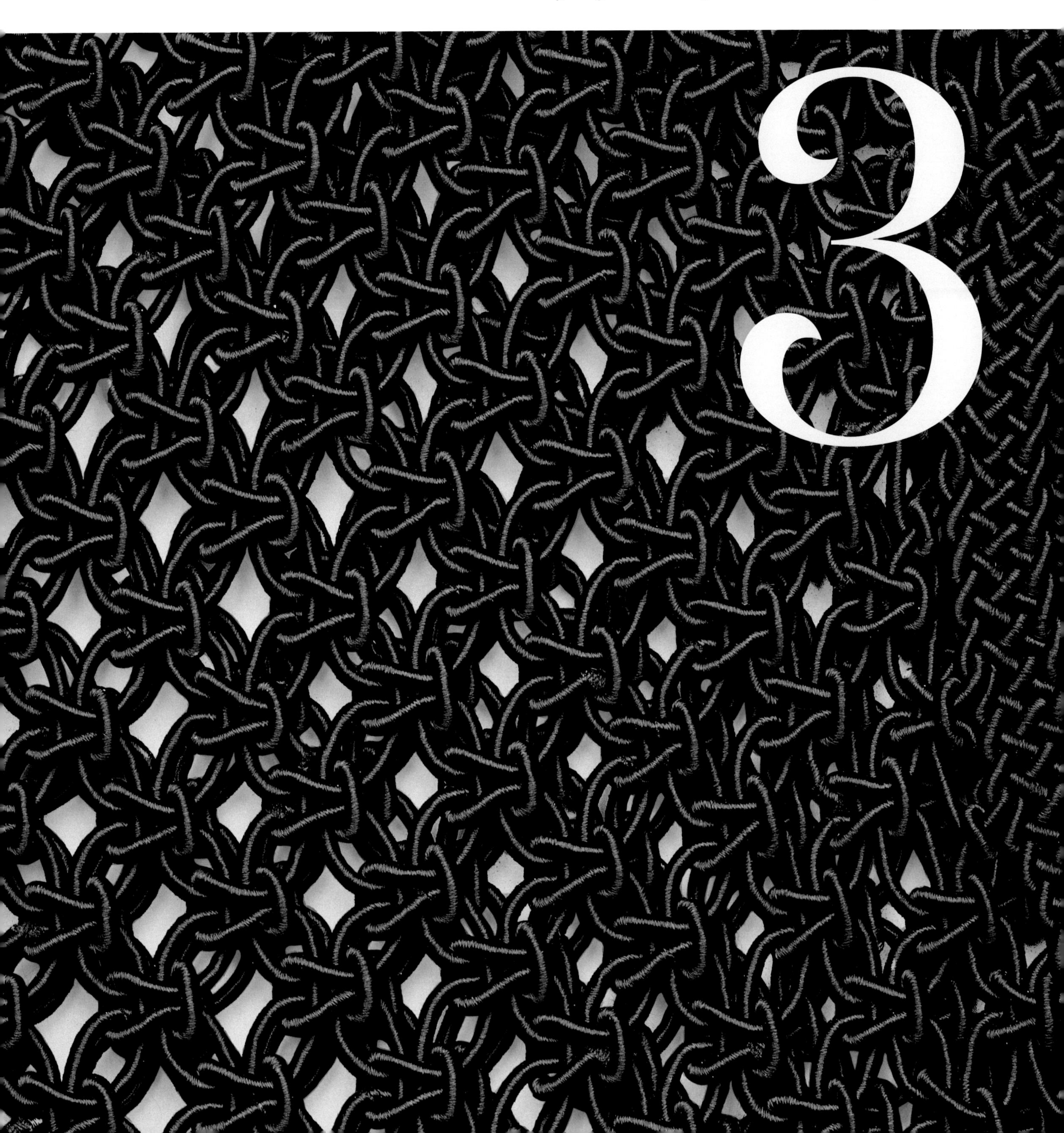

缠绕和绞编、结网、打结和针织

图 267
正在编绳的女人
中国广州，约 1790
水彩画

V&A 博物馆藏品编号：D.53 - 1898

图 268（对页左）
编绳
歌川贞秀绘
日本东京，约 1840
浮世绘，出自“风流职人画”系列

V&A 博物馆藏品编号：E.14730:18 - 1886

图 269（对页右）
手抄本
英国，1625—1650
此为介绍如何制作钱包绳结的一页

由威尔士国家图书馆捐赠，为弗兰克·沃德遗赠的藏品
V&A 博物馆藏品编号：T.313 - 1960

丝线因光泽度好、质地细腻光滑和对染料吸附性强等特性，而成为编织等各种工艺的优质材料。丝线通过各种编织工艺被制成美丽的编织物，包括蕾丝、钩编织物、针织品、流苏花边、结网织物、金银线饰带和网眼编织品等。编织物是全球奢侈纺织品贸易的一部分，它们通常由男性设计和制作，但有些上层社会的女性会为了自用或送礼而自己动手制作编织物。与织造工艺和刺绣工艺一样，各种编织工艺的起源大都不明确，它们在世界各地独立发展，并且都通过口口相传的方式经过几个世纪流传了下来，在 19 世纪前的印刷品上很少有关于编织工艺的描述。编织工艺不但缺少文献记载，其考古发掘的证据也相对不足，后者无疑是因为丝线相对脆弱，所以我们只有通过少量保留下来的编织物来追溯编织工艺的历史。

通过缠绕和绞编纱线，工匠可以编出多种多样的编织物。结网是最简单、最古老的编织工艺，工匠使用两端各有一个切口的工具，将一股纱线绞编、穿结，从而形成具有开孔结构的编织物。我们如果用结网工艺将一股丝线进行编织，就能得到开孔非常细密、几乎透明的编织物，它可以用作面纱。有时，工匠还会在丝质结网织物上用刺绣进行装饰。

“无结网状织物”是将一根连续不断的经线穿到一个架子上，然后将经线拧在一起，从而快速形成结构松散的网，无结网状编织工艺在瑞典被叫作“sprang”，即网眼编织。这是一种很古老的编织工艺，在美洲、欧洲、中亚、南亚和中东地区都有用这种工艺制作的编织物。无结网状织物具有相当大的弹性，甚至可以媲美现代弹性材料，因此在印度常用作裤子的抽绳，在 18 世纪还用作英国军官制服的腰带。在印度，无结网状织物是由专门的织工制作的。[1] 在英国，它们可能是由织造各种带子（如丝带）的女工制作的。

绞编的变种是编结，即将两根以上的纱线相互交叉。许多形式的线绳都是用编结法制成的（图 267 展示了编绳的场景），编结在全球范围内都有广泛的用途。几个世纪以来，编结一直是朝鲜半岛重要的艺术形式。丝线被加工成各种结

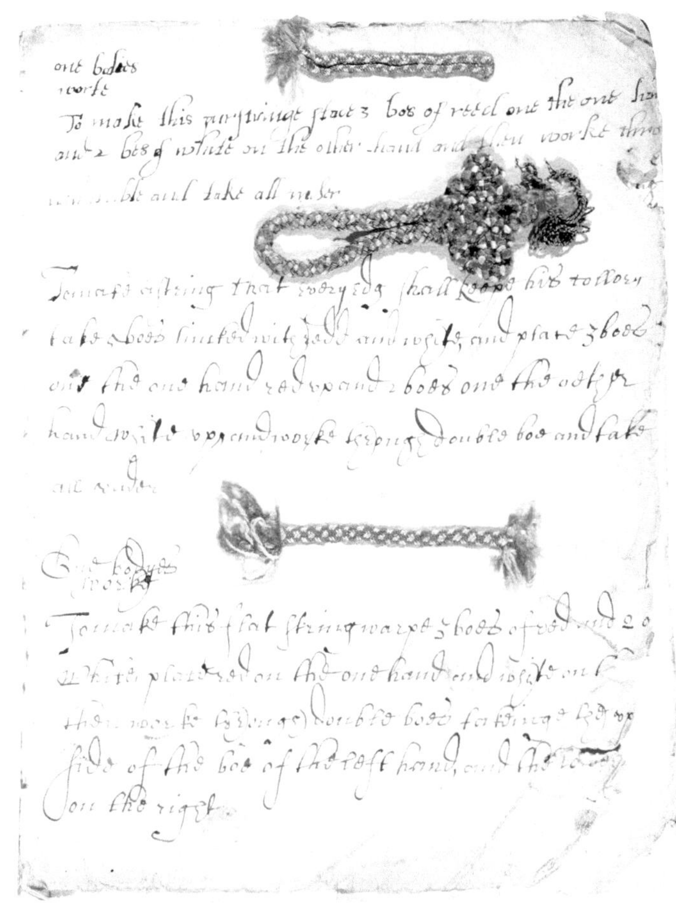

构的线绳，一根线绳由偶数股丝线编成。线绳可以用于打绳结，绳结的灵感通常来自大自然，比如蜻蜓或含苞待放的荷花。精致的绳结可以装饰在家具和乐器上、挂在刀剑的柄上或作为首饰佩戴在身上。日本的组纽是一种复杂的编织绳结，兼具实用性和装饰性。丝质组纽有各种各样的结构（图 268 中的女子正在编织组纽），如丸打纽、土笔组、唐组。[2] 它们的用途包括编结甲胄，串连印笼、根付和绪缔 [3]，也用来装饰衣物，以及用于捆扎物品。在中国唐代，编结出的丝带有各种颜色和图案，多用于捆扎佛教宗卷。还有的编结丝带可作为服装边饰，中国西南部的苗族有一种名为“辫绣”的工艺，指将用丝线编结成的辫子钉绣在服装上的工艺。欧洲有一种工艺叫“Fogging”，指的是将丝质线绳缝在衣服上以形成具有装饰性的环和结。在 17 世纪的英国，有复杂装饰的环形线绳常被缝在钱包上。图 269 中的手稿为线绳的制作说明，并保存了相应的线绳作为参照。各地线绳的结构相似，但是制作方式不同，使用了不同地区和时期的特定工具。

捻线和编织线是欧洲棒槌蕾丝工艺用到的基础材料，它们要与针组合使用，工匠根据图样插针并将捻线或编织线缠绕在针上。针绣蕾丝工艺指工匠在钉缝于羊皮纸的基线上制作锁边针脚，然后在锁边针脚的基础上织出蕾丝，完成后剪开钉缝线，将蕾丝与羊皮纸分离。上述两种工艺多用到细的亚麻线，但由于丝线更容易吸附染料，因此丝线可以用来制作彩色或白色蕾丝。（图 270 展示的是编织蕾丝的场景，图 271 中的是缠绕捻线或编织线的线轴。）

打结也是一种简单的编织工艺，用一根纱线和简单的工具（图 272）即可制成有网眼的织物（图 273）。几千年来，用粗纤维编成的网一直用于捕鱼、狩猎和交通运输。而用丝线编成的网则可以用作发网（图 274）来给头发做造型，或

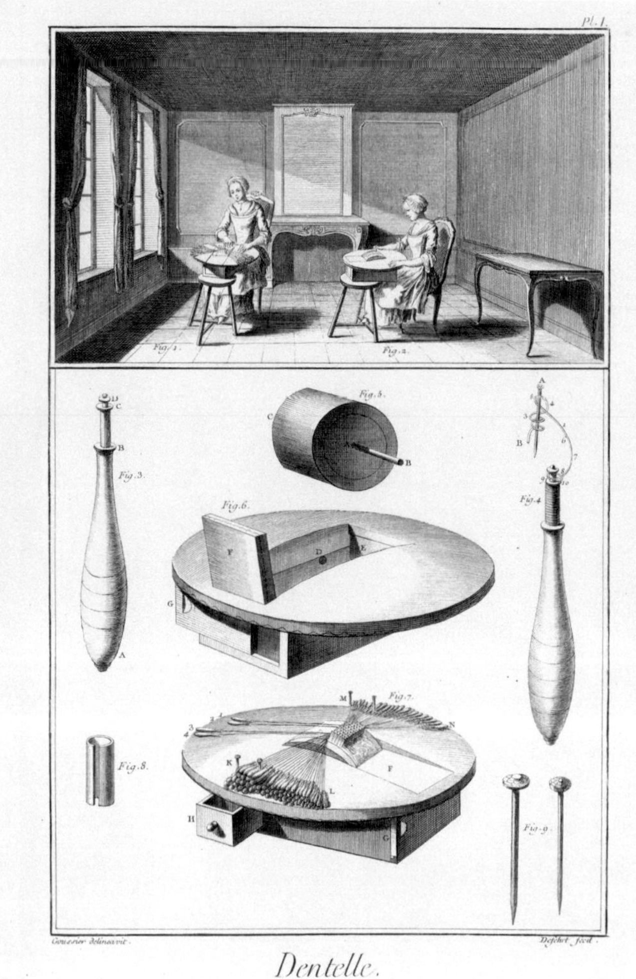

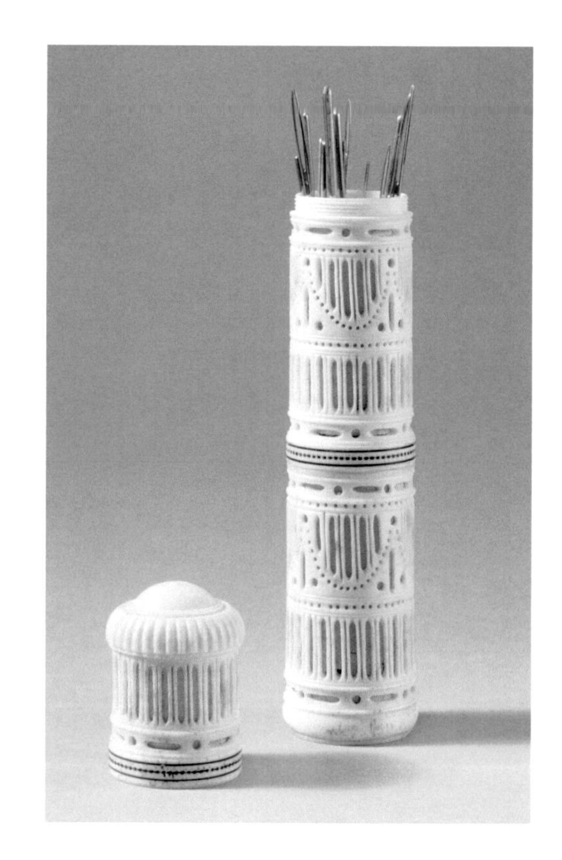

图 270（左上）

蕾丝

雕版画

出自丹尼斯·狄德罗和让·勒朗·达朗贝尔编著的《百科全书》第 20 卷（法国巴黎，1765）

图 271（右下）

蕾丝线轴

英国白金汉郡，1853

由动物骨、金属和玻璃珠制成

由 E.M. 吞海姆小姐捐赠

V&A 博物馆藏品编号：T.25 - 1936

图 272（右上）

结网工具

英国，1800—1900

由 J. 泰勒夫人捐赠

V&A 博物馆藏品编号：T.287 - 1979

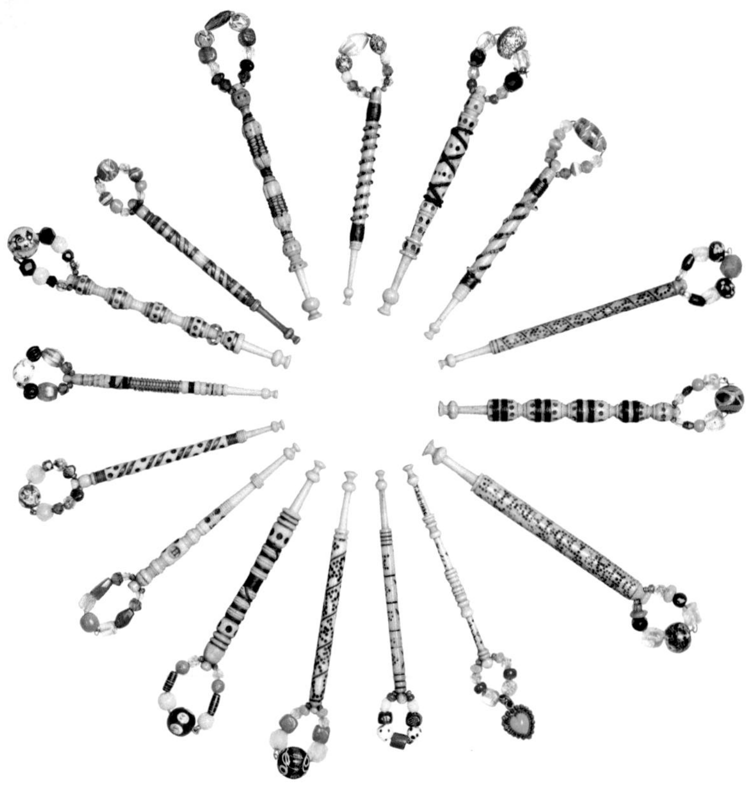

用来制作包袋、手套、面纱、围裙等。

几个世纪以来，用多种纱线制成的网结被装饰在纺织品上。水手会用网结制作实用的工具（比如绳索），或将网结作为装饰。用网结制作打结流苏的工艺似乎源于中东（图275），并通过贸易传入欧洲和亚洲其他地区。在中国，丝质打结流苏被缝缀在宫廷服饰的下摆。在中东、印度和欧洲，边缘有打结流苏的提花丝绸或刺绣丝绸被用来制作安放在骆驼、大象和马匹上的精致鞍具。19 世纪，网结在欧洲流行开来，被称为“macramé”，这个词可能源于阿拉伯语中的 miqramah、土耳其语中的 makrama 或波斯语中的 meqrameh，这些词指的都是带有打结流苏的纺织品。

将打结、编结、编织等工艺结合起来，并使用多种材料如丝线、金属线和纸张，就可以创造出有各种纹理和组织结构的织物，这种织物在欧洲被统称为“passementerie”。丝质的包边、边饰、流苏和穗带都可以被叫作“passementerie”，它们在世界各地被用于装饰奢华的服装和家具（图 276 和图 277）。

针织（图 278）是利用两根织针将连续的纱线织成连续的、互锁的线圈，从而形成织物的工艺。针织可能在 2 世纪左右在中东发展起来，随后传入欧洲。[4] 针织能直接将织物织成立体的形状，比如足形、手形和头形等。尽管蚕丝的弹性比羊毛的差，但华丽的光泽和光滑的质地使蚕丝在 16 世

图 273（上）
有丝绸镶边和刺绣的丝网帽
约 1400

现藏于比利时列日主教座堂
Inv. 462

图 274（中）
缝有假发的丝质发网
英国，约 1840

V&A 博物馆藏品编号：T.23 - 1936

图 275（下）
正在制作流苏的一名成年男性和两个小男孩
约翰 · 洛克伍德 · 吉卜林绘
印度，1870
铅笔水彩画

V&A 博物馆藏品编号：0929:44（IS）

图 276

梅尔维尔睡床上的穗带和流苏（睡床的完整图见第 8 页）

英国，约 1700

由梅尔维尔伯爵捐赠

V&A 博物馆藏品编号：W.35 - 1949

图 277（对页）

床帐上的丝质打结流苏

中国，1930—1940

由 V&A 博物馆之友出资购入

V&A 博物馆藏品编号：FE.75 - 1995

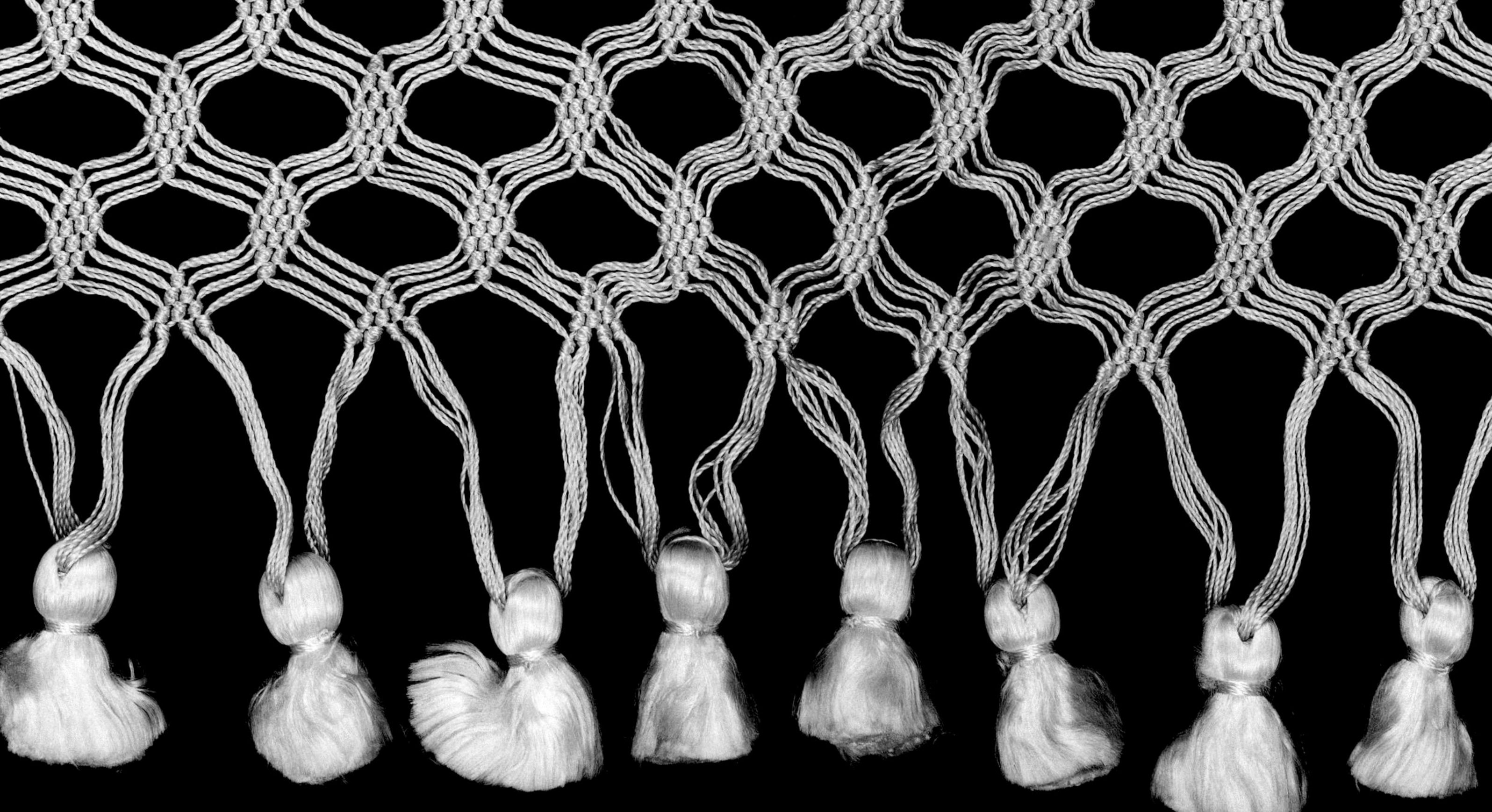

纪成为织造贵族所穿长筒袜的理想纤维。

16世纪末，英国发明了针织机（图279），这大大提高了针织纺织品的生产速度，使丝质长筒袜或短袜不再是只有贵族买得起的物品。经编工艺出现于1755年，通过针织或编织的形式加工的经编织物不易松散。[5]借助经编工艺，纺织品可以有镂空的纹理，形成类似手工编织或蕾丝的图案，因此用经编机织造的丝网很快取代了手工编织的丝网。经编机和针织圆机（图280）还能织造平纹针织布，这种机织物像手工针织物一样有悬垂性，并且可以进行裁剪和缝制。[6]

用钩针将一根连续不断的纱线勾成有环状结构的织物——这就是钩编。钩编的确切起源不详，它可能是从用纱线以链式针法仿制蕾丝，或由绷圈刺绣发展而来的——钩编用到了钩针和链式针法。[7]在19世纪的欧洲，中产阶级的女性流行用丝线钩编手提包和钱包。

如今，机器可以生产一些非织造结构的织物，如针织物和编织物，但是，钩编织物、流苏花边和一些饰带仍然只能手工制作。时至今日，这些手工制作的编织物在有些市场（如奢侈品市场）仍然备受欢迎。SN

图278
未完成的针织品
英国，1825
上有字样“My dear sister’s work, as she left it the last time she did any-she died 29 December 1825”，意为“这是我亲爱的姐姐留下的——她于1825年12月29日去世”

由V. 阿特金森小姐捐赠
V&A博物馆藏品编号：T.126 - 1972

图 279（上）

长筒袜编织艺术

英国伦敦，1750

雕版画，发表于《环球知识与休闲杂志》

图 280（下）

针织圆机

摄于土耳其德尼兹利，2019

彩色照片

缠绕、绞编和结网

佛教典籍会被保存在经书袋中。图 281 展示的就是一个经书袋，丝线将竹片固定在一起，正好形成一尊坐佛的形象。这里的竹条是用绞转的丝线缠绕固定的。HP

图 282 中的束带用于将裙子或长裤系在腰间。印度的束带通常用丝网制成，它们不仅具有功能性，还具有装饰性，可以彰显穿着者的着装品位。这些束带都采用了网眼编织法，但形成了不同的图案，束带末端用银和镀金的物品进行装饰，上面还挂着不同风格的流苏。AF

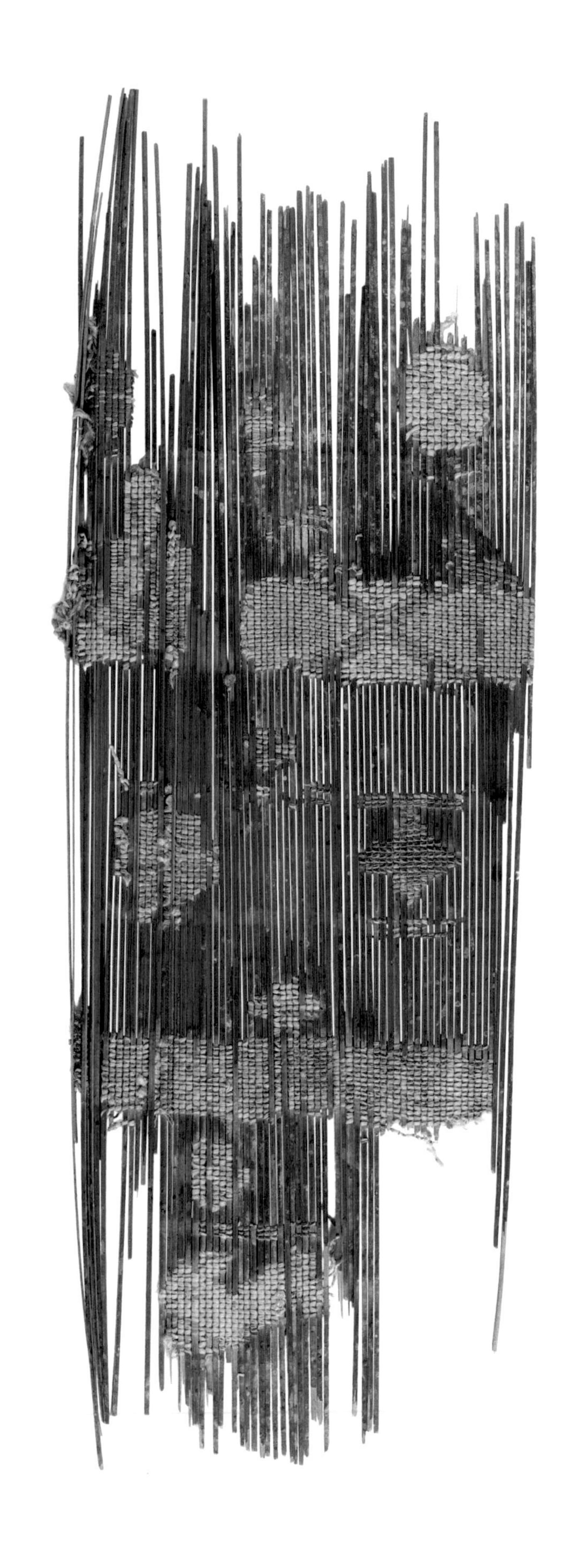

图 281
经书袋
中国敦煌，800—1000
竹条用绞转的丝线固定

由印度政府和印度考古调查局借出
V&A 博物馆借展品编号：LOAN:STEIN.100

图 282（对页）
丝网束带
印度，1855—1879

V&A 博物馆藏品编号：IPN.1491、TN.683 - 2019、5903（IS）、5910（IS）、0201A（IS）

在18世纪，英国军官会在腰间系深红色丝网腰带，在必要时腰带可以用来运送伤员。图283中的腰带上有“GR THE 3/1773”字样，这可能是用圆形经编机织出来的。由于英国在1773年没有发生战争，也没有组建新的军团，所以该字样可能记录了腰带所有者获得军衔的时间。SN

图283（左）
丝网腰带（细节图）
英国，1773

V&A博物馆藏品编号：T.193 - 1957

图284（右）
海军陆战队乔治·贝尔森中尉肖像画（局部图）
理查德·利夫赛绘
约1780
布面油画

现藏于英国伦敦国家军事博物馆

日本护甲的一个重要特征是采用了有大量花纹的提花丝绸。图 285 展示了一件日本弓箭手所穿戴的套袖，腕口和肩部都采用了彩色提花丝绸，小臂和大臂处采用了有暗纹的单色丝绸。两种面料之间的弧形边界采用了丝绳镶边，手腕处也有一圈丝绳，用于固定袖口。AJ

图 285（左）
弓箭手套袖（袖口细节图）
日本京都，1750—1850

V&A 博物馆藏品编号：M.36 - 1932

图 286 展示了日本皇室成员所穿的袴，它需要套在另一件袴的外面，可以搭配不同的长上衣。这件袴的接缝处有用于加固的双股丝绳，双股丝绳上每隔一段距离都有一个精致的辫线结作为装饰。AJ

图 286（右）
男式袴
日本京都，1800—1880
采用提花斜纹绸，有用于加固和装饰的丝绳

由 T.B. 克拉克 · 桑希尔捐赠
V&A 博物馆藏品编号：T.66 - 1915

打结

传统女式韩服上衣或裙子腰带上通常系有装饰性挂件，即佩饰。佩饰由三个部分组成：一个针钩、一个主要装饰物以及一组绳结和流苏。主要装饰物通常是昂贵的玉石、质朴的手工刺绣或实用的物件（如针盒、香囊）。图 287 和图 288 中的绳结通常作为幸运符随身佩戴，象征着佩戴者对生育、长寿和财富的美好希冀。EL/RK

图 287（下）和图 288（对页）
绳结挂件
金恩永制作
韩国首尔，1991

V&A 博物馆藏品编号（图 287）：FE.426:1 - 1992
V&A 博物馆藏品编号（图 288）：FE.427:1 - 1992（丝质绳结）、FE.86 - 2009（白色装饰物）

图 289 中的流苏来自中国唐代，它可能原本被挂在华盖上，是用一根 Z 捻丝线和一根 S 捻丝线交织在一起形成的粗绢丝制成的。在中国甘肃莫高窟的壁画上就出现了挂有图中厚重流苏装饰品的华盖。HP

图 289（右）
粗绢丝流苏
中国敦煌，618—907

由印度政府和印度考古调查局借出
V&A 博物馆借展品编号：LOAN:STEIN.482

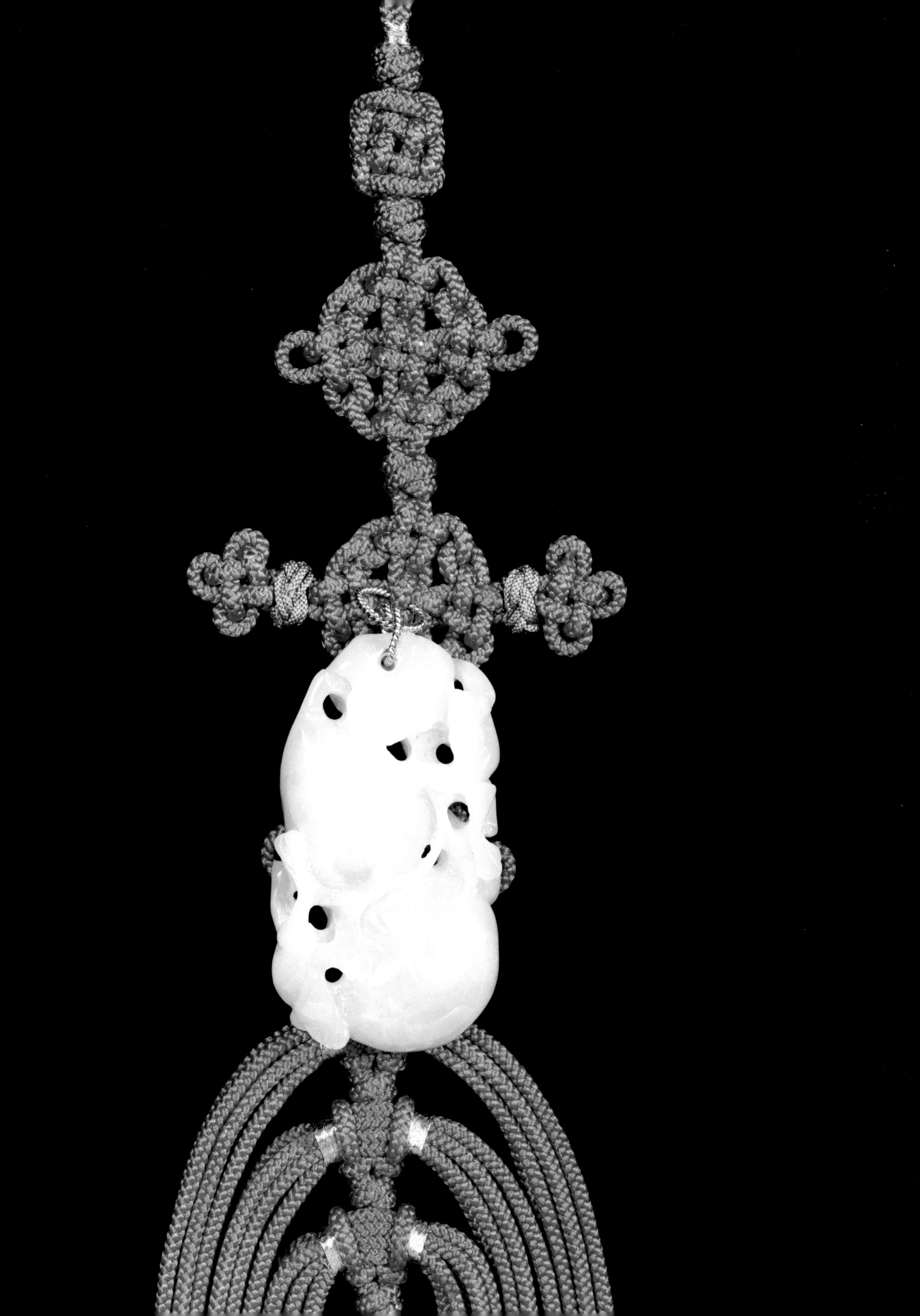

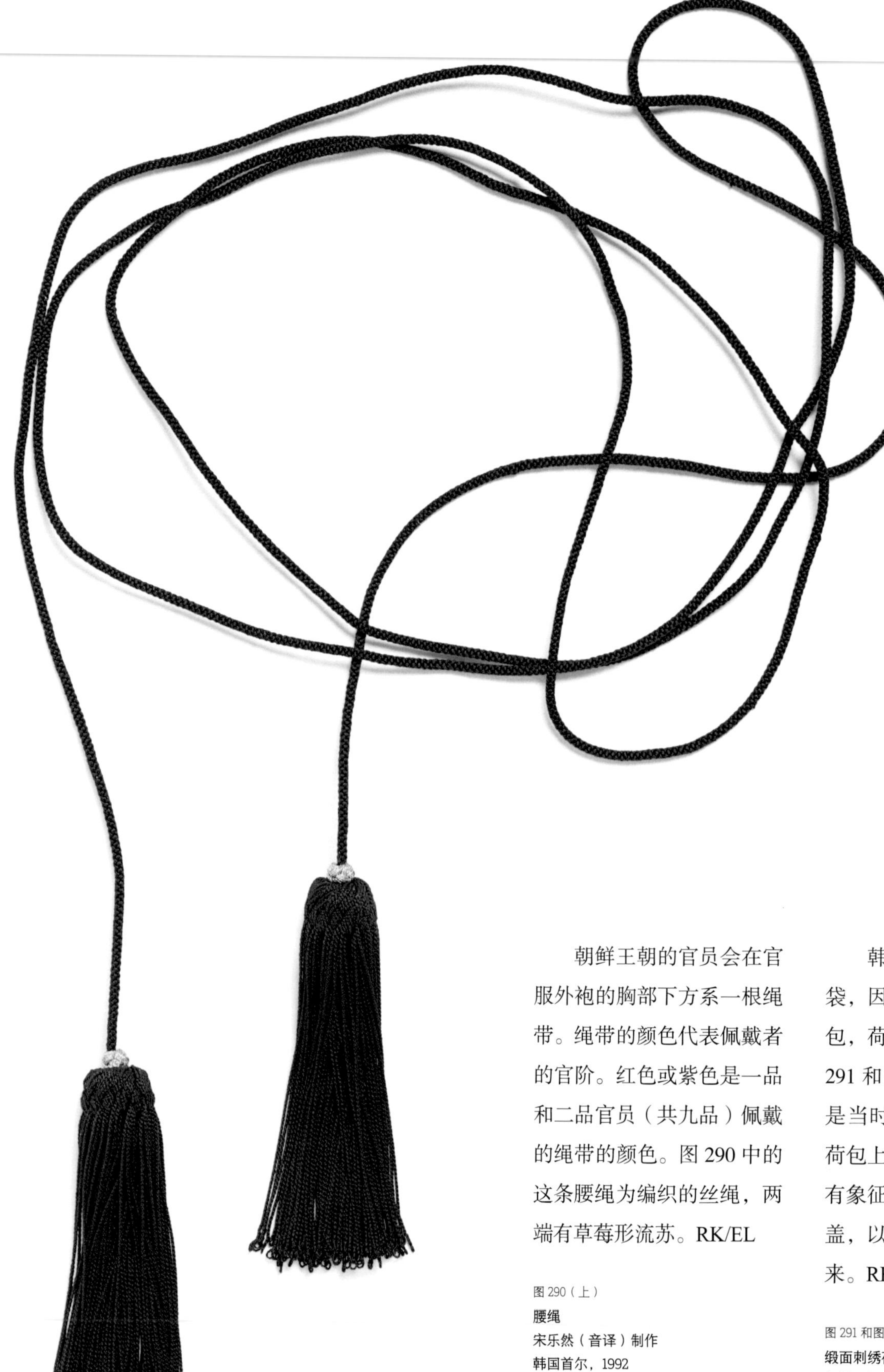

朝鲜王朝的官员会在官服外袍的胸部下方系一根绳带。绳带的颜色代表佩戴者的官阶。红色或紫色是一品和二品官员（共九品）佩戴的绳带的颜色。图 290 中的这条腰绳为编织的丝绳，两端有草莓形流苏。RK/EL

图 290（上）
腰绳
宋乐然（音译）制作
韩国首尔，1992

V&A 博物馆藏品编号：FE.546:1 - 1992

韩国的传统服装没有口袋，因此当时的人会携带荷包，荷包既实用又美观。图 291 和图 292 中的荷包可能是当时的君主送给使臣的，荷包上绣有吉祥图案，并挂有象征平安的绳结。荷包有盖，以防止里面的东西掉出来。RK/EL

图 291 和图 292（对页）
缎面刺绣荷包
朝鲜王朝汉城（现韩国首尔），1850—1900

由玛丽女王捐赠
V&A 博物馆藏品编号：T.102 - 1924、T.103 - 1924

17世纪的欧洲十分推崇华丽的装饰。在一本家具装饰商的账本中，最昂贵的商品就是各种装饰带。在富贵家庭中，奢侈、华丽的床永远是焦点：床帷、帐幔和坐垫都装饰着用丝线和金属线制成的穗带、辫带或流苏（图293和图294）。这些装饰带有各种颜色、纹理和形状。17世纪以来，制作这些装饰带的方法没有太大变化，仍以工匠手工编织为主。SB

图293（上）
流苏
法国，1850—1900
有绳结和丝绒装饰带

由J.B.福勒先生捐赠
V&A博物馆藏品编号：T.424-1966

图294（下）
流苏
意大利，1600—1700
用丝线和镀金银线制成

V&A博物馆藏品编号：1501A-1888

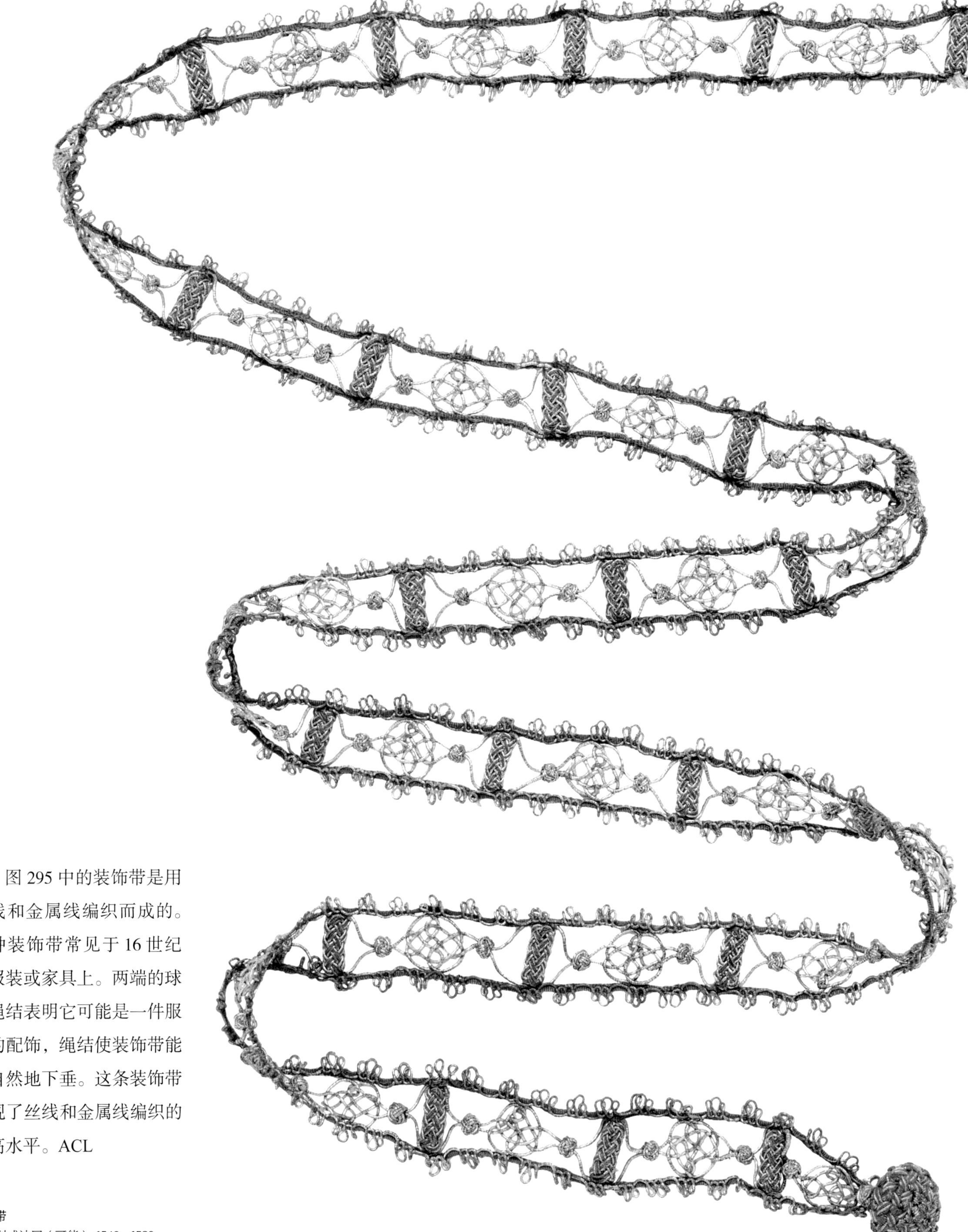

图 295 中的装饰带是用丝线和金属线编织而成的。这种装饰带常见于 16 世纪的服装或家具上。两端的球形绳结表明它可能是一件服装的配饰，绳结使装饰带能够自然地下垂。这条装饰带体现了丝线和金属线编织的最高水平。ACL

图 295
装饰带
意大利或法国（可能），1540—1580
V&A 博物馆藏品编号：T.370-1989

图 296 中的马鞍布以及与其配套的马笼头、马尾装饰应该曾用于装饰游行用的马匹。这块马鞍布采用了天鹅绒，并用铜钉进行装饰，边缘缀有大量打结流苏。打结流苏的制作过程应该是：先用红色丝线和镀金银条包裹的棉线打结以形成网状条带，然后再缀上用丝线和银包线编织的流苏。AF

图 296
缀有流苏的丝绒马鞍布
印度拉贾斯坦邦乌代浦，1800—1850
V&A 博物馆藏品编号：888 - 1852

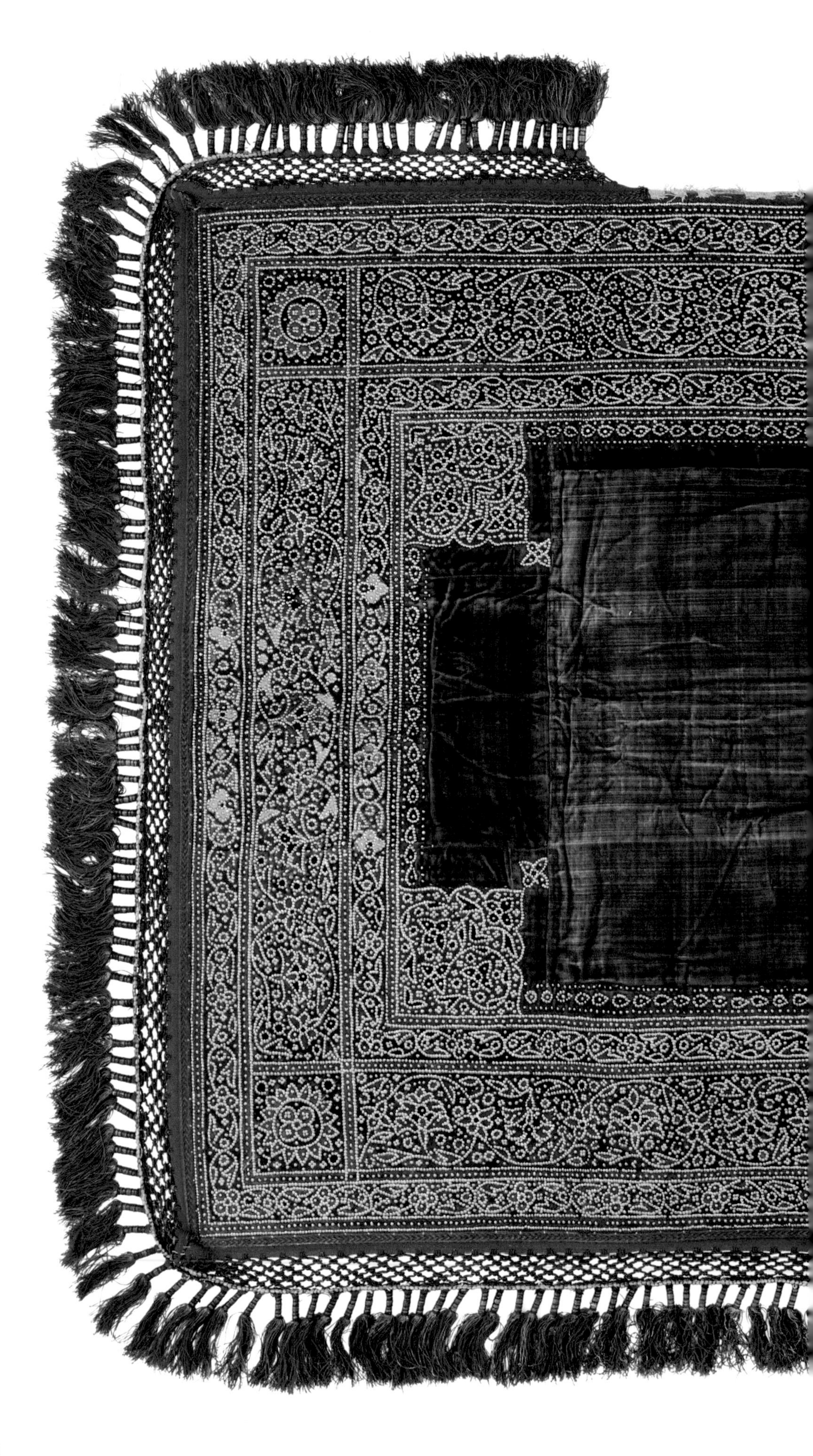

图 297 中的朝褂两侧完全开叉。在参加庆典时，女性会将它穿在朝袍之外。背衬镀金纸的丝质流苏花边构成了朝褂厚重的下摆。流苏起到增加衣长的作用，在中国清代，满族女性会穿马蹄鞋，流苏会随着她们走动而摆动。YC

图 297（对页）
妆花缎女式朝褂
中国，1700—1800

由英国艺术基金出资购入
V&A 博物馆藏品编号：T.193 - 1948

在 20 世纪六七十年代，西欧有一种流苏织物吊篮，这种吊篮通常是用比较粗糙的棕色或奶油色材料编织而成的。设计师伊夫·圣·罗兰用相同的编织工艺制作了图 298 中这件精致、优雅的流苏开襟短上衣。CAJ

图 298（上图）
丝质流苏开襟短上衣
伊夫·圣·罗兰设计
法国，1967—1968

V&A 博物馆藏品编号：T.331:2 - 1997

后绶（图 299）是朝鲜王室所穿朝服的一部分，由网绶、刺绣饰片和腰带组成。网绶采用流苏花边的编织方法制作而成。网绶的蓝色并非官员所独有。在图 299 和图 300 中的刺绣饰片上，两个镀金环、飞鹤的数量和使用了四种颜色绣线都表明了它们的所有者品级较高。RK/EL

图 299
缎面刺绣后绶
朝鲜王朝汉城（现韩国首尔，可能），1880—1910
有丝质流苏花边

V&A 博物馆藏品编号：T.196A - 1920

图 300

羊毛丝绣饰片

朝鲜王朝汉城（现韩国首尔，可能），

1850—1950

有丝质流苏花边

V&A 博物馆藏品编号：FE.46 - 1999

蕾丝

图 301 中的蕾丝祭坛饰罩十分引人注目，这种有金属圈的蕾丝在西班牙被称为“frisado”。图中的蕾丝祭坛饰罩以镀金银线为基线，用彩色丝线以锁边针法制成，按制作工艺属于针绣蕾丝。这种针绣蕾丝多出现在教会里。图中的蕾丝祭坛饰罩可能是在西班牙北部的某个修道院制作的。ACL

图 301（右）和图 302（对页）
蕾丝祭坛饰罩
西班牙巴利亚多利德（可能），
1630—1660

V&A 博物馆藏品编号：57 - 1869

棒槌蕾丝是用缠在多根棒槌上的线编绕而成的。图 303 中的这件饰片用极细的淡黄色丝线编出网地，再用较粗的彩色丝线编出了一幅战士的侧面肖像。饰片上金光闪闪的金属头盔体现了制作者的非凡技艺。SB

18 世纪，相比传统亚麻蕾丝，丝质棒槌蕾丝是更时髦的装饰。丝绸对染料的吸附力很强，使得丝质蕾丝花边可以根据流行趋势被染成各种颜色，以搭配 18 世纪中后期欧洲的女式丝质礼服。图 304 中这条狭长花边上的绿色、粉色和淡黄色与丝绸上的彩色花卉的色彩相得益彰。SN

图 303（对页）
棒槌蕾丝饰片
法国（可能），1790—1800

V&A 博物馆藏品编号：T.214 - 1985

图 304（右）
宫廷衬裙（细节图）
英国伦敦，1750—1760

V&A 博物馆藏品编号：T.44A - 1910

黑色蕾丝配饰和镶边饰物在19世纪中期的欧洲和北美洲十分流行，这一流行趋势缘于1853—1870年法国王后欧仁妮·德蒙蒂霍的品位。在当时的欧洲和北美洲，女性会带着遮阳伞出门，以保护面部免受阳光的照射。图305中遮阳伞的伞面为尚蒂伊蕾丝，尚蒂伊蕾丝以法国城市尚蒂伊命名。尚蒂伊蕾丝以其精细的底纹，精致的图案和丰富的细节而闻名。上面的花卉图案是用丝线在捻度小的网地上制作而成的。伞面可能来自法国巴约、翁吉安或比利时特恩胡特等著名的蕾丝制作城镇。JL

图305（右）
棒槌蕾丝遮阳伞
伞面制作于法国巴约（或翁吉安）或比利时特恩胡特，约1880
V&A博物馆藏品编号：T.363 - 1980

随着工业的发展，机器编织蕾丝对手工编织蕾丝造成的冲击越来越大，但法国卡昂的蕾丝制造商依靠独特的手工彩色丝质蕾丝仍在市场占有一席之地。传统上，法国的已婚妇女会在室内戴装饰性帽子（图306），有的装饰性帽子上还有飘曳的垂饰。JL

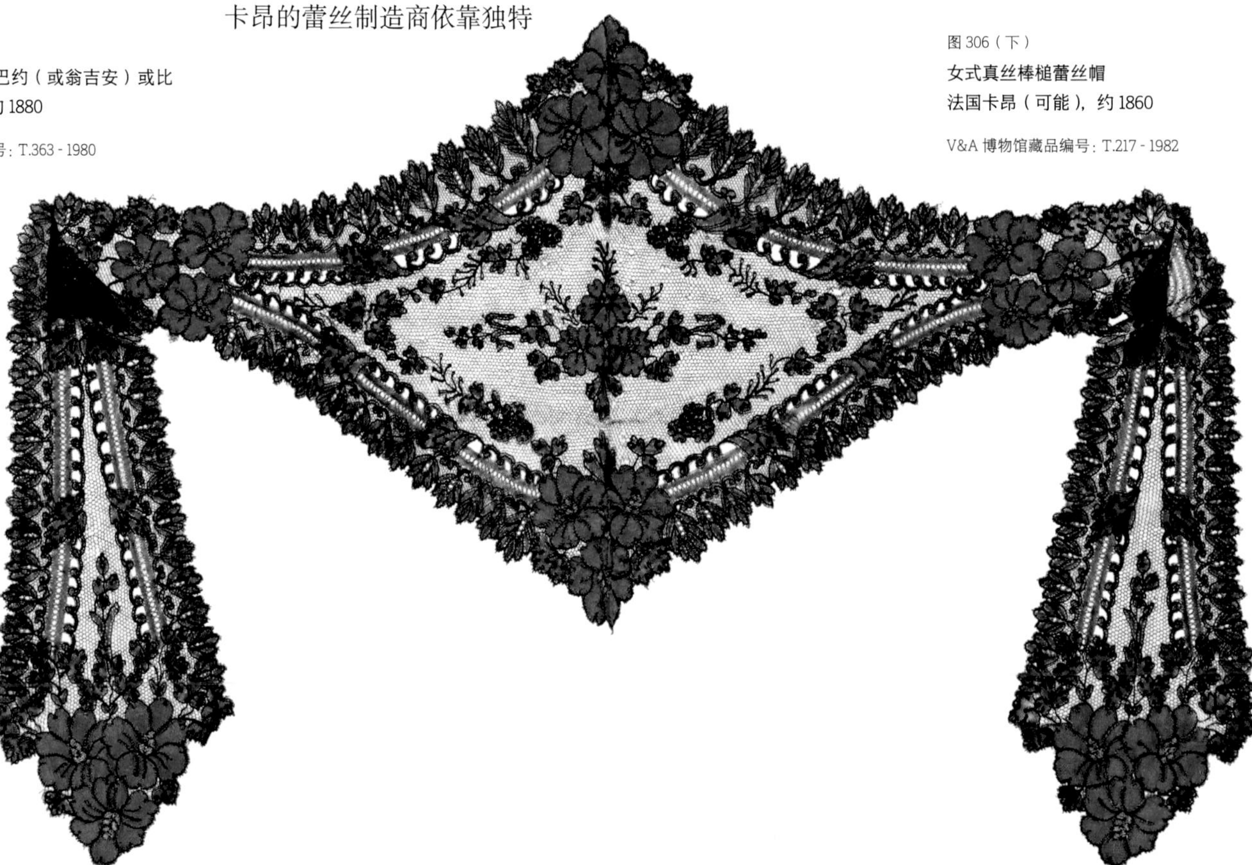

图306（下）
女式真丝棒槌蕾丝帽
法国卡昂（可能），约1860
V&A博物馆藏品编号：T.217 - 1982

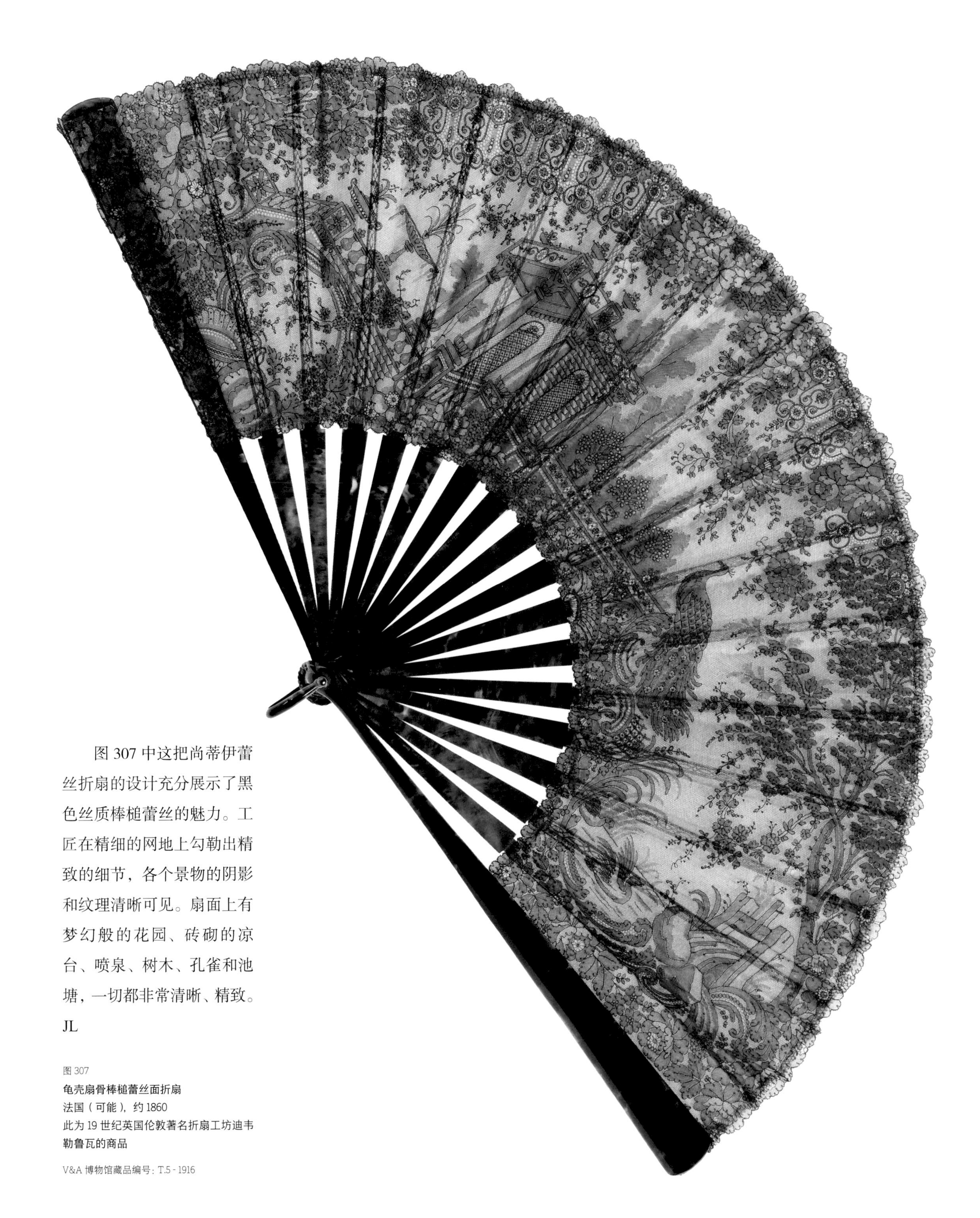

图 307 中这把尚蒂伊蕾丝折扇的设计充分展示了黑色丝质棒槌蕾丝的魅力。工匠在精细的网地上勾勒出精致的细节，各个景物的阴影和纹理清晰可见。扇面上有梦幻般的花园、砖砌的凉台、喷泉、树木、孔雀和池塘，一切都非常清晰、精致。JL

图 307
龟壳扇骨棒槌蕾丝面折扇
法国（可能），约 1860
此为 19 世纪英国伦敦著名折扇工坊迪韦勒鲁瓦的商品

V&A 博物馆藏品编号：T.5 - 1916

针织和钩编

图 308 中圆形针织手套上有一条从虎口延伸至大鱼际的黄色针织条带，这应该是模仿皮手套的结构。圆形针织物一般不需要缝合线，但图中这只手套上各手指片的接缝处有桂花针的缝合线。桂花针使各手指片更牢固地缝合在一起。SN

在 20 世纪中期前，欧洲的社交礼仪规定无论在户外还是在室内，人们都要戴手套。相较于容易显脏的浅色手套，图 309 中这只黑色丝质长筒手套就不易显脏，适合在室内社交活动中穿戴，其上的图案使手套非常吸睛。JR

图 308（左）
主教使用的手工丝质针织手套
西班牙，1500—1600
V&A 博物馆藏品编号：276 - 1880

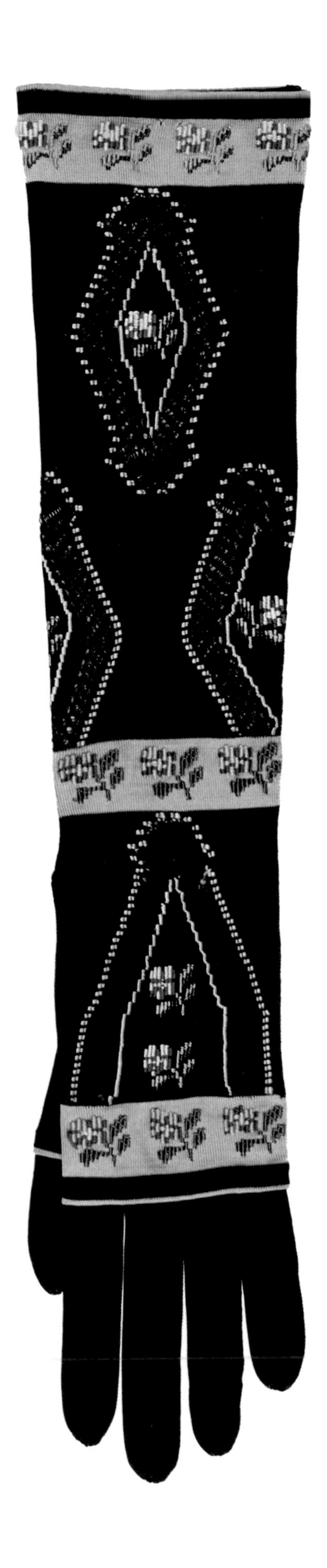

图 309（右）
针织手套
英国，1850—1860
V&A 博物馆藏品编号：963 - 1898

图 310 中这种形状的钱包在19 世纪的英国很流行。因为这种钱包和长袜一样都是手工编织或用经编机制作的，所以也被称为“长袜钱包”。它们还被称为“守财奴钱包”，这是因为这种钱包的开口很窄，取出一枚钱币很麻烦，需要多次移动金属环。SN

图 311 中这只仿菠萝外观的钱包是圆筒针织物。它的表面有精心设计的纹理，每个“突刺”上都缀有一颗玻璃珠，渐变的绿色表现出菠萝的成熟度。钱包的顶部还织出了菠萝的花和叶。SN

图 310（左）
经编丝质长袜钱包
英国，1800—1850

由哈罗德兄弟捐赠
V&A 博物馆藏品编号：T.1293 - 1913

图 311（右）
丝质手工针织钱包
英国，1800—1830

由哈罗德兄弟捐赠
V&A 博物馆藏品编号：T.1348 - 1913

图 312 中这只钱包是捐赠者韦特夫人在伊朗伊斯法罕的约尔法亚美尼亚街区购买的。这件钱包色彩斑斓，上面有许多抽象的图案，如鸟、树和花。这种带抽绳扣的圆柱形钱包通常是针织的，但也有用珠子串成的，它们均为卡扎尔王朝时期（1789—1925）伊朗国内生产的。SN

图 312（左）
手工针织丝质钱包
伊朗，1850—1899

由韦特夫人捐赠
V&A 博物馆藏品编号：T.224 - 1923

图 313（右）
钩编口金包
艾米 · 博格斯 - 罗尔夫制作
英国伦敦，1871—1880

由西里尔 · W. 博蒙特遗赠
V&A 博物馆藏品编号：S.824 - 2001

与针织一样，钩编也是 19 世纪制作手袋和钱包的流行工艺。图 313 中这只有钢切珠装饰的双钩针编织金属口金包应该是可以挂在腰链上的。腰链是维多利亚时代的女性经常佩戴的实用性装饰。这只口金包的制作者是著名芭蕾舞演员玛丽 · 塔里奥尼的好友——艾米 · 博格斯 - 罗尔夫。她为玛丽钩编了这只口金包，以搭配玛丽的腰链。

图 314 中这件颜色鲜艳的包的圆形底部是用双钩针编织而成的，底部弯曲的边缘像贝壳的边缘一样，包身是用两根长针织成的方眼网。SN

图 314

钩编包

英国，1840—1870

由英国野战后勤局的 G.B. 克罗夫特 · 里昂中校捐赠

V&A 博物馆藏品编号：T.142 - 1909

图 315 和图 316 为一只手工针织袜的袜背和袜底。这只袜子的结构和图案明显具有库尔德斯坦地区的风格。袜子整体使用了圆形针织法，脚跟和脚趾采用了三角形的设计。因为库尔德斯坦地区的人们有在室内脱鞋的习俗，因此这个地区生产的袜子都有美观的图案。SN

图 315（左）和 316（中）
手工针织袜
伊拉克苏莱曼尼亚省，约 1930

由 C.J. 埃德蒙兹先生捐赠
V&A 博物馆藏品编号：T.4&A - 1968

到了 18 世纪，丝质长袜大都用框架式针织机批量生产。图 317 和 318 中的长袜有着鲜艳的色彩和美观的装饰，这是西班牙长袜的典型特点。长袜上花纹的地部是用肉粉色丝线编织而成的，鸟和树均为刺绣纹样，具有抽象的风格，它们垂直于袜缝线排列。SN

图 317（右）和图 318（对页）
刺绣针织长袜
西班牙巴塞罗那（可能），约 1780

由 B. 欣顿小姐捐赠
V&A 博物馆藏品编号：T.156 - 1971

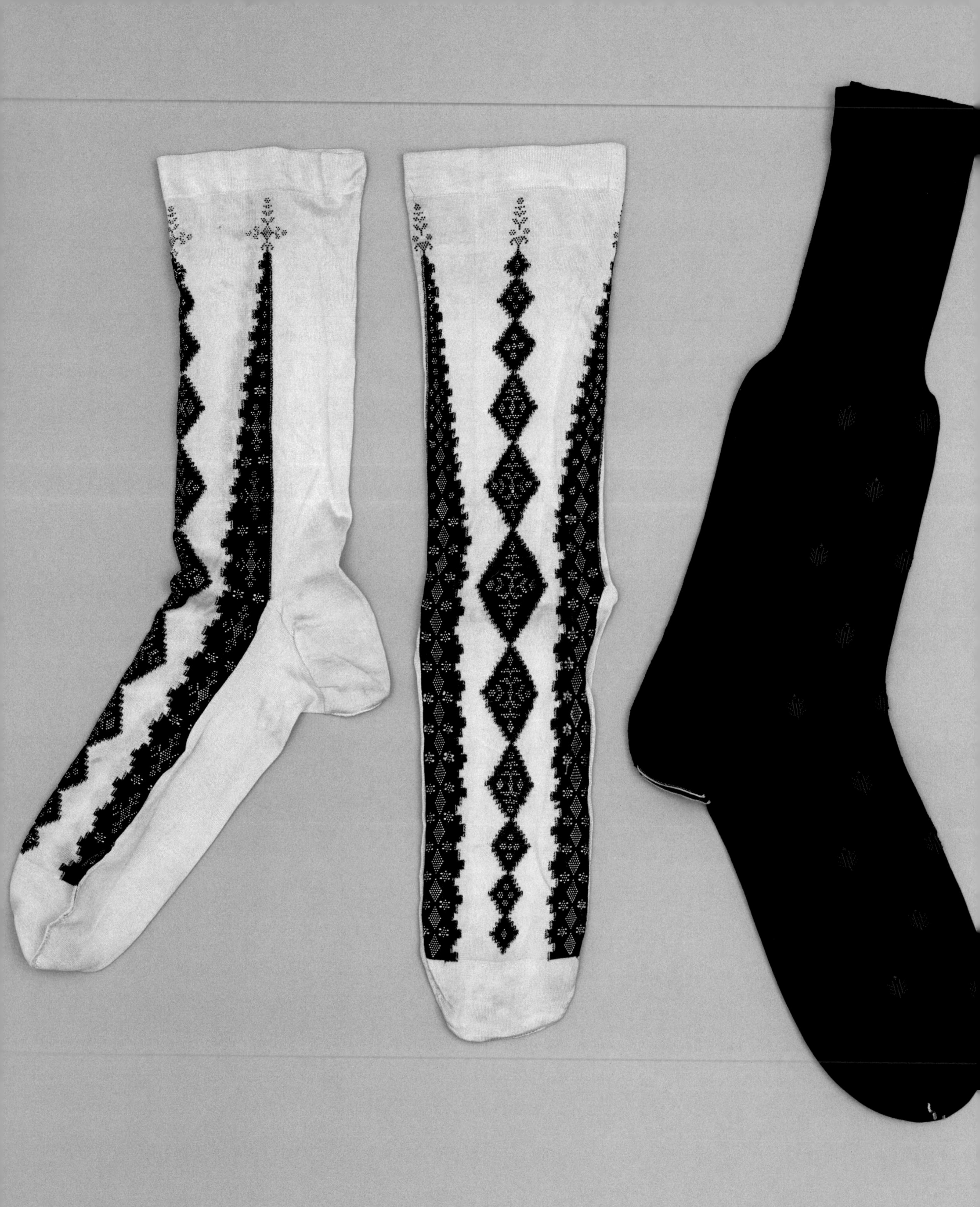

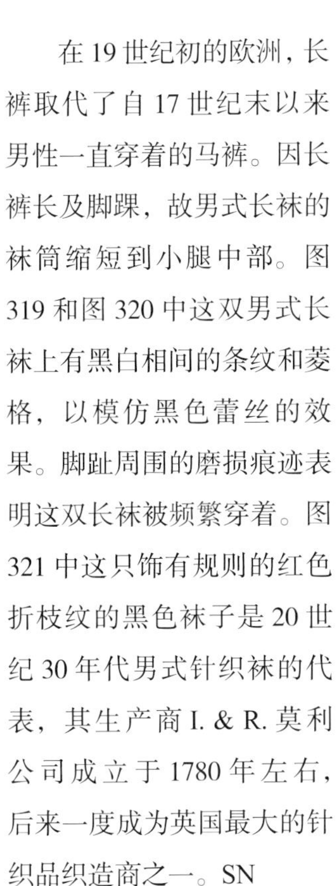

在19世纪初的欧洲，长裤取代了自17世纪末以来男性一直穿着的马裤。因长裤长及脚踝，故男式长袜的袜筒缩短到小腿中部。图319和图320中这双男式长袜上有黑白相间的条纹和菱格，以模仿黑色蕾丝的效果。脚趾周围的磨损痕迹表明这双长袜被频繁穿着。图321中这只饰有规则的红色折枝纹的黑色袜子是20世纪30年代男式针织袜的代表，其生产商I. & R. 莫利公司成立于1780年左右，后来一度成为英国最大的针织品织造商之一。SN

图319（对页左）和图320（对页中）
男式丝质针织袜
英国，1850—1854

由R. 斯卡利特 · 史密斯小姐捐赠
V&A博物馆藏品编号：T.204&A - 1962

图321（对页右）
男式丝质针织袜
I. & R. 莫利公司生产
英国诺丁汉，1930—1940

由F.H. 霍金斯先生代表I. & R. 莫利公司捐赠
V&A博物馆藏品编号：T.150 - 1975

19世纪，随着针织技术的发展，人们可以用更细的纱线在机器上织出长袜，且长袜的脚趾和脚跟可以在机器上直接成形（图322和图323）。通常，具有镂空效果的制造商名称会被织在袜筒的顶部。在第一次世界大战后，女裙裙摆逐渐变短，对女性来说，长袜对腿部线条的修饰能力越来越重要。20世纪20年代末，大量合成聚合物被发明出来，1939年的纽约世界博览会上展出了一双尼龙袜，这标志着丝质袜类的衰落。SN

图322（左）
机织女式长袜（细节图）
黑尔斯特恩父子公司生产
法国巴黎，1890—1900

由D. 罗伯茨夫人捐赠
V&A博物馆藏品编号：T.227A - 1962

图323（右）
机织女式长袜（细节图）
I. & R. 莫利公司生产
英国诺丁汉，1941

由F.H. 霍金斯先生代表I. & R. 莫利公司捐赠
V&A博物馆藏品编号：T.137 - 1975

英国设得兰群岛以一种特别精致的蕾丝披肩而闻名，这种披肩通常用细羊毛纱线编织而成，并用细针织出镂空图案。图 324 展示的就是一件来自英国设德兰群岛的蕾丝披肩，上面的图案是安斯特岛（位于设得兰群岛北部）针织披肩的典型图案，这件披肩的不同之处在于它使用了丝线且有兜帽。据猜测，它有可能是一件时尚奢侈品。

一些钩编图案具有 17 世纪末威尼斯针绣蕾丝的立体效果。19 世纪末，用淡黄色粗丝线编织的华丽的皇家爱尔兰凸纹花边是当时流行的爱尔兰亚麻钩编蕾丝的变式。图 325 中花边的锯齿状下缘使人联想到 17 世纪早期的针绣蕾丝。

女帽面纱在维多利亚时代非常流行，它们被固定在帽檐上，以遮住佩戴者的面部或者披在脑后作为装饰。为了不影响佩戴者的视线，面纱由网布或蕾丝制成，或者像图 326 中的藏品一样，由带有镂空图案的经编织物制成。SN

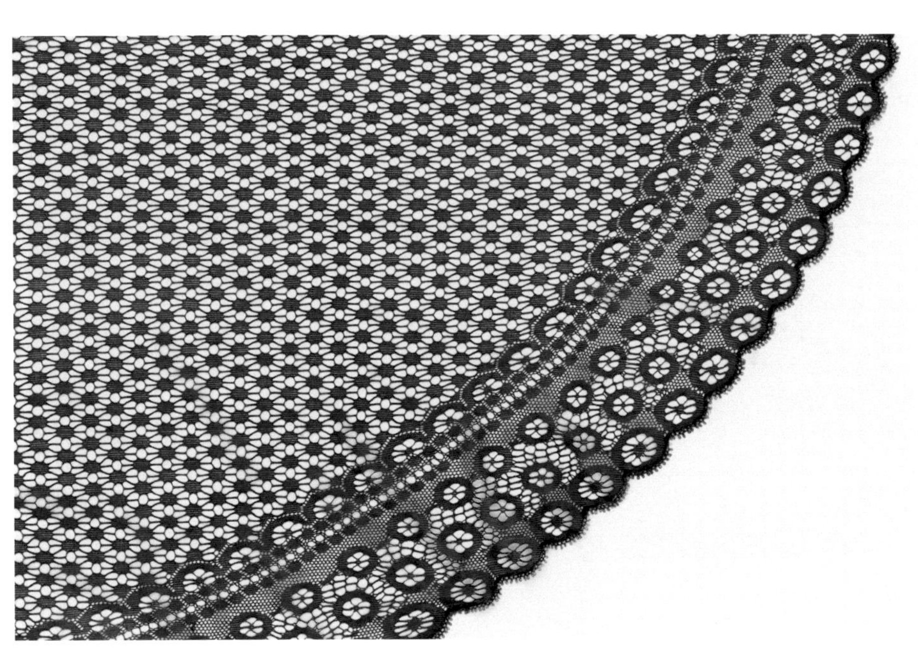

图 324（对页）
女式丝质蕾丝连帽披肩（细节图）
英国设得兰群岛，1850—1975
手工针织品

由 J. 德拉蒙德夫人捐赠
V&A 博物馆藏品编号：T.137 - 1966

图 325（上）
丝质钩编花边（细节图）
爱尔兰，约 1890

由埃塞尔 · 希尔夫人捐赠
V&A 博物馆藏品编号：T.69 - 1972

图 326（下）
经编女帽面纱（细节图）
英国，1840—1870

由哈罗德兄弟捐赠
V&A 博物馆藏品编号：T.1787 - 1913

图 327 为一件编织外套的反面，图 328 为其细节图。我们可以看到，未合股的灰色丝线非常细，在未浆纱分绞的情况下很难进行编织。使外套呈现金银两色的是用细银条缠绕的黄色和白色丝线，黄色和白色丝线都是两根合股的，编织者在制作这件外套时肯定非常小心。SN

图 327（上）和图 328（对页）
手工编织外套
意大利，1600—1700
V&A 博物馆藏品编号：473 - 1893

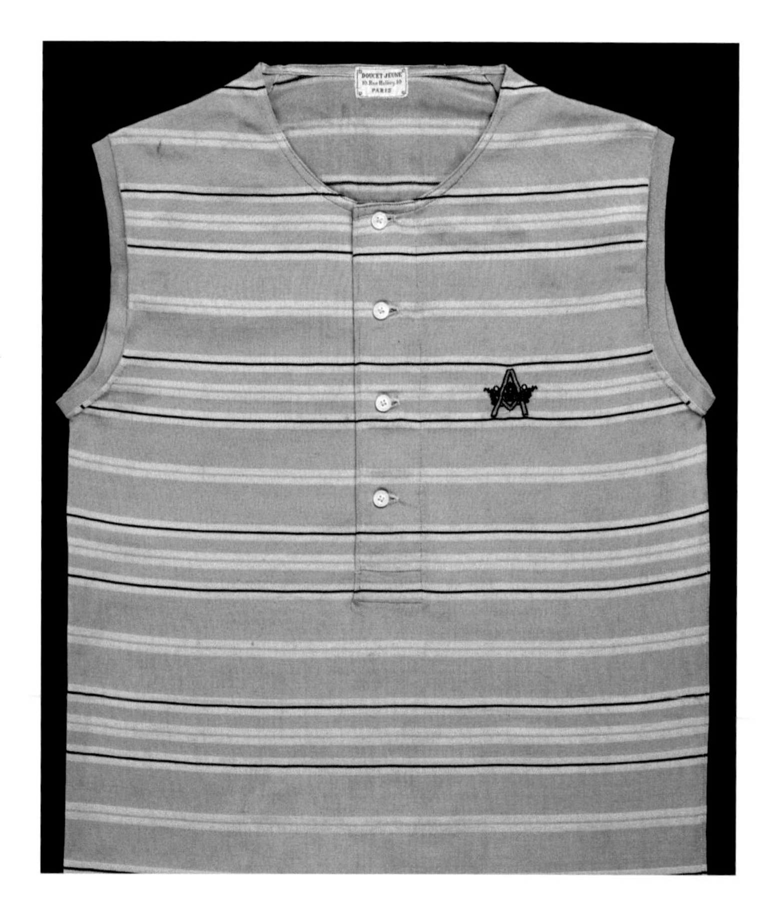

图 329 中这件时尚精致的机织背心属于高端男式内衣。背心的面料为丝绸，使得背心保暖性好、舒适、亲肤。它来自法国巴黎一家高端男式服装和内衣制造商，上面的“M.A.”刺绣字样代表英国第五代安格尔西侯爵亨利 · 西里尔 · 佩吉特。他因衣着华丽以及为奢侈品（如服装和珠宝）一掷千金而闻名。CKB

图 329（下）
机织背心
杜塞 · 热纳设计
法国巴黎，1898—1904
由约翰 · 里斯伍德捐赠
V&A 博物馆藏品编号：T.89:1 - 2003

针织物具有良好的拉伸性，能够很好地贴合身体，并凸显身材。图 330 和 331 中的礼服由英国创新设计师玛蒂尔达·埃奇斯设计，礼服使用了厚实的平针织面料。这件礼服的不同之处在于，下摆可以展开并拉至肩膀作为披肩、兜帽，或者放下作为拖裾。而图 332 中的连衣裙则采用了更精细的针织面料以凸显穿着者的身材。这件连衣裙（以及配套的连体内衣）由乔治娜·戈德利设计，面料光滑、紧贴身体，鱼骨使领口和袖口更有形，且使下摆夸张地向外展开。OC

图 330（对页）和图 331（左）

针织丝绸晚礼服

玛蒂尔达·埃奇斯设计

英国伦敦，约 1948

由西尔维娅·哈里斯捐赠

V&A 博物馆藏品编号：T.94 - 2016

图 332（右）

针织丝绸晚礼服

乔治娜·戈德利设计

英国，1986

由设计师本人捐赠

V&A 博物馆藏品编号：T.7&A - 1988

美化与增重

一直以来，人们用各种有机物来美化丝织品或对丝织品进行后整理，以改变其肤感、使其便于生产或减少变形。这些有机物包括淀粉和阿拉伯树胶。虽然我们无法用肉眼看见这些有机物涂层，但长远来看，这些有机物可能会破坏丝织品。以图 333 中这件 19 世纪早期由机器制造的丝网罩衫为例。这件罩衫现在已经变脆发黄了，光照不仅损伤了其纤维，也破坏了它的有机物涂层。整件罩衫失去了弹性，再加上底边缀有沉重的装饰（麦穗和填充了蜡质的玻璃珠，图 334），最终导致丝网多处开裂。借助扫描电子显微镜对丝网样本进行检查，我们发现丝网断裂的根本原因在于包裹在丝线上的圆形淀粉颗粒（图 335）。

使丝织品受损的因素还包括为了增重而使用的金属盐。金属盐造成的损伤常见于 19 世纪中期至 20 世纪初的丝织品中。工匠在染色时，通常会添加金属盐以充当固色剂，且金属盐还能增加纤维的厚度，使丝织品具有独特的沙沙声。

不幸的是，这种处理方式加速了丝织品的自然老化过程，使丝织品在正常穿着的情况下根本不会磨损之处也会发生开裂。例如，英国社会名流希瑟・弗班克在 1910 年左右穿的一件外套里衬（图 336）的状况非常糟糕，以至于我们不得不将它从外套上拆下来单独存放。借助 X 射线荧光技术对里衬进行分析，我们证实了锡的存在。虽然金属增重剂有许多种，但从 19 世纪末开始，1883 年获得专利的锡盐成为丝织品增重剂的首选，直到 20 世纪 40 年代，这种丝织品增重剂仍在使用。

类似的问题还导致了一条 19 世纪的日本腰带上黑色丝线的老化（图 337）：丝线几乎都断裂脱落了，露出了下面的墨水涂染板。丝线所用的染料是天然单宁酸，用硫酸铁作为媒染剂固色，这个过程破坏了丝线，加速了丝线的自然老化过程。EAH

图 333（左）
刺绣丝网罩衫
英国（可能），约 1810

V&A 博物馆借展藏品编号：
AMERICANFRIENDS.732:3 - 2018

图 334（右下）
图 333 中丝网罩衫底边的细节图

图 335（右上）
图 333 中丝网的扫描电子显微镜图

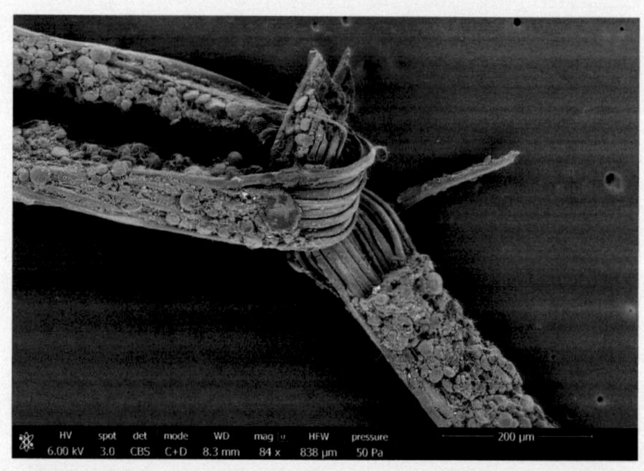

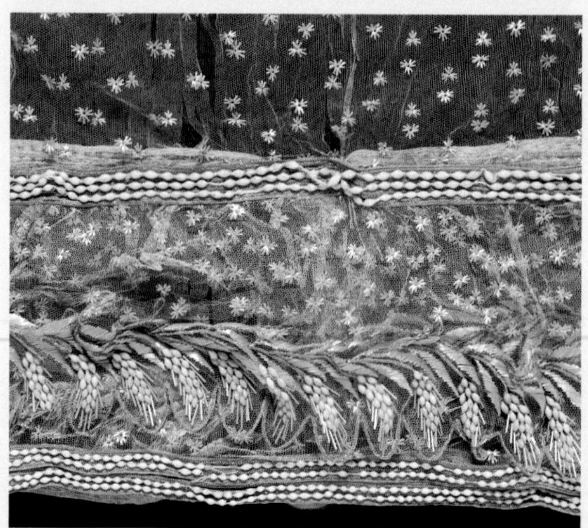

图 336（上）
外套里衬的碎片
英国，约 1910

由莉洛 · 彭南特捐赠，来自约翰娜 · 弗班克的遗产
V&A 博物馆藏品编号：T.3 - 2018

图 337（下）
丝缎刺绣腰带（细节图）
日本，1850—1900
增重剂导致了丝绸老化（黑色部分）

由莫克特夫人捐赠
V&A 博物馆藏品编号：T.270 - 1960

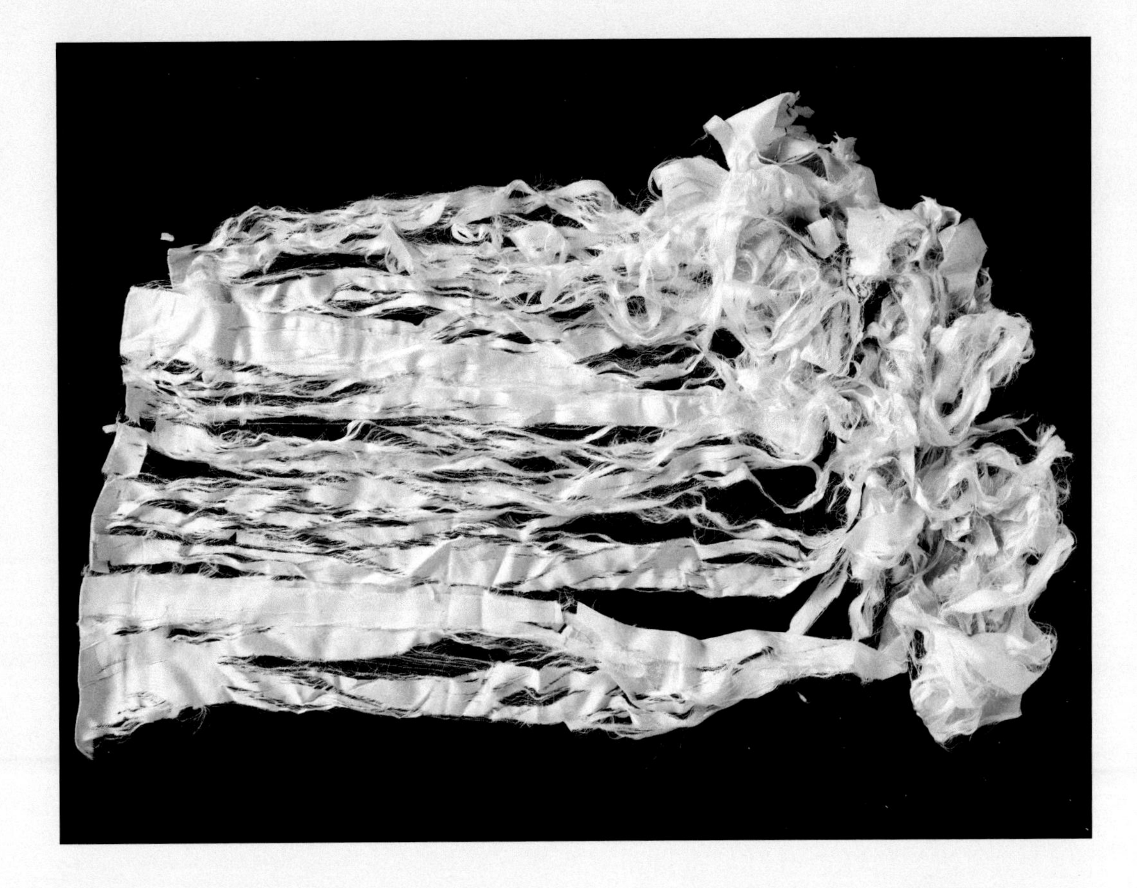

彩绘、防染与印花

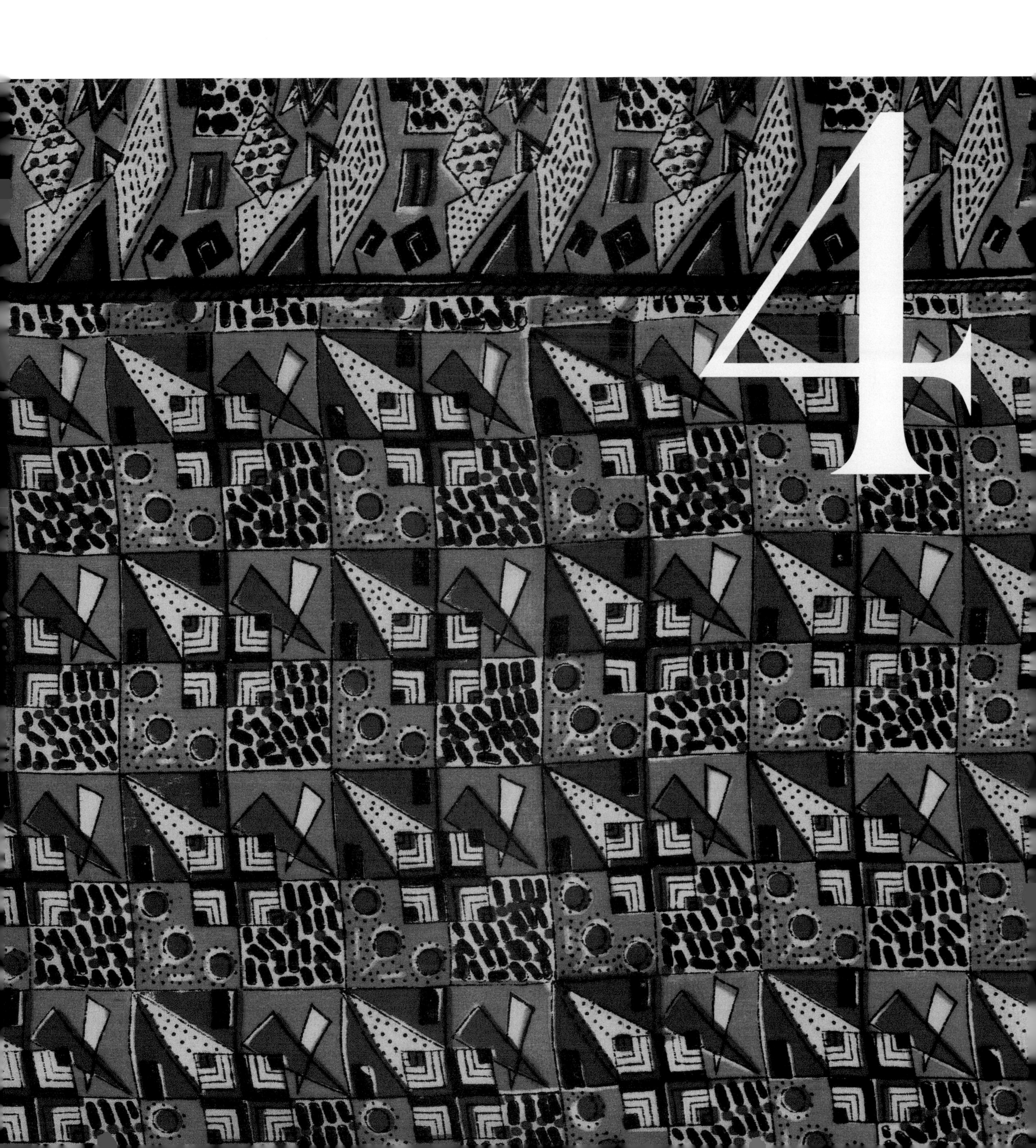

彩绘、防染与印花

图 340（上）
绣台旁的蓬巴杜夫人
弗朗索瓦 · 休伯特 · 德鲁埃绘
法国，1763—1764
布面油画

现藏于英国国家美术馆

用于着色的物质有很多种，它们可以通过不同的方式给丝绸染色。工匠可以将颜料、油墨或染料用刷子或绘笔直接涂于面料表面上，或用雕版、滚筒、铜版、丝网或喷墨机等工具印在面料表面。工匠也可以通过将经线或纬线浸入染缸进行预染色，再织出图案，或直接将梭织或针织成品面料浸入染缸。这种浸染的工艺常被称为“图案染色”，是亚洲非常重要的染色工艺，并且这种染色工艺在亚洲已经发展得非常成熟了。[1] 采用的染色工艺不同，形成的装饰效果则不同。富有层次的图案效果使得丝绸愈发奢华（图 338）。

本章将从彩绘、防染与印花这三个方面介绍丝绸的印染工艺。

彩绘的限制最少。艺术家会用画笔等绘图工具轻巧灵活地在画布上描绘人物形象、风景或重复的图案。早在 4 世纪，中国人就已将丝绸作为画布在其上作画，制成的丝绸产品声名远扬，远销海外。到了 18 世纪，一些有影响力的欧洲女性，比如法国国王的情妇著名的蓬帕杜夫人会要求画师在这些图案与法国丝绸截然不同的、华丽的中国丝绸上为其作画像（图 340）。[2] 古今中外，在丝绸上作画或绘制图案的技术并没有太大差别。

防染的目的与彩绘的目的相反。彩绘旨在使织物着色，而防染指将纱线或部分织物用某种方式保护起来，以防止这部分织物被染料着色。具有代表性的防染工艺是扎经染色工艺“伊卡”（欧洲将其称为“chiné”，日本称为“kasuri”）。

具体的扎经染色工艺流程是：将经线用扎线（麻绳、棉线或丝线）按照当地特有的习惯进行捆扎（图 341 和图 342）以达到防染效果[3]；进行染色；拆解扎线，经线上原本捆着扎线的部分未能着色。重复上述步骤可以使经线上染上多种颜色。传统伊卡指的是经线或纬线其中之一进行预先防染，而经纬伊卡则指经线和纬线都进行了防染预处理。不管是传统伊卡还是经纬伊卡，都可以形成复杂的图案。要想确保经线和纬线在织机正确相交，就需要织工具备高超的纺织技艺，最终制作出具有独特晕染效果的成品（图 343）。扎染指的是将织物成品而非纱线用扎线捆扎（或缝制），然后浸在染缸中进行防染的工艺。[4] 因为染料无法使被扎线捆扎的部分着色，所以当扎线被拆解后，未着色的部分就露了出来，并形成圆圈、圆点或条纹等扎染纹样。

蜡染和模版防染都要用到防染剂。防染剂可分多次涂于或印于织物表面，使织物产生复杂的图案。在蜡染工艺中，蜡作为防染剂被点制、绘制或印在织物上。蜡能隔绝染料，使被蜡覆盖的部分不着色，随后蜡会在沸水中熔化或被刮掉，从而使织物显现出图案。

在模版防染中，日本的型染特点鲜明，它的图样模版采用不溶于水的构树纸切割而成。制作时，工匠会将构树纸型版压在织物上，然后在其上刷米浆，米浆会通过型版的镂空部分渗到织物表面，从而阻止这部分织物被染色。图 344 中的这件由松原与七设计并制作的格外精致的和服就采用了型染工艺。艺术家在印染时使用了多个形状相同但镂空部分尺寸不一的型版（图 345）。每次刷上米浆后，织物都会被浸入

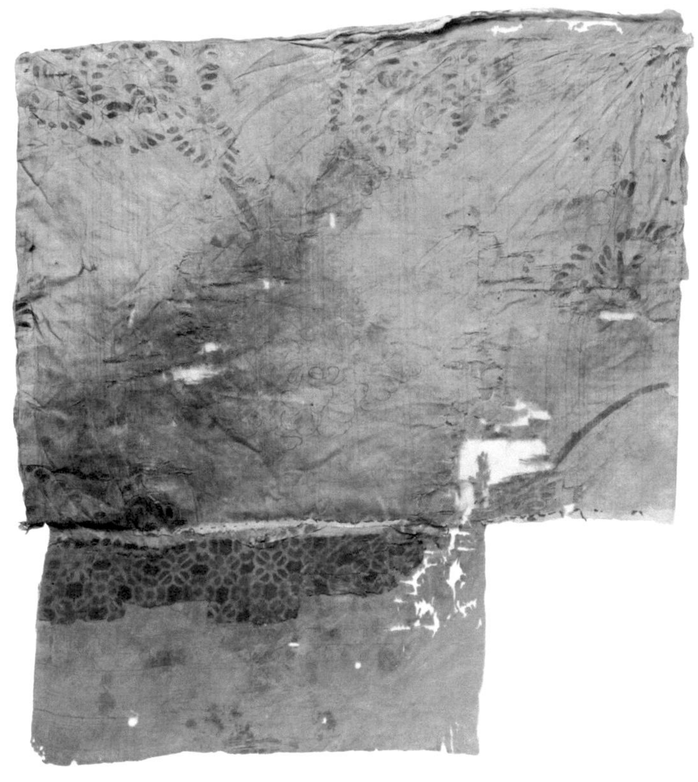

图 338（下）
平纹夹缬手绘丝绸残片
中国敦煌（可能），750—900

由印度政府和印度考古调查局借出
V&A 博物馆藏品编号：LOAN: STEIN. 298

图 339（上）
工匠正在丝绸上绘画
柬埔寨吴哥，2013
彩色照片

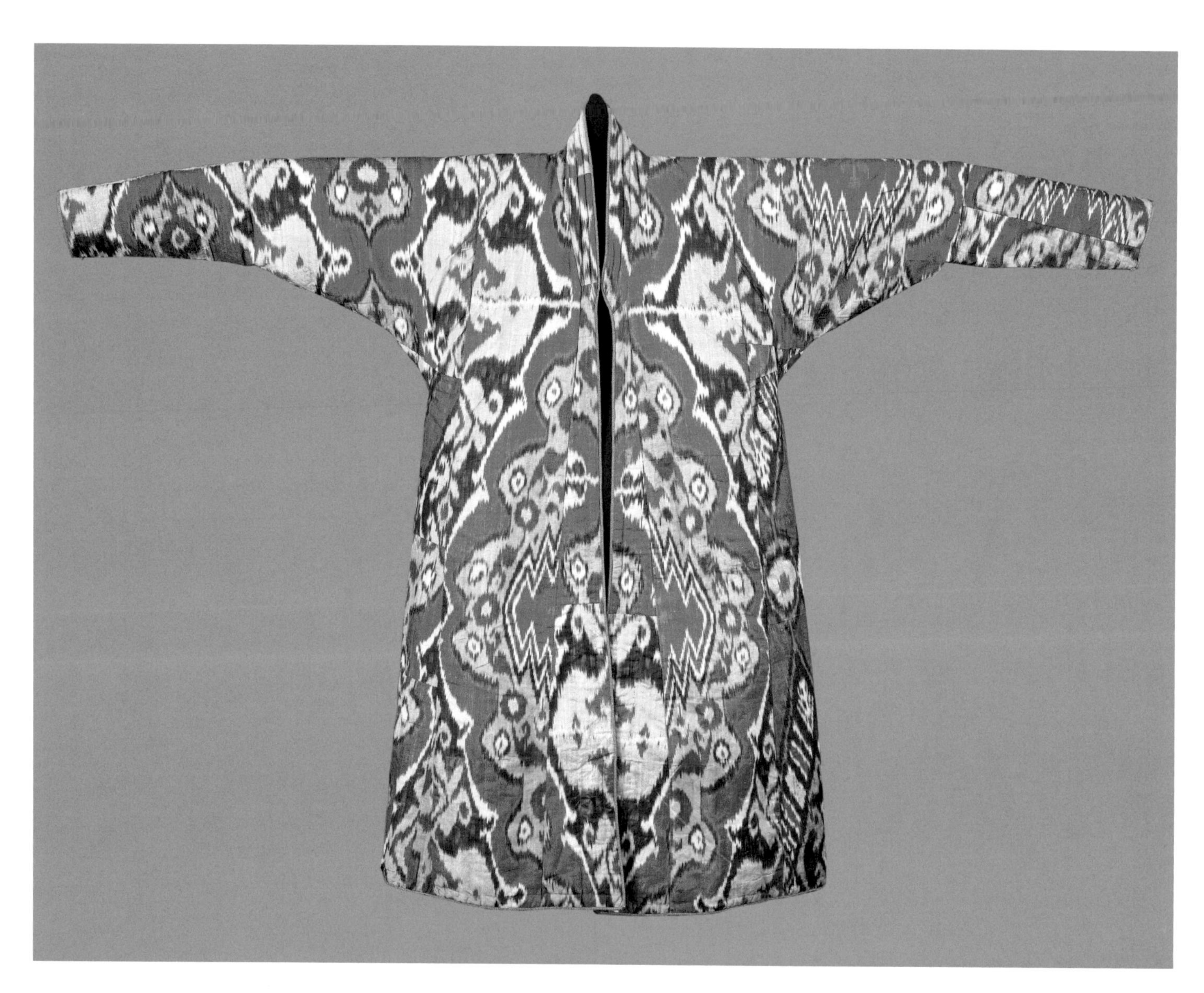

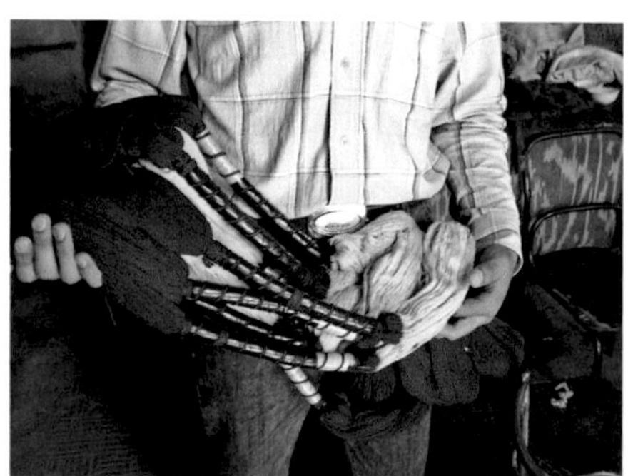

图 341（左下）
制作伊卡的过程：准备进行二次染色的经纱束
乌兹别克斯坦马尔吉兰，2004
彩色照片

图 342（右下）
制作伊卡的过程：已经染色的经纱又被捆扎起来，准备进行下一次染色
乌兹别克斯坦马尔吉兰，2004
彩色照片

图 343（上）
男士伊卡大袍
乌兹别克斯坦撒马尔罕（可能），1860—1870
V&A 博物馆藏品编号：9187(IS)

图 344（左）
“飞行”和服
松原与七设计
日本东京，1990
面料为平纹绉纱，采用了型染工艺

V&A 博物馆藏品编号：FE.10:1-1995

图 345（下）
29 张涂有涩柿汁的构树纸型版

V&A 博物馆藏品编号：FE.10:2 to 30-1995

染缸。由于型版的镂空部分尺寸不一，米浆渗透的程度不同，所以织物呈现图中的晕染效果。友禅染也是一种日本特有的防染工艺，工匠先在织物表面用米浆绘制图像，然后在用米浆描画出的边界内填充染料，米浆的作用是防止颜料间相互渗透串色。

“印”可以是在面料表面印上防染剂，也可以是直接印上染料（图 346 展示了印花的场景）。在这两种情况中，木质雕版或钢印都直接作用于面料表面。早在公元前 3 世纪，凸版印花就在亚洲盛行了，许久之后才在欧洲得到广泛使用。[5] 木质雕版或钢印（图 347）一般都采用阳刻的雕刻方式。有时，为了能印出一些精细的线条，雕刻师会将铜条或其他金属条镶嵌到木质雕版中。亚洲的雕版印章通常小而轻，而欧洲的则大且重，但一般不会宽于 46 厘米或厚于 6 厘米，这

图 346（上）
正在给织物印花的工人
印度北方邦瓦拉纳西城，1815—1820
水彩画，出自不同职业的图画集

V&A 博物馆藏品编号：AL.8042:13

图 347（下）
不同图案的木质雕版
南亚和东南亚，1855—1920

V&A 博物馆藏品编号：IPN.762、6837A(IS)、IPN.1750、IPN.665、IM.176-1914、IM.194-1914、6800(IS)、IPN.1757、6791(IS)、IM.104-1925
编号 IM.104-1925 的藏品由马来西亚雪兰莪州苏丹捐赠

是因为工人必须能够轻松地将雕版浸入染缸以沾取染料，再将雕版压在织物上以印出图案。[6] 不同的颜色和不同的图案都需要用新的雕版（图 348），且要在前一种染料风干后再叠加新的图案与颜色，因此印制的过程十分耗时。如果要隐藏图案与图案间的接缝，工匠须将雕版或印章准确地放置在正确的位置上，这需要非常熟练的技术。威廉·莫里斯与托马斯·沃尔德的一个实验样本提供了很好的示例，印出图 349 中的多彩图案需要 5 块雕版。[7] 据记载，在 20 世纪 20 年代，一位美国生产商生产了一批印花丝绸，这批丝绸中，颜色最少的有 2 种，最多的有 22 种。[8] 印花的颜色越多，印花丝绸就越昂贵。雕版印花至今仍在全球各地的工匠纺织作坊中流传盛行，且通常用于印制独家图案。

欧洲对丝绸印花工艺的贡献在于改进了地图的印刷工艺。图 350 展示的印花丝绸纪念手帕见证了欧洲丝绸印花工艺的发展。工匠会先制作有精美图案的凹刻铜版，然后将其用滚筒刷上油墨，随后擦拭掉凹刻铜版表面的油墨或染料，使得只有凹坑中留有油墨或染料。接下来，压平机负责将布料压满印版。[9] 这种工艺的局限性是印出的图案通常只有一种颜色，其他颜色的着色则需要借助手绘或凸版印刷。凹刻铜版使得面积更大的、重复的组合图案出现，凹刻铜版的印制范围为 40 ~ 91 平方厘米不等。[10] 在木质凸版印花和凹刻铜版印花被广泛应用之后，第一个全机械化的滚筒印花系统在 18 世纪后期被开发出来，主要用于在棉布上印花。[11]

丝网印刷最早起源于中国隋代，在欧洲最早出现在法国里昂，1850 年法国里昂的实验后，（无论是起初的平面丝网印刷，还是后期流行起来的滚筒丝网印刷）已成为 20 世纪 20 年代以来应用最广泛的商业印刷工艺之一。丝网印版通常由镂空的材料片切割而成，与上文提到的印版类似。然而，与上文的印版不同的是，丝网印版有一个支撑在框架编织网

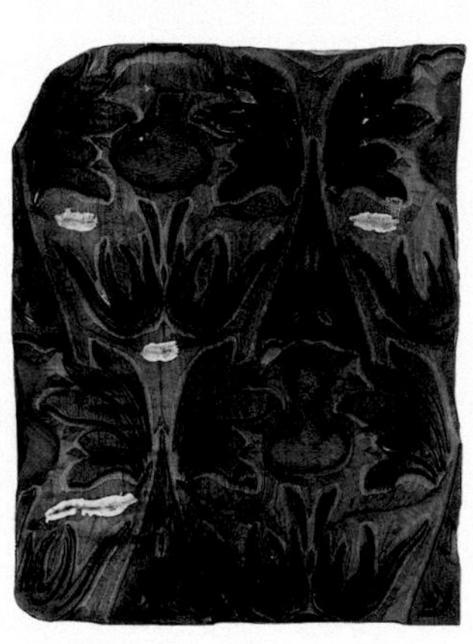

图 348（上）
一套用于丝绸印花的雕版，其中一块雕板（左）上镶嵌了铜条
戴维·埃文斯公司生产
英国肯特郡克雷福德，1889—1890

V&A 博物馆藏品编号：T.41 to C-1981

图 349（左下）
“忍冬花”图案雕版印花丝绸
威廉·莫里斯设计
托马斯·沃尔德生产
英国斯塔福德郡利克镇，1876

V&A 博物馆藏品编号：CIRC.491-1965

图 350（右下）
铜版印花丝绸手帕
罗伯特·斯波福思设计
英国，1707

由 A.G. 蒙迪捐赠
V&A 博物馆藏品编号：T.85-1934

上的筛网，油墨或染料可以通过筛网，落在承印物上。实际上，丝网印刷可以实现上文中所有印花方法能产生的美学效果。丝网的宽度通常与印刷台相同，携带着染料的刮板从丝网印刷机的一侧平移到另一侧（图 351 展示了丝网印刷工作场景）。丝网印刷的长度通常没有限制，即使是符合机械标准的滚筒印版也可以印至少 64 厘米的单位。[12] 自 20 世纪 90 年代以来，新兴的数码印花工艺（图 352）被广泛应用。但是，即使是拥有成熟数码印花工艺的企业也还是会保留丝网印刷工艺。在数码印花工艺中，印花是在计算机上设计的，无论是批量生产的产品还是单件产品都可以采用数码印花工艺，并且任何颜料都能被喷印到织物上。例如，图 353 中由亚历山大・麦昆设计的“柏拉图的亚特兰蒂斯”晚礼服上的图案就采用了数码印花工艺。

如今，各种染印工艺并存于世，且不断在各种场合中，如工业生产中、手工作坊中，甚至是娱乐休闲活动中，得到应用。丝绸自带光泽，且极易上色，用丝绸呈现的印花作品具有独特的风格与夸张的效果。ACL/KH

图 351（上）
丝网印刷工作台
摄于贝克福德丝绸有限公司
英国格洛斯特郡提克斯布瑞镇，约 2018
彩色照片

图 352（下）
数码喷墨印花机
摄于贝克福德丝绸有限公司
英国格洛斯特郡提克斯布瑞镇，约 2018
彩色照片

图 353
“柏拉图的亚特兰蒂斯”数码印花丝绸晚礼服
亚历山大 · 麦昆设计
英国伦敦，2010

V&A 博物馆藏品编号：T.11-2010

彩绘

佛教的幡可以悬挂于石窟寺内部、户外，或被高举于游行队伍中。图 354 中的藏品是佛教幡的顶部，它的正反两面都绘有带光环的佛像。由于这件藏品比大多数其他保留至今的同类藏品都更具装饰性，所以推测该藏品应该是在室内使用的。HP

图 354（右）
佛教幡的顶部
中国敦煌（可能），800—900
此为彩绘锦缎

由印度政府和印度考古调查局借出
V&A 博物馆藏品编号：LOAN: STEIN. 490

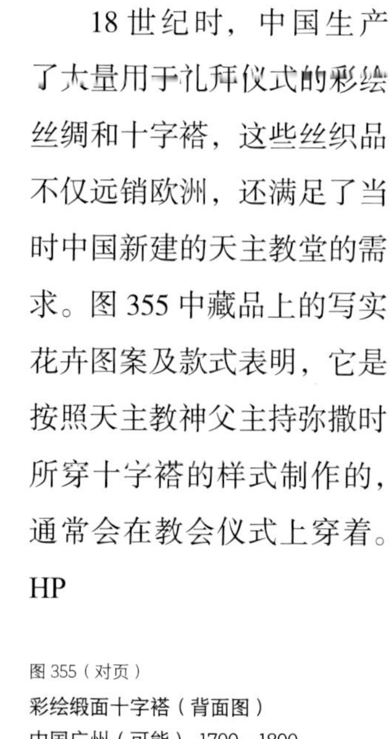

18 世纪时，中国生产了大量用于礼拜仪式的彩绘丝绸和十字褡，这些丝织品不仅远销欧洲，还满足了当时中国新建的天主教堂的需求。图 355 中藏品上的写实花卉图案及款式表明，它是按照天主教神父主持弥撒时所穿十字褡的样式制作的，通常会在教会仪式上穿着。HP

图 355（对页）
彩绘缎面十字褡（背面图）
中国广州（可能），1700—1800

V&A 博物馆藏品编号：CIRC.624-1923

在 17—19 世纪的欧洲，男性居家放松时会佩戴装饰性睡帽，他们还会戴着睡帽接待非正式的访客。图 356 中帽子的帽檐和帽冠是一体的，因此制作者绘制图案时，帽檐上的图案必须画在丝绸的背面，以便帽檐翻折后能将图案露在外面。OC

图 356（左）
彩绘平纹绸男式睡帽
意大利，1700—1725

由 N.H.C. 拉多克博士遗赠
V&A 博物馆藏品编号：528-1898

在 18 世纪的欧洲，最受欢迎的中国商品之一是手绘丝绸（图 357）。这类丝绸专门出口到欧洲，当时的欧洲非常流行用手绘的中国丝绸制作礼服。大多数保留至今的手绘丝绸都是在颜色柔和的丝绸上绘制 18 世纪中期流行的缠枝纹，颜色丰富。英国东印度公司还曾向中国广州的工匠提供图案或织物样品，供他们参考和模仿，以便制作出更符合欧洲审美的手绘丝绸。在图 358 中的这件白色缎面礼服上，我们可以看到奇特的手绘花朵图案组合：既有英国典型的玫瑰和向日葵，又有中国典型的牡丹和兰花。

图 357（对页）
彩绘平纹绸（细节图）
中国，1770—1780

由 J. 戈登 · 迪德斯捐赠
V&A 博物馆藏品编号：T.121-1933

图 358（右）
彩绘缎面女袍（背面图）
制作于英国，1735—1760
面料来自中国，1735—1760

V&A 博物馆藏品编号：T.115-1953

图 361（图 362 为其正面细节图）展示了红衣主教委托设计制作的一套十字褡。根据正面用微小字母标注的名字，这件十字褡应该是由牧师、建筑师、制图师和考古学家萨维里奥·卡塞利设计和制作的。这些精致的图案充分体现了他非凡的绘画天赋和对复古图案的喜爱，十字褡上精致的手绘图案如同被印出来的一般。SB

图 359（图 360 为盖翻开后的钱包正面图）展示了一件来自 18 世纪的钱包，上面的手绘图案明显受到了 17 世纪荷兰风景画的影响。包身上绘有图案，近景为简单的乡村建筑，远景为精致的豪宅群，翻盖上则绘有围墙。钱包上的灰色单色手绘模仿了雕刻或蚀刻的效果。钱包淡粉色的衬里与灰白的外衬形成对比，钱包边缘有镀金银线镶边。SN

图 359（上）和图 360（中）
平纹绸单色手绘金银线刺绣镶边钱包
法国，1750—1760
藏品或为用于装书的小书袋

由弗洛伦斯·金克林小姐捐赠
V&A 博物馆藏品编号：T.143-1961

图 361（右）和图 362（对页）
平纹绸钢笔手绘十字褡
萨维里奥·卡塞利设计
意大利贝内文托市（可能），1776—1782

V&A 博物馆藏品编号：268-1880

M.ro Savario
Casselli Archit.o

图 363 中的和服设计体现了日本绘画艺术与纺织工艺之间的密切联系。这件和服的绸面成了一块画布，借助手绘和防染工艺呈现了鹤在松树与樱花树间漫步的景象（三者都有美好的寓意）。

图 364 中和服的图案采用了多种工艺，包括手绘和型染等。这件和服绘有大量竹子，肩和袖子处的文字出自 10 世纪日本《古今和歌集》中的“贺歌”一卷。在和服设计中融入文字让穿着者显得温文尔雅。AJ

图 363（对页）

平纹绸年轻女子外穿和服
日本京都（可能），1860—1900
采用米浆防染工艺，有水墨绘和彩绘、丝线和金线刺绣

由默里遗赠
V&A 博物馆藏品编号：T.389-1910

图 364
缎面女式和服（细节图）
日本京都（可能），1780—1820
采用了手绘、型染、扎染与刺绣工艺

V&A 博物馆藏品编号：FE.106-1982

在朝鲜半岛，在织物上绘制图案的工艺出现于朝鲜三国时代（公元前 57—公元 665）。在朝鲜王朝，王室包布和军旗上的图案多采用这种工艺绘制而成。军旗是重要的行军装备，在战争中用于指挥军队。图 365 和图 366 中的就是两面军队的旗帜，旗帜的地是蓝色的（蓝色代表东方）。图 365 中旗帜上绘有身着铠甲的老虎，它代表勇气；图 366 中旗帜上绘有战神，战神是军队的保护神，也代表军队的指挥权。RK/EL

图 365（对页）和图 366

丝绸军旗

朝鲜王朝，1700—1900（图 370），1800—1900（图 371）

V&A 博物馆藏品编号：FE.45-1999、T.199-1920

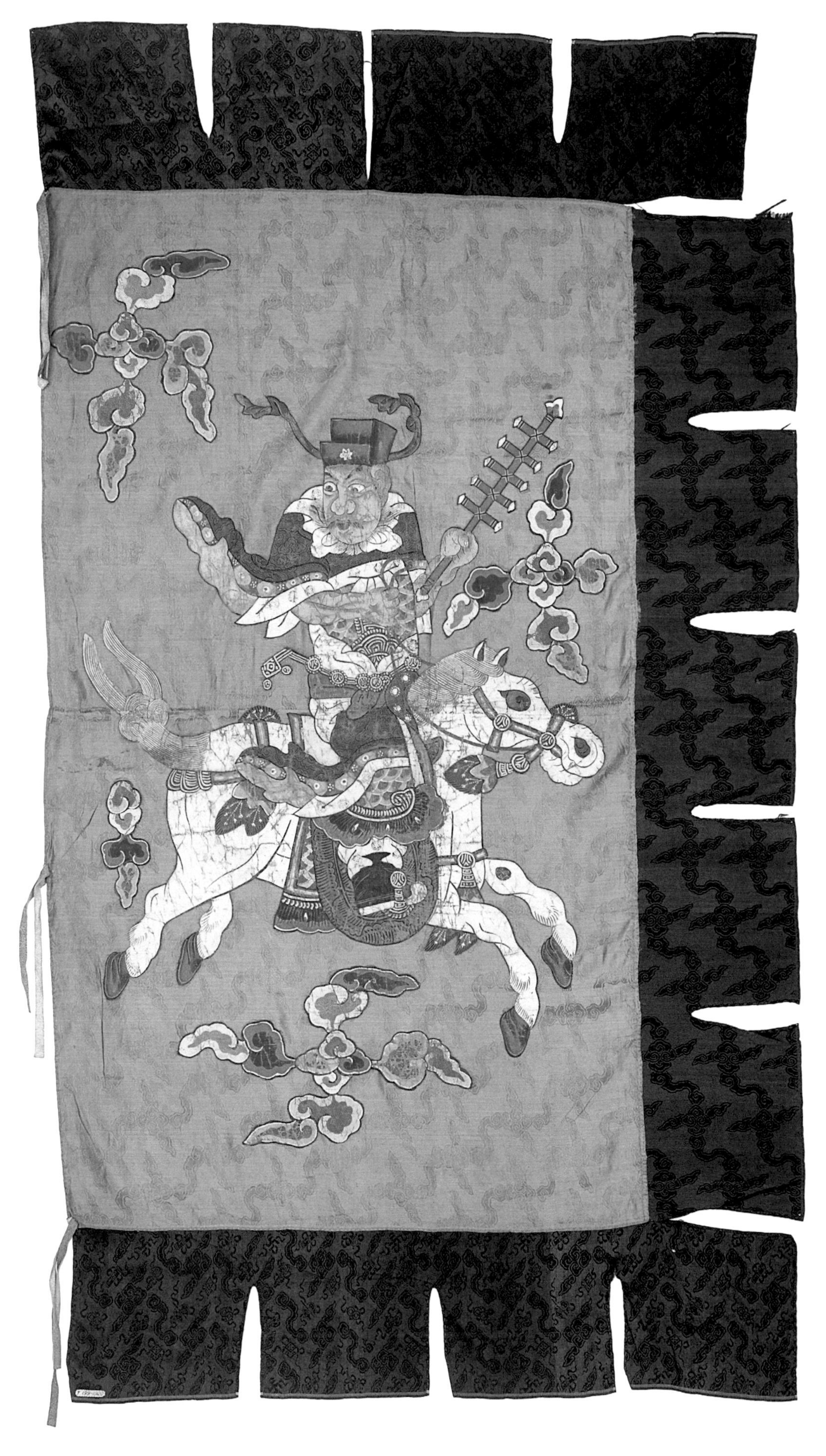

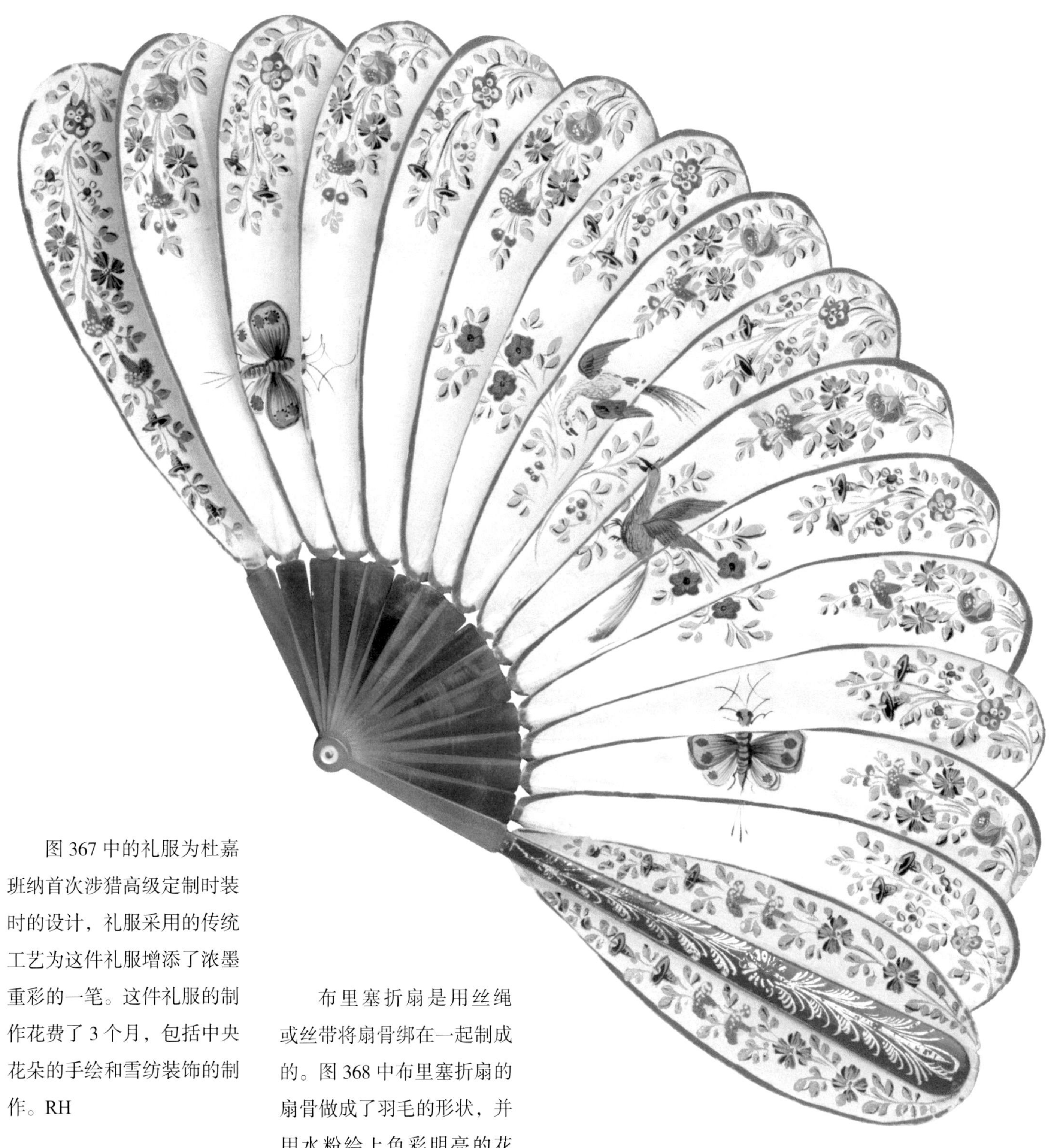

图 367 中的礼服为杜嘉班纳首次涉猎高级定制时装时的设计，礼服采用的传统工艺为这件礼服增添了浓墨重彩的一笔。这件礼服的制作花费了 3 个月，包括中央花朵的手绘和雪纺装饰的制作。RH

图 367（对页）
“莱昂纳多”丝绸薄纱礼服（细节图）
杜嘉班纳设计
意大利米兰，2015
有手绘图案

由设计师本人捐赠
V&A 博物馆藏品编号：T.33:1-2015

布里塞折扇是用丝绳或丝带将扇骨绑在一起制成的。图 368 中布里塞折扇的扇骨做成了羽毛的形状，并用水粉绘上色彩明亮的花朵、珍奇的鸟类和昆虫。从 19 世纪 70 年代开始，在折扇上装饰真羽毛在欧洲流行了起来，图 368 中的折扇可以说是这一流行趋势的预兆。HF

图 368（上）
平纹丝绸画扇
荷兰（可能），1820—1840

由艾米丽·博科勒捐赠
V&A 博物馆藏品编号：T.120-1920

图 369 中的太阳图案来自一张大型壁毯，除了太阳图案外，壁毯上还有孔雀和几何图案。之所以判断图中的图案为太阳，是因为其形状为完美的圆形，且从边缘辐射出许多光线。这些光线使用了扎经染色法。太阳额头上的十字形和连心眉是 19 世纪伊朗的流行元素，它象征着美丽，十字形和连心眉均为手绘图案。TS

图 369（下）
平纹绸壁毯（细节图）
伊朗，1830—1875
V&A 博物馆藏品编号：993-1886

20 世纪 80 年代，设计师维多利亚·霍尔顿曾向纽约波道夫·古德曼和伦敦哈罗德百货等高端零售商出售手绘领带（图 370 ~ 372）。这些领带的面料是常用于制作高端领带的平纹丝绸。维多利亚·霍尔顿的手绘图案使每条领带都独一无二、充满趣味性。SS

图 370（右一）、图 371（右二）和图 372（右三）
彩绘平纹绸领带
维多利亚·霍尔顿设计
英国北安普顿，1987
由设计师本人捐赠
V&A 博物馆藏品编号：T.43-1992、T.41-1992 和 T.42-1992

图 373 为一件纱丽的细节图。边饰上的手绘图案是印度比哈尔邦特有的传统绘画元素，被称为“马杜巴尼装饰画”。马杜巴尼装饰画原本多直接绘于乡村房屋内的泥墙或地板上。在 20 世纪 60 年代末，一些印度女画匠为了创造收入，在纸张上绘制了大量马杜巴尼装饰画，或将其绘在纺织品上。在图 373 中，图案里树下的女人代表生育、力量与繁荣。DP

图 373（对页）
手绘平纹柞蚕丝纱丽（细节图）
吉塔·迪威与乌尔米拉·德维设计并制作
苏世拉·戴维协助制作
印度比哈尔邦，1997
V&A 博物馆藏品编号：IS.2-2000

防染

图 374 中精致的图案是用友禅染工艺绘制而成的。工匠先从装有金属喷嘴的布管中挤出米糊，并在织物表面绘制图案；然后，用笔刷将染料刷在织物上，使织物着色。但图 374 中的图案是借助浸染工艺形成的，米糊作为防染剂使蓝色的织物上呈现图案。绉纱的哑光表面为精细的工艺提供了完美的地部面料。

森口邦彦以其设计的有抽象几何图案的友禅染工艺和服而闻名。图 375 展示了他设计的和服，我们可以看到，从下到上，从左到右，和服上的波浪形图案密度逐渐减小。伴随图案密度变化的是颜色的深浅变化：从深绿色到淡绿色的渐变。2007 年，森口邦彦获得日本“重要无形文化财保持者”的称号（在日本多被称为“人间国宝”）。AJ

图 374（右）
绉纱振袖和服
日本京都（可能），1800—1850
采用了友禅染雕版印花工艺，有金线刺绣

V&A 博物馆藏品编号：FE.188-2018

图 375（对页）
“绿色波浪”平纹春亚纺丝绸和服
森口邦彦设计
日本京都，1973
采用了友禅染工艺

V&A 博物馆藏品编号：FE.420-1992

图 376 ~ 379 分别为来自中国的扎染、蜡缬和灰缬染色丝绸残片。夹缬工艺在唐代得到改良和发展。夹缬绸上的图案大都很小，且通常为单色。夹缬工艺会用到一组对称的中间镂空的雕版。雕版上有小孔，可以让染料流入镂空的雕版进行染色。织物先被折叠，然后再被夹在两块相互吻合的雕版中间，沉入染缸中，染料渗入镂空的区域，织物就被染上了色。图 379 中的印花丝绸残片应该使用了两组雕版，一组用于印蓝色的图案，一组用于印红色的图案。两种颜色重叠的部分变为紫褐色。然后，工匠再用黄色染料描边，与蓝色和红色叠加形成绿色和橙色。HP

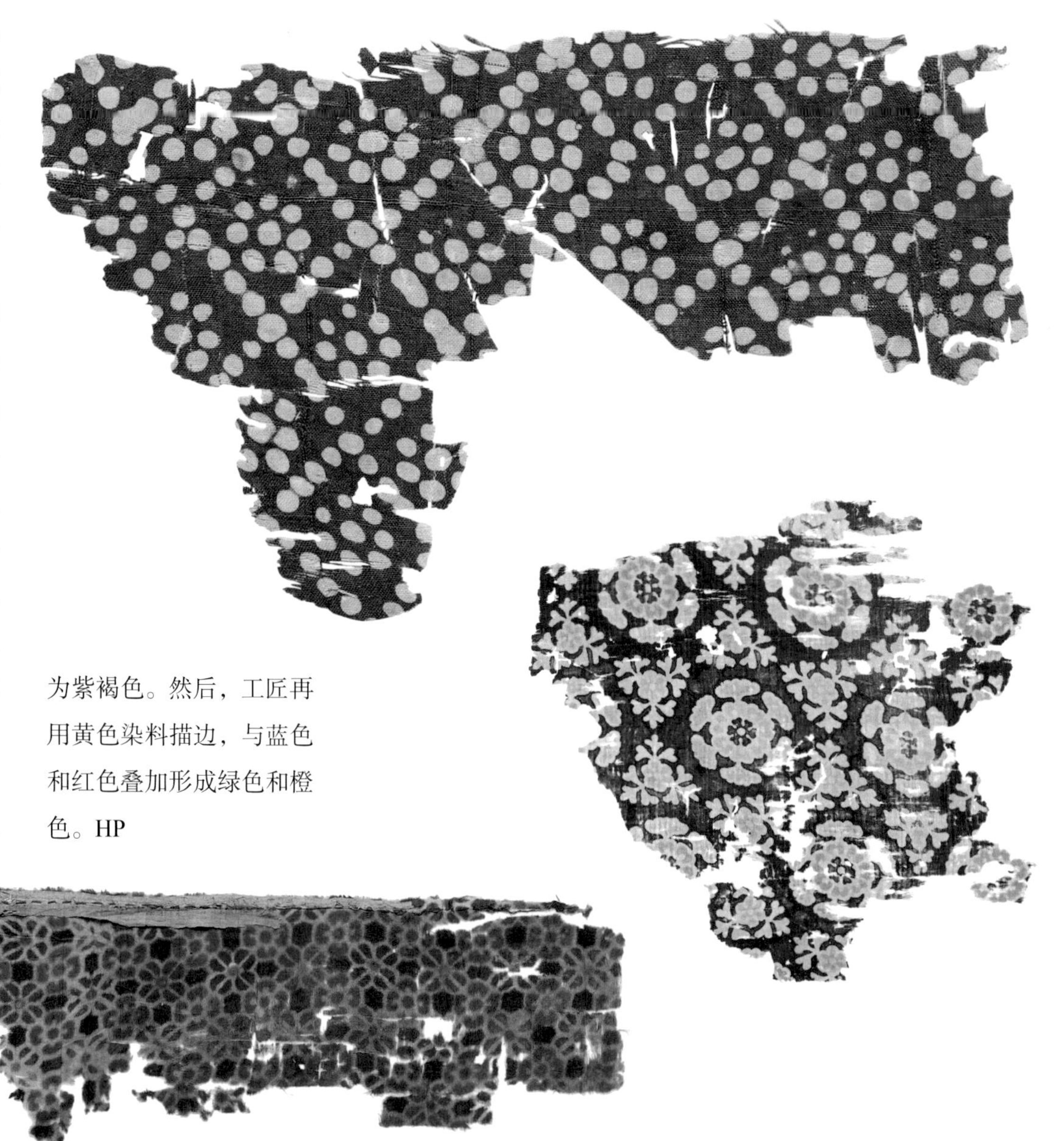

图 376（上）、图 377（右中）、图 378（左中）和图 379（下）

夹缬平纹绸残片

图 376 可能来自中国阿斯塔纳，200—800

图 377 可能来自中国，800—1000

图 378 可能来自中国，750—900

图 379 可能来自中国，700—800

由印度政府和印度考古调查局借出

V&A 博物馆藏品编号：LOAN:STEIN.302、LOAN:STEIN.546、LOAN:STEIN.591 和 LOAN:STEIN.544

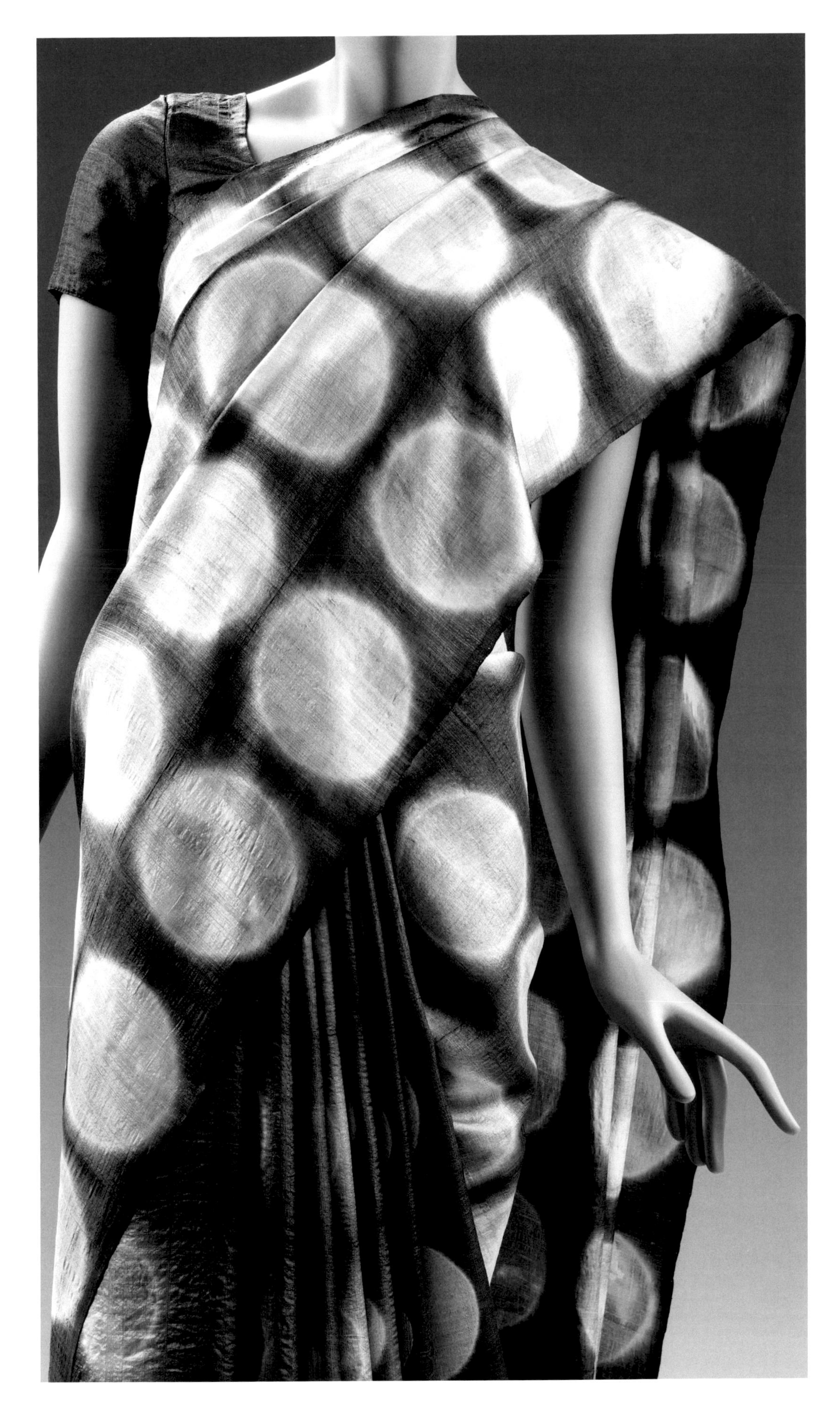

图380中的这件设计大胆的纱丽采用了夹缬工艺。设计师先一圈一圈地将面料染成灰色，然后再将面料叠成正方形，紧紧夹在成对的圆木盘之间，随后将面料浸入染缸中。由于染料无法入侵被圆木盘夹住的区域，因此未染色的区域呈现原来的灰色底色，像极了月球的颜色。夹缬工艺也使圆木盘周围形成了白色晕染状的光环，就像月球的光晕。DP

图380
"月亮"纱丽（细节图）
阿齐兹·卡特里和苏莱曼·卡特里设计
印度古吉拉特邦卡奇巴德利，2012
来自"非黑非白"品牌，平纹夹缬柞蚕丝纱丽
V&A博物馆藏品编号：IS.3-2015

居住在印度尼西亚的马来人和居住在柬埔寨的占族人都有使用扎染或手缝防染工艺（图 381 和图 382 展示了用该工艺染色的织物）的传统。这种工艺在他们的语言里叫作“plangi”，本意是彩虹，因为织物在印染后呈现鲜艳跳跃的颜色。FHP

图 381
平纹丝绸扎染纱笼（细节图）
印度尼西亚苏门答腊岛巨港，
1900—1985

由 L. 莱恩夫人捐赠
V&A 博物馆藏品编号：IS.45-1985

图 382

平纹扎染与手缝防染披肩（细节图）

柬埔寨，1900—1950

藏品或为头巾

V&A 博物馆藏品编号：IS.4-2001

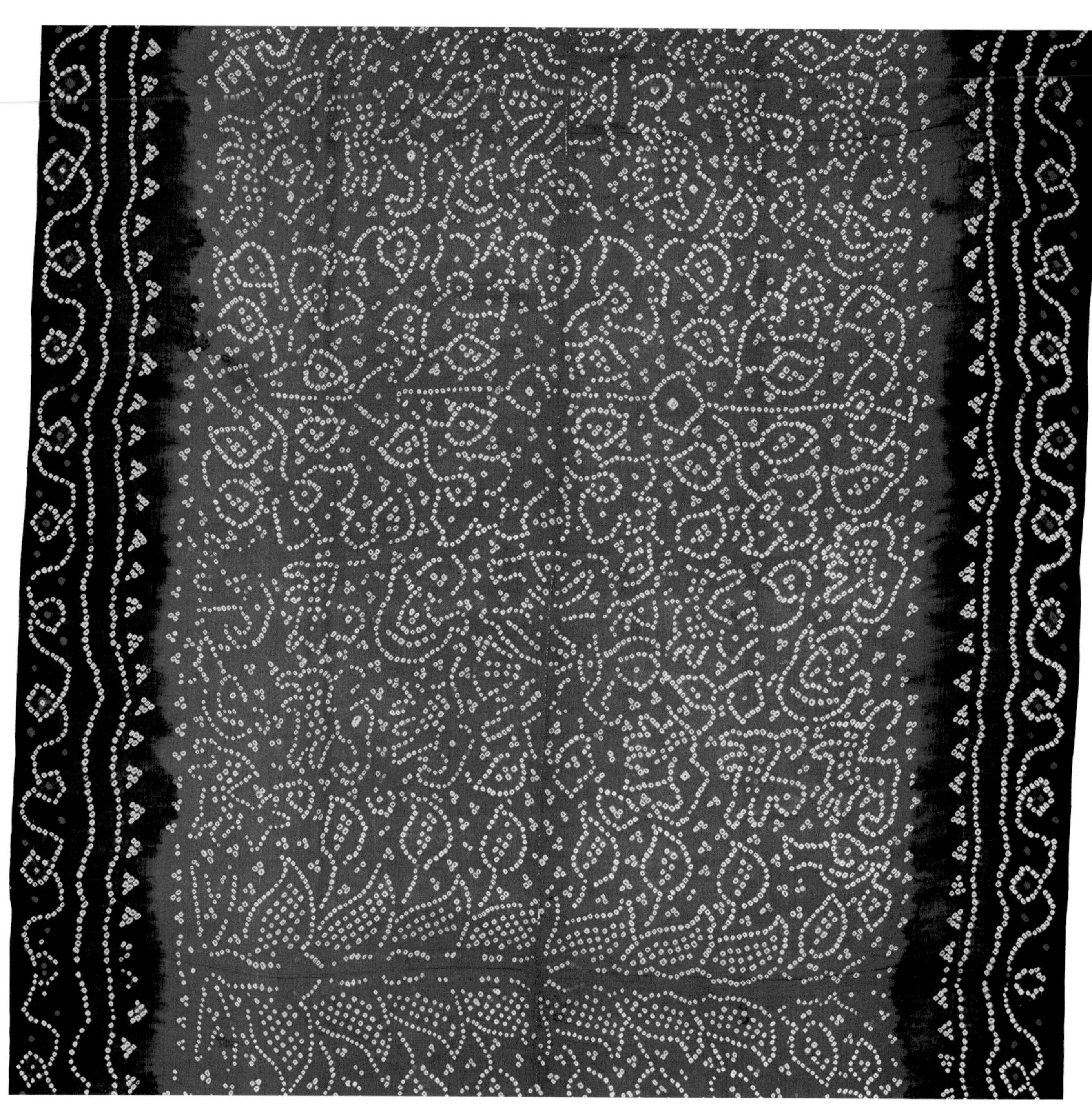

在印度古吉拉特邦，头巾、纱丽、帷幔等传统织物都是用本地织造的缎纹丝绸加工而成的，印度最好的扎染工艺也是用在缎纹丝绸上的。扎染后的图案为许多彩色的圆环，这是工匠通过捏起数千个小褶皱，将其捆紧，进行防染后形成的。通过扎染，图 383 中的头巾上呈现了聚满大象、老虎和小鸟的花园场景。最后，工匠将头巾的两边放入靛蓝染缸，就形成了深蓝色的两条边。一般来说，要想给如图 384 中这样大小的头巾染色，织物会被对折 1 ~ 3 次，以简化扎染过程。AF

图 383
扎染缎纹丝绸头巾（细节图）
印度古吉拉特邦贾姆讷格尔（可能），1870—1930

V&A 博物馆藏品编号：IS.142-1953

图 384（对页）
扎染缎纹丝绸头巾（细节图）
印度古吉拉特邦（可能），1900—1930

由 A. 轩尼诗先生捐赠
V&A 博物馆藏品编号：IS.6-1976

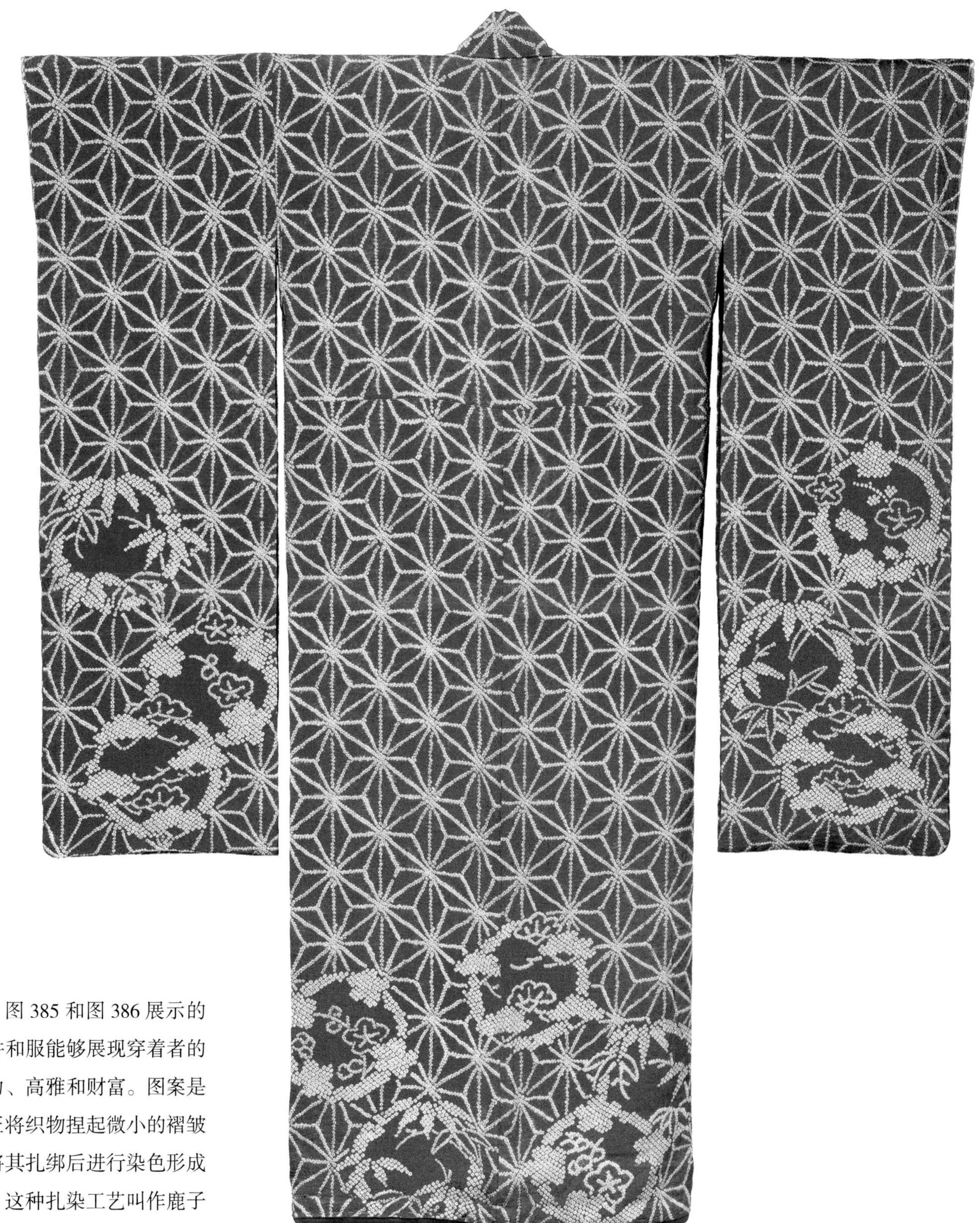

图 385 和图 386 展示的这件和服能够展现穿着者的魅力、高雅和财富。图案是工匠将织物捏起微小的褶皱并将其扎绑后进行染色形成的。这种扎染工艺叫作鹿子绞，是耗时且昂贵的扎染工艺。因此，一件布满鹿子绞图案的和服绝对是奢侈品。红色象征着青春和激情，这件和服是用昂贵的天然染料红花染成的。AJ

图 385（对页）和图 386
鹿子绞花纹缎面振袖和服
日本京都（可能），1800—1840
V&A 博物馆藏品编号：FE.32-1982

图 387 中的这件华丽的和服是一件女式婚服。它采用了鹿子绞，图案为折纸状的雌雄蝴蝶，象征着新人的琴瑟和鸣、举案齐眉。此外，这件和服还使用了富有光泽的无捻丝线和闪闪发光的金线进行刺绣装饰，使图案更显精致。AJ

图 387
鹿子绞缎面花嫁和服外套
日本京都（可能），1800—1850
有丝线与金线刺绣

V&A 博物馆藏品编号：FE.28-1984

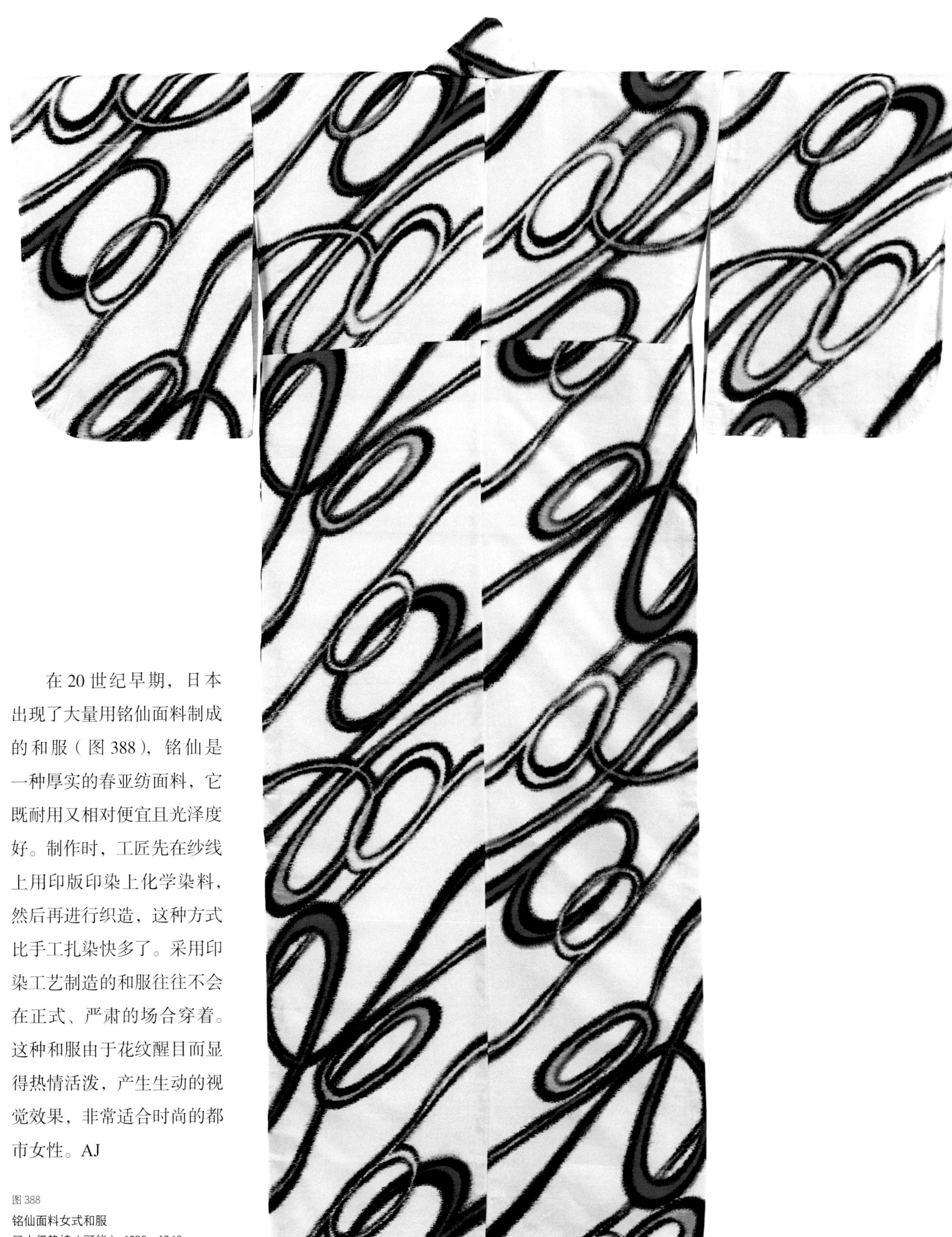

在20世纪早期，日本出现了大量用铭仙面料制成的和服（图388），铭仙是一种厚实的春亚纺面料，它既耐用又相对便宜且光泽度好。制作时，工匠先在纱线上用印版印染上化学染料，然后再进行织造，这种方式比手工扎染快多了。采用印染工艺制造的和服往往不会在正式、严肃的场合穿着。这种和服由于花纹醒目而显得热情活泼，产生生动的视觉效果，非常适合时尚的都市女性。AJ

图388
铭仙面料女式和服
日本伊势崎（可能），1920—1940
V&A博物馆藏品编号：FE.28-2014

在图 389 中这件柔软宽大的和服背面，花、叶仿佛攀附着网格生长，蜻蜓停留其上，如此复杂的花纹是用多种工艺来实现的。在染色前，面料通过聚拢、缝合等方式来防染。防染结束后，染色师古泽万千子再用水墨描绘花瓣，并加重和细化个别元素。AJ

由于贸易往来以及在爪哇居住的中国人的传播，丝绸传入爪哇并与印尼蜡染结合。爪哇人将设计优雅的丝绸披肩染成棕色或蓝色，并用传统的凤凰纹样进行装饰（图 390 中的图案）。这种披肩或在本地销售，或出口到巴厘岛和西苏门答腊岛。FPH

图 389
“万叶丛中”扎染手绘丝绸和服
古泽万千子绘
日本九州大分县，1992

V&A 博物馆藏品编号：FE.422:1-1992

图 390（对页）
防染平纹绸披肩（细节图）
印度尼西亚爪哇岛，约 1920

V&A 博物馆藏品编号：IS.28-1960

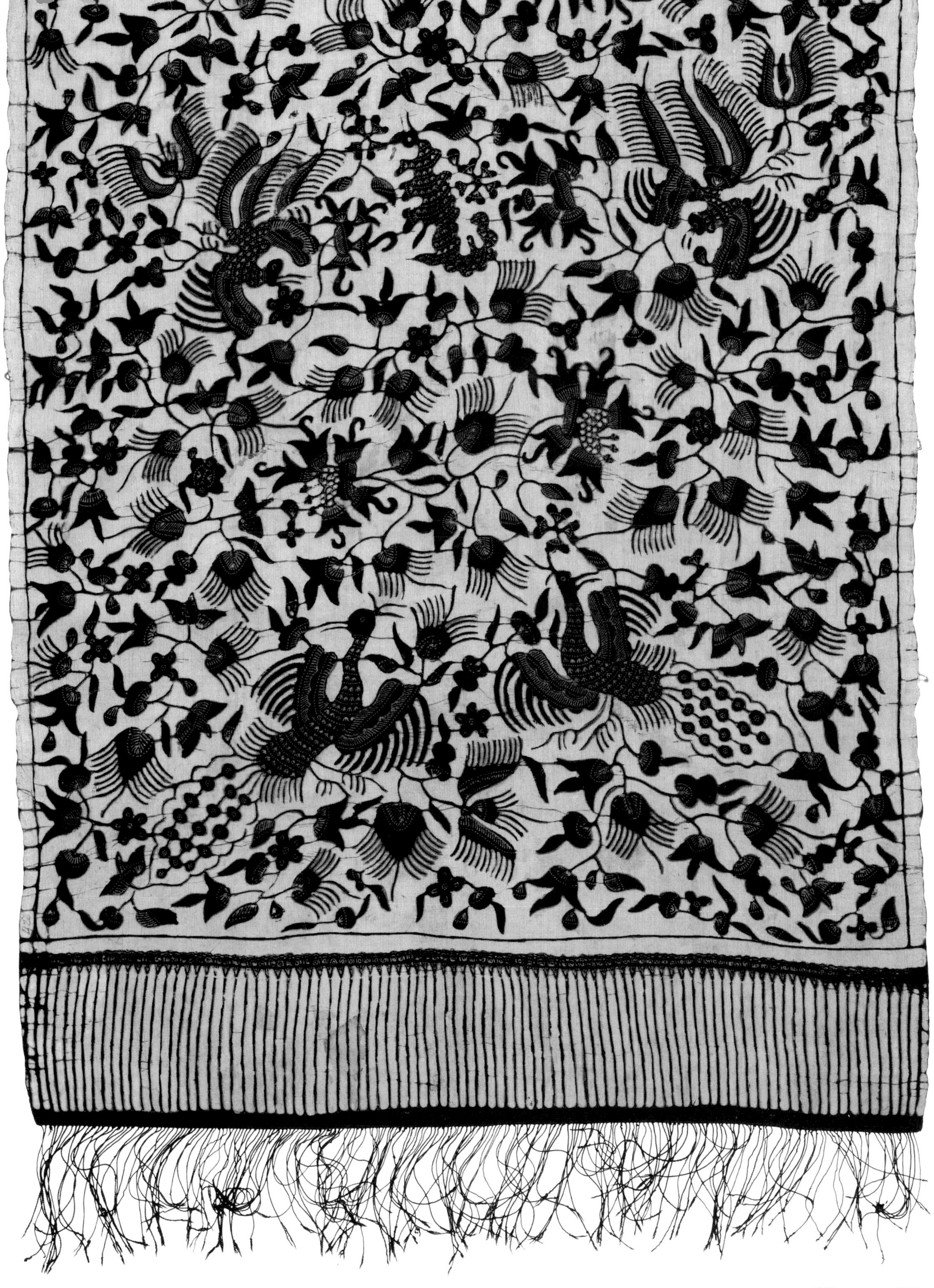

20世纪20年代，蜡染工艺在欧洲流行起来。英国设计师温妮弗莱德·肯尼迪·斯科特设计的披肩（图391）就采用了蜡染工艺。她巧妙地利用了蜡染过程中蜡层产生的裂纹，以呈现她想要的设计效果。EM

作为英国伦敦一家大型的零售商店，皮卡迪利大街的辛普森之家于1936年开业之初就充满新潮与摩登的气息。这家店在第二次世界大战期间为士兵供应制服，在经历了战后的资源紧缩后，开始迎合“摇摆的六十年代”的风潮。这些裤子（图392）充分体现了这一时代的特征，均用高档的面料制成，并且使用了非英国传统的染色工艺。CAJ

图391
防染双绉面料披肩（细节图）
温妮弗莱德·肯尼迪·斯科特设计
英国，1924—1926

由E.麦昆夫人捐赠
V&A博物馆藏品编号：T.114-1975

图392（对页右）
斜纹真丝扎染长裤（细节图）
戈登·戴顿设计
英国伦敦，1968
皮卡迪利街道的辛普森之家的商品

由戈登·戴顿本人捐赠
V&A博物馆藏品编号：T.881-2000

自1962年起，艺术家诺埃尔·戴伦福斯开始尝试用蜡染工艺进行艺术创作（图393）。他认为，战后时期自己在蜡染界声名鹊起的“部分原因是自己模糊了艺术与工艺的界线”。VB

图393
在航行中
诺埃尔·戴伦福斯设计
英国，1988
防染平纹丝绸作品

由艺术家本人捐赠
V&A博物馆藏品编号：T.90-1989

图 394
红型染绉纱中衣
日本冲绳首里，1800—1880

V&A 博物馆藏品编号：T.20 - 1963

红型染是日本冲绳的一种传统染色工艺，曾专门用于为琉球王国的统治者和贵族制作颜色鲜艳、明亮的印花服装。这片群岛位于日本列岛的西南部，在 1879 年之前一直是一个独立的王国。染料中鲜艳的颜色来自矿物，红型染虽然多用于给棉质服装染色，但也可用于给丝绸染色，图 394 展示的绉纱中衣就采用了红型染。AJ

图 395 所示和服的面料是罗，这是一种非常适合日本夏季潮湿气候的轻薄面料，其特点是平纹组织和网纱交替出现。在图中的和服上，水波纹产生了流动的视觉效果，给人清凉之感。图案是用一个沿着面料长边反复使用的大尺寸型版印制而成的。AJ

图 395（对页）
型染罗质夏季和服
日本，1910—1930

由萌株式会社捐赠
V&A 博物馆藏品编号：FE.146 - 2002

在20世纪早期，日本出现了一种将化学染料与防染米糊混合，通过型版直接给面料染色的新工艺。这项染色工艺名为型友禅，相比徒手绘图的友禅染，型友禅的速度快得多。图396中和服的面料就采用了型友禅染色，通过使用多种型版以及多次施加染料，呈现了鹤飞翔于自然风景中的画面。其他的小元素，如鹤的翅膀羽毛和羽冠，则采用刺绣工艺以进行突出。AJ

图396
型友禅平纹绸年轻女子和服（细节图）
日本京都（可能），1910—1930
有丝线与金线刺绣

由克里斯托贝尔·哈德卡斯尔小姐捐赠
V&A博物馆藏品编号：FE.233-1974

在图案和颜色方面，相比来自印度南部的扎经伊卡，来自印度瓦拉纳西的轻质平纹丝绸或丝棉扎经伊卡往往更低调和精巧。这类面料常用于制作女装，它的显著特点是有紧密排列的“之”字形图案。图 397（图 398 为细节图）中的这件睡裤还有丝带拉绳。AF

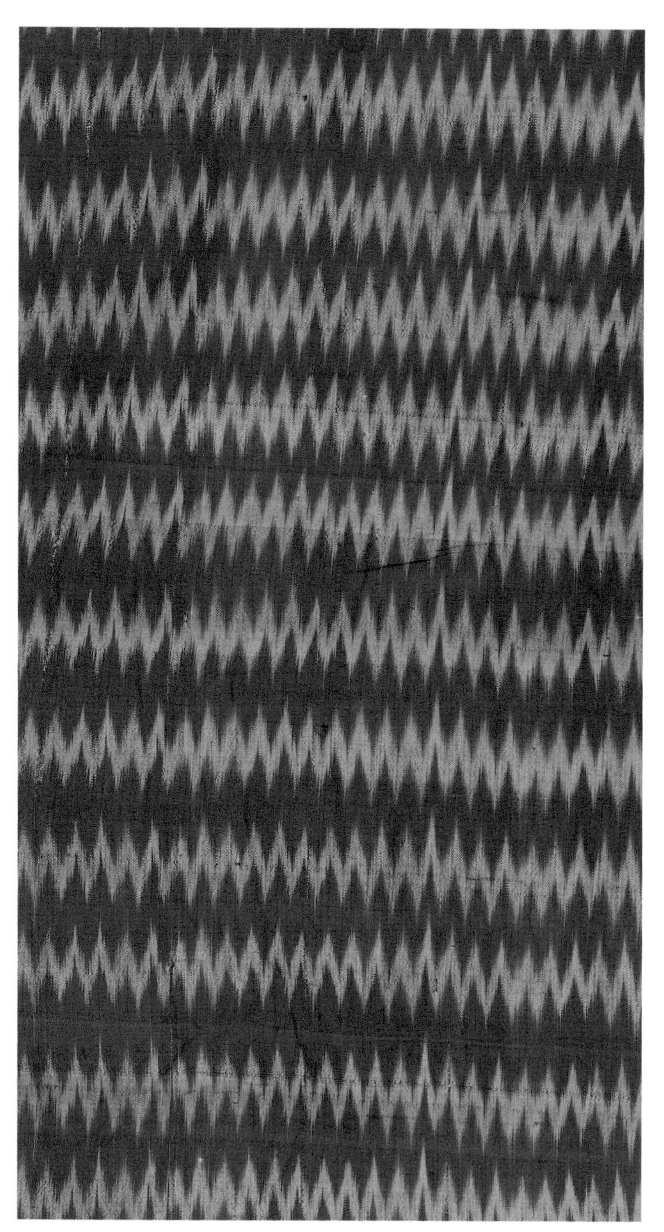

图 397（下）和图 398（右）
扎经伊卡防染平纹绸睡裤
面料来自印度北方邦瓦拉纳西（可能），
成衣制作于印度北部（可能），
1790—1850

V&A 博物馆藏品编号：IS.32-1995

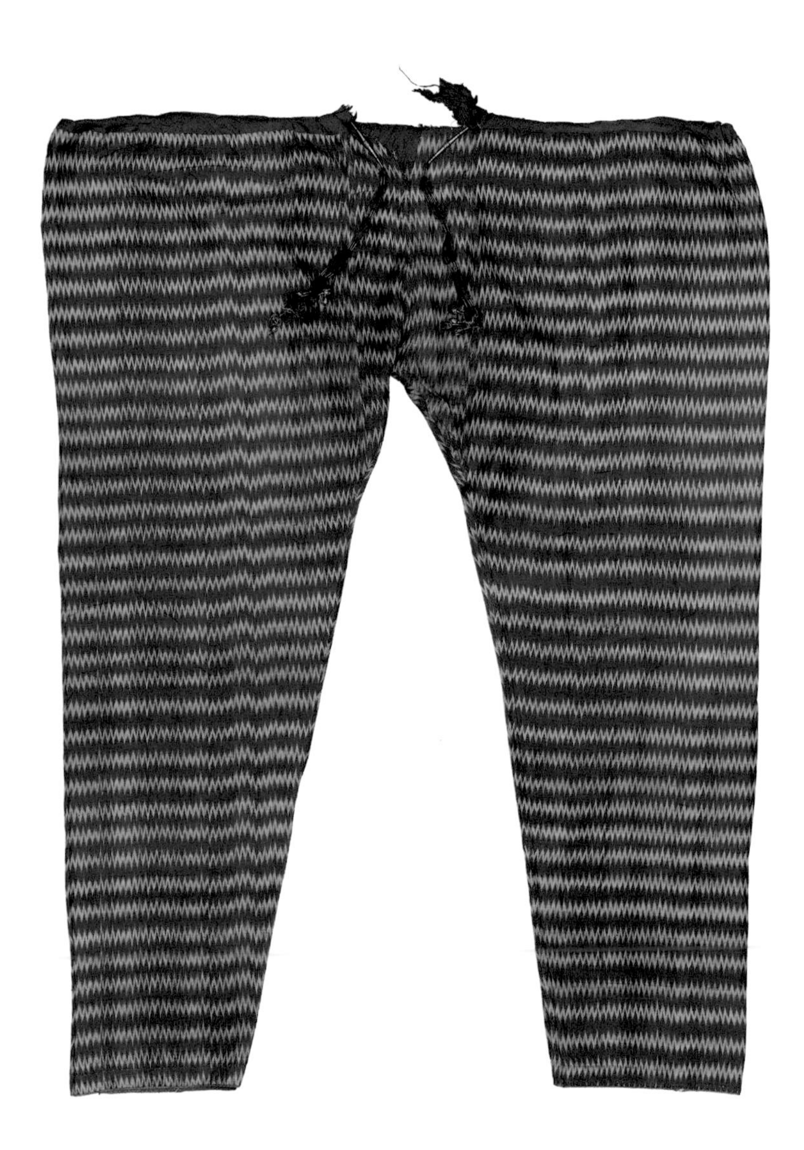

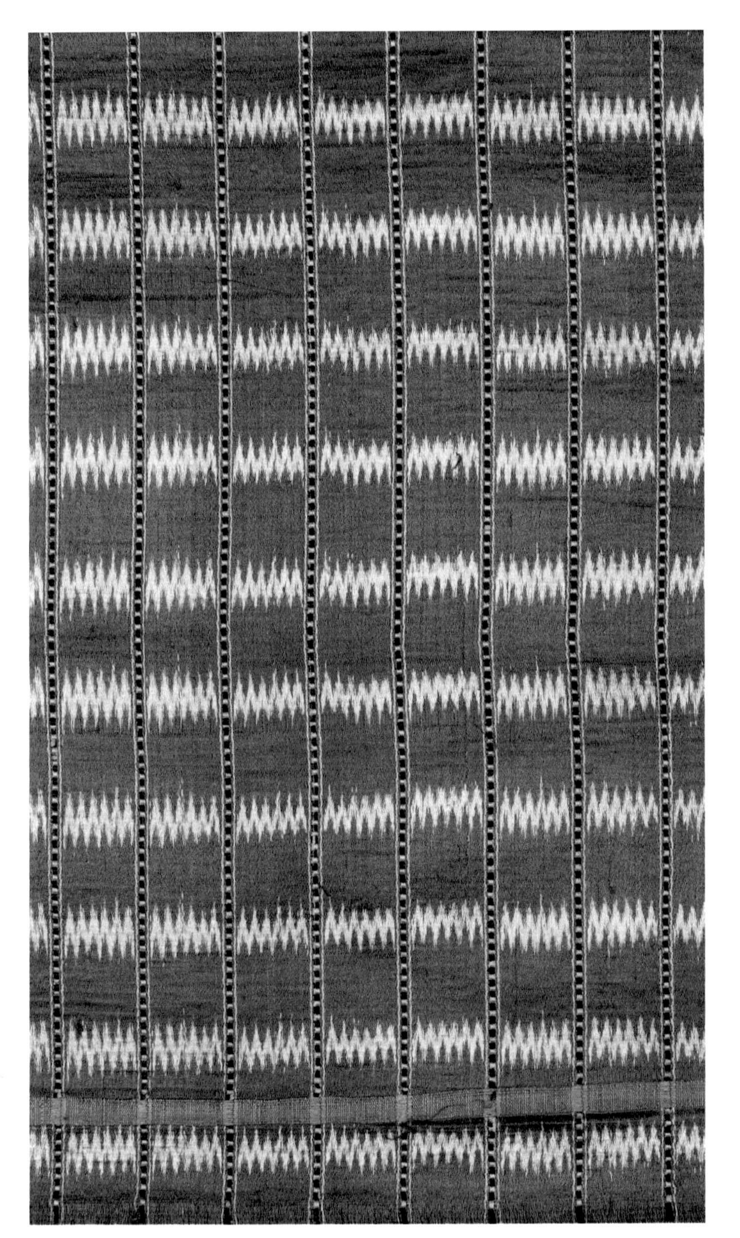

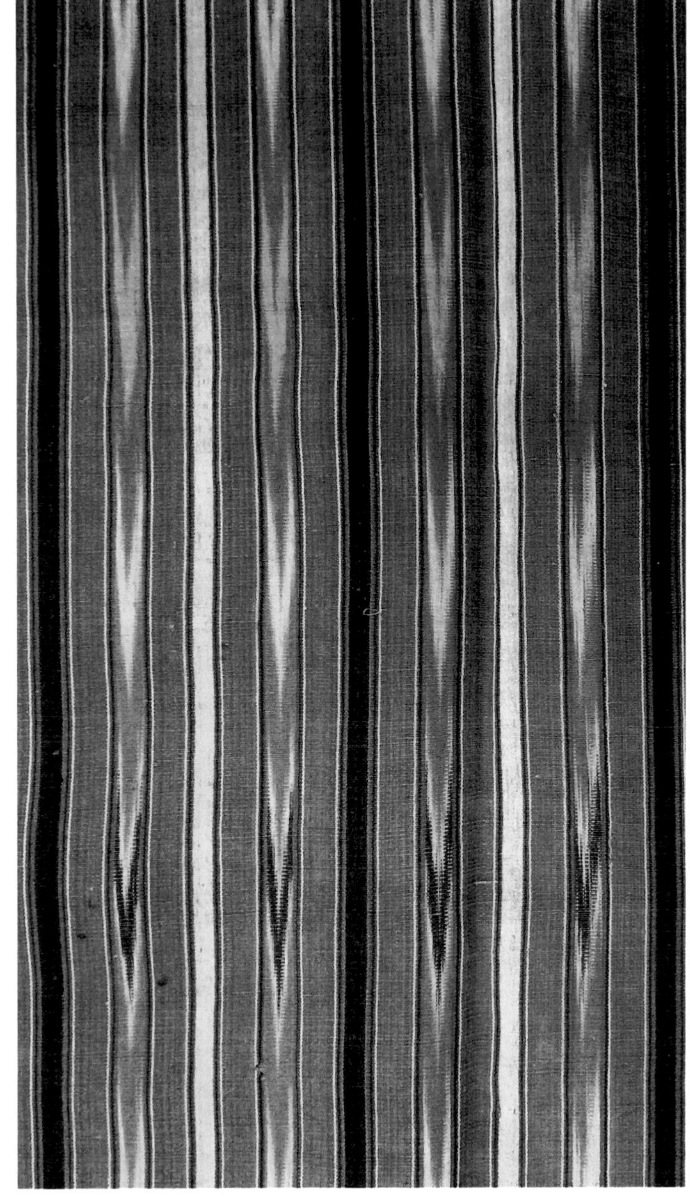

印度坦贾维尔市是著名的伊卡马什鲁（丝与棉花混纺织物，图 399）的生产中心。在织造前，工匠会有选择性地对经线进行预染色，并将经线在织机上交错排列，最终织出典型的“V”形图案。伊卡马什鲁主要用于制作装饰品及服装，特别是用于制作垫子、马鞍布的衬里，以及定制的睡裤和睡裙。AF

图 399（左）
伊卡马什鲁
印度泰米尔纳德邦坦贾维尔市，约 1855
经线是丝线，纬线是棉线

V&A 博物馆藏品编号：6982(IS)

在印度尼西亚的亚齐特区，贵族女性在正式场合会在裤子外围一块条纹丝绸包臀布。她们用这块包臀布遮住胯部，以遵守传统礼仪规范。制作这种包臀布时，经线会先进行防染，然后在织机上织出“V”形图案。图 400 就展示了一块典型的亚齐条纹丝绸包臀布。SFC

图 400（右）
扎经伊卡平纹丝绸包臀布（细节图）
印度尼西亚苏门答腊岛亚齐特区，
约 1900

V&A 博物馆藏品编号：IS.61-1961

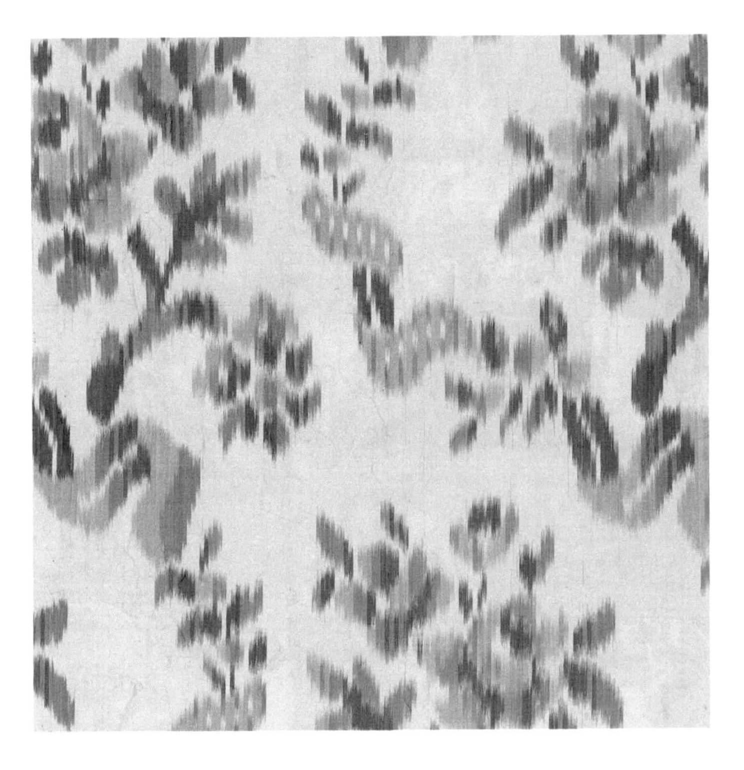

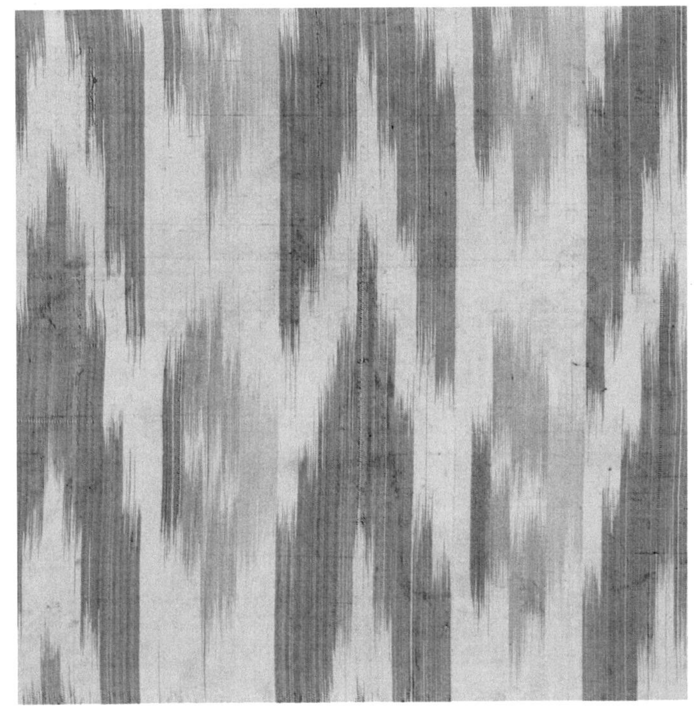

图 401 中展示了克里斯汀·迪奥设计的高级定制鸡尾酒礼服。在最初的设计中，迪奥原本打算采用没有花纹的、朴素的象牙白塔夫绸，但这件礼服的定制客户英国伦敦哈罗德百货公司新闻编辑兼时尚顾问劳里·牛顿·夏普希望这件礼服拥有更活泼的色彩和晕染风格，以搭配浅粉色丝绸外套。塔夫绸的硬挺与喇叭形廓形相得益彰。CKB

图 401（对页）
“蒙特卡洛”平纹丝绸鸡尾酒礼服
克里斯汀·迪奥设计
法国巴黎，1956 年春夏“箭头”系列
采用了经纬防染工艺

由劳里·牛顿·夏普夫人捐赠
V&A 博物馆藏品编号：T.216-1968

图 402（左上）
经纬防染平纹丝绸斗篷衬里（细节图）
法国，1760—1770

V&A 博物馆藏品编号：730H-1864

18 世纪，优雅轻盈的丝绸（图 402 ~ 403）在欧洲流行开来。这种丝绸特别适合用来制作女式夏装，在法国被称为“chinés”，在英国被称为“clouded”，后者指的就是上面的图案像云朵般朦胧。图案是借助类似于制作扎经伊卡的工艺实现的。这种丝绸通常很昂贵，因为染色的过程极其漫长且耗费精力。图案越复杂，价格就越高。最复杂的图案是在花朵图案之下还有条纹或格纹。SB

图 403（右上）
经纬防染缎面丝绸残片
意大利（可能），1750—1800

由西德尼·瓦赫捐赠
V&A 博物馆藏品编号：T.268-1921

图 404（右下）
经纬防染平纹丝绸衬裙（细节图）
法国，1760—1770

V&A 博物馆藏品编号：T.48-2018

19 世纪，布哈拉是中亚最大汗国的首都。当时，这座城市是伊卡的生产中心，伊卡常用于制作宫廷服装和“荣誉长袍”。天鹅绒伊卡（图 405）则是用伊卡工艺制造的最奢华、最昂贵的织物。

1865—1877 年，中国新疆的雅尔罕（今莎车县）是一个独立汗国的中心。一位名叫阿古柏的男子将其祖国的宫廷习俗介绍到这里，其中就包括用伊卡（图 406）制作宫廷礼服和荣誉长袍。TS

图 407 是一件背心的细节图。背心的边缘规整成型，胸口中间的晕染图案由装饰性布条和天鹅绒花卉组成，与两侧规整排列的天鹅绒条纹形成对比。因制作与设计的复杂性，在法国第一本丝绸设计手册（1765 年出版）和法国《百科全书》第 28 卷（巴黎，1772）中都有这件背心的插图和对其详细的描述。LEM

图 405（左）
天鹅绒经纬伊卡（细节图）
乌兹别克斯坦布哈拉（可能），1875 前

V&A 博物馆藏品编号：2145(IS)

图 406（右）
经纬伊卡平纹丝棉
中国新疆莎车县（可能），1866—1873

V&A 博物馆藏品编号：2110(IS)

图 407（对页）
天鹅绒背心（细节图）
法国（可能），1790—1800
采用经纬防染工艺

由 M. 西德威尔夫人捐赠
V&A 博物馆藏品编号：T.173-1966

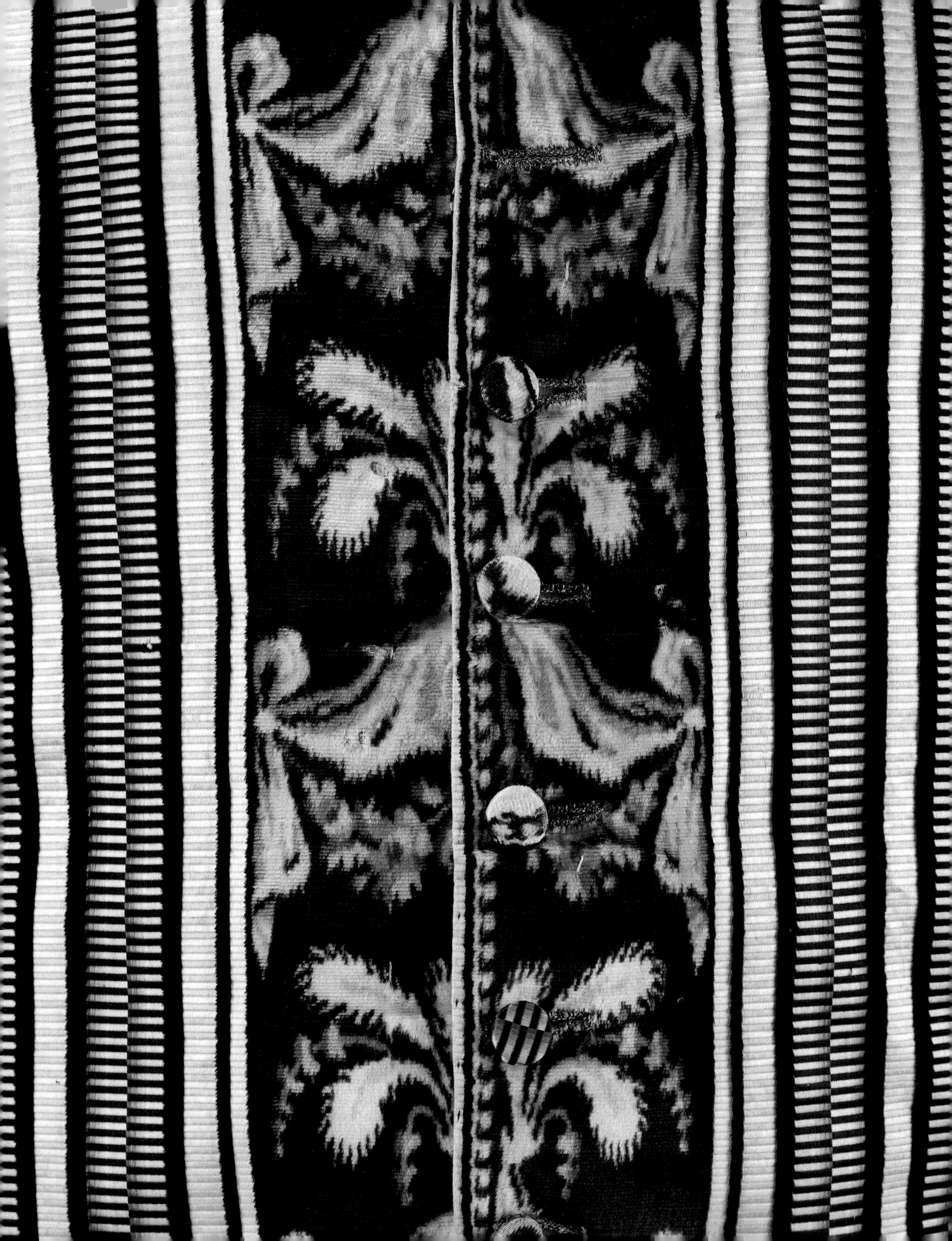

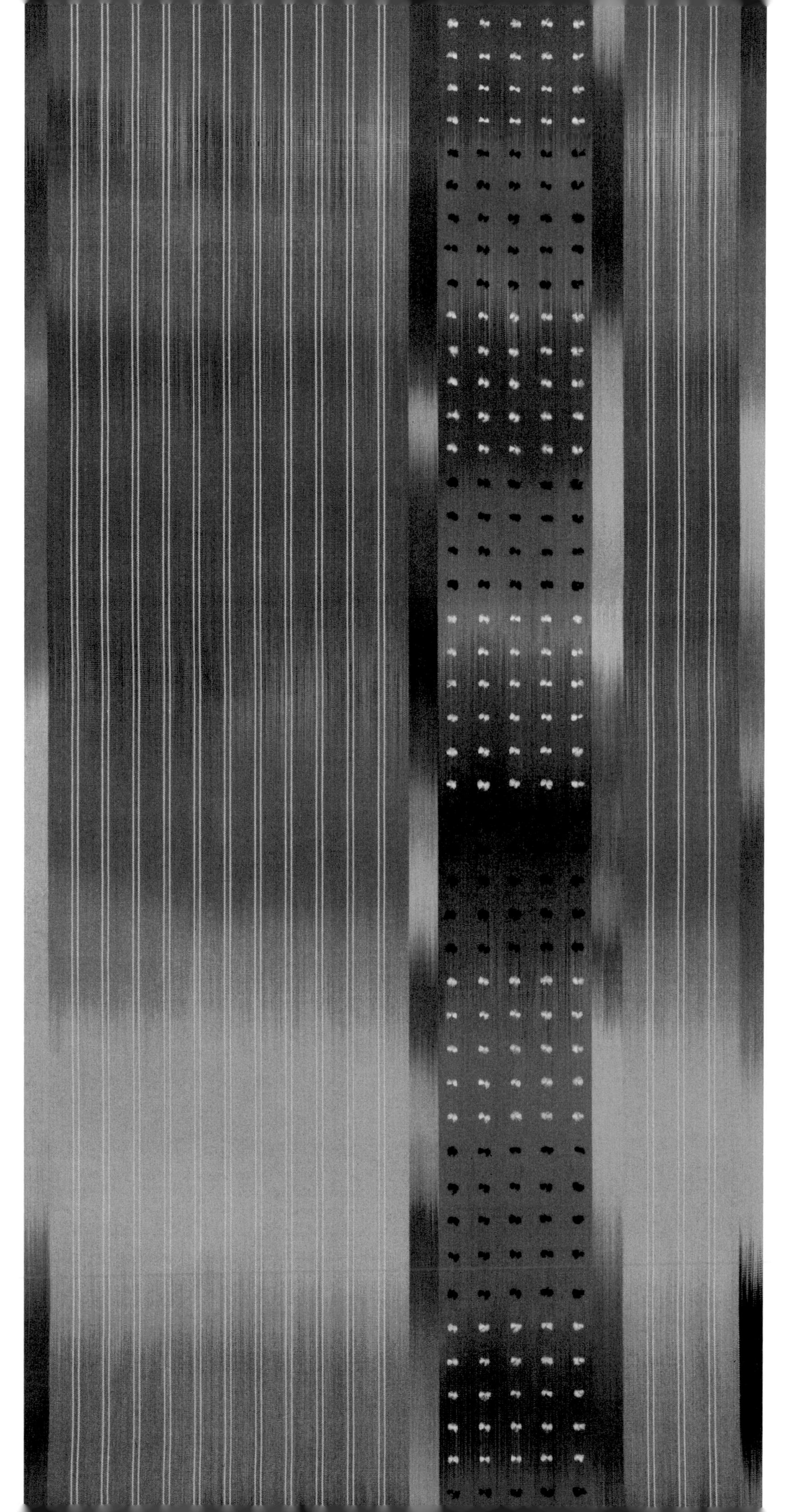

图 408 为英国艺术家、时尚设计师玛丽·雷斯蒂奥制作的伊卡壁毯。这件壁毯需要采用定制的染色纱线，并用手工织机纺织。她选择柞蚕丝作为原料是因其强度高且具有哑光的效果。VB

图 408
平纹柞蚕丝扎经伊卡壁毯
玛丽·雷斯蒂奥设计
英国，1980

V&A 博物馆藏品编号：T.432-1980

图 409 是一件引人注目的纱丽，上面醒目的抽象图案（图 410）是设计师和工匠合作的成果。印度南部的波尚帕利以扎经伊卡和织造业而闻名，这件纱丽是传统工艺和现代设计美学的完美结合。DP

图 409（下）和图 410（右）
平纹丝质扎经伊卡纱丽
希特什 · 拉瓦特和阿尼什 · 库马尔设计
杰拉 · 苏达卡尔织造
印度特伦甘纳邦波尚帕利，2011
来自品牌“Jiyo!”

V&A 博物馆藏品编号：IS.20-2012

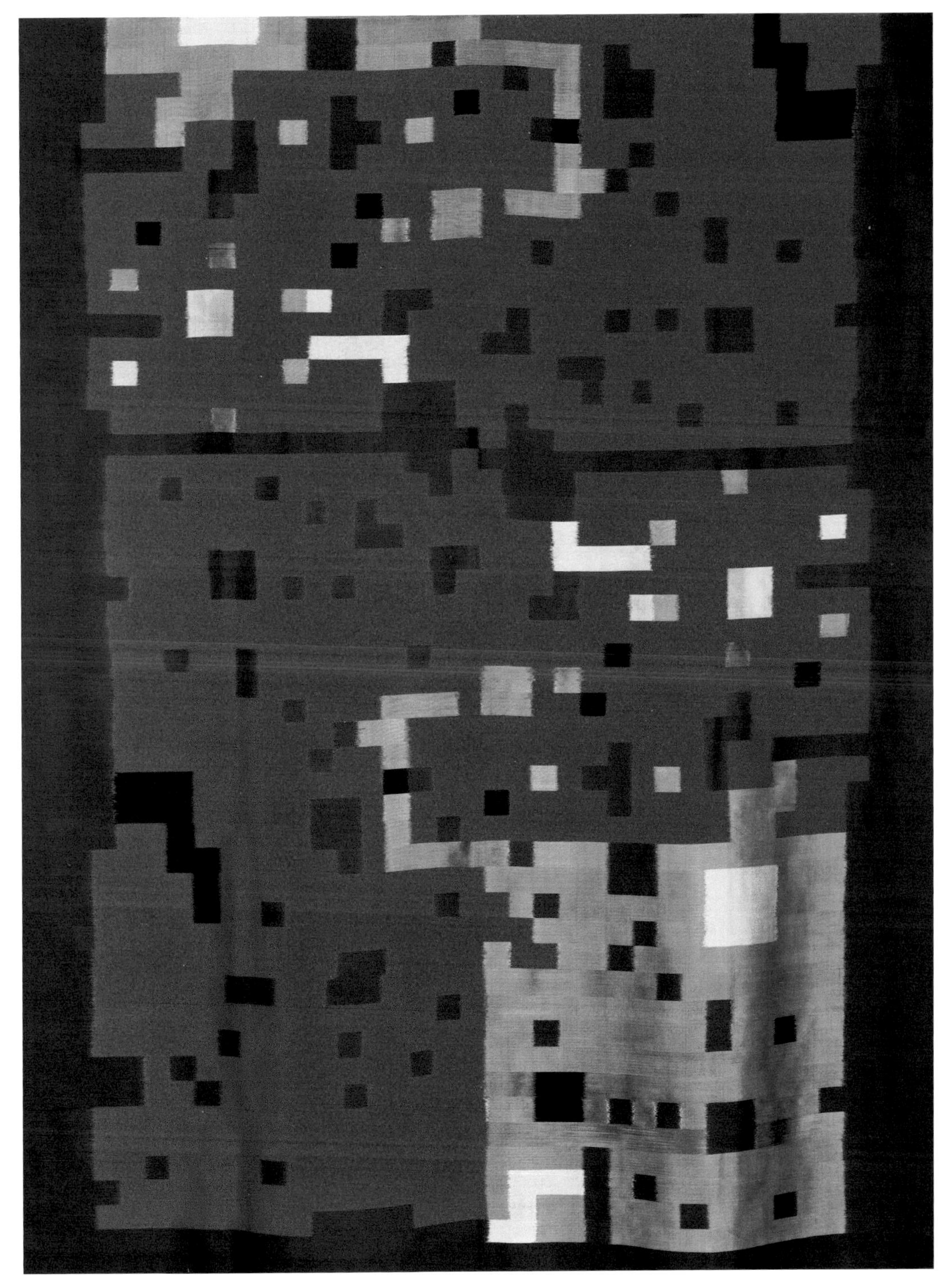

在印度，只有少数几个生产中心还保留了复杂的经纬伊卡工艺。最著名的要属印度古吉拉特邦的帕坦市，这里生产的经纬伊卡又叫作丝绸帕托拉（图 411）。制作丝绸帕托拉需要异常精巧的技术。在精心纺织前，经线和纬线都需要预先按照复杂的图案进行设计，再分别进行染色。AF

图 411
丝绸帕托拉纱丽（细节图）
印度古吉拉特邦帕坦城（可能），1900—1920

V&A 博物馆藏品编号：IS.189-1960

柬埔寨的寺庙内挂有用伊卡工艺制作的墙幔，这些墙幔上通常有佛教画像。图 412 中的墙幔描绘了佛陀的生平，反映出当地墙幔制作者精湛的染色和织造工艺。斜纹织法提高了面料表面的光泽度。FHP

图 412（对页）
斜纹伊卡寺庙墙幔（细节图）
柬埔寨，1900—1993

V&A 博物馆藏品编号：IS.205-1993

我们在前文了解到，用预先染色的纱线进行织造的工艺在日本被称为“kasuri”，在日本，这种工艺通常应用于棉麻织物。然而，图 413 中这件平纹绸儿童和服用了这种工艺，丝绸使简单、柔和的条纹更有光泽感，产生灵动的效果。AJ

图 414 中的纱丽套装以职场服装为设计灵感，面料为全手工染色和织造的伊卡，由哥瓦尔丹工作室织造。这是一家以高质量手工艺而闻名的织造工作室。上装的图案为千鸟格，黑白的纬向千鸟格逐渐过渡到经向千鸟格，最后过渡到纯色。DP

图 413
平纹绸儿童和服
日本，1870—1910

V&A 博物馆藏品编号：FE.51-1982

图 414（对页）
经纬防染平纹丝绸纱丽套装
亚伯拉罕和塔科雷设计
哥瓦尔丹工作室织造
印度特伦甘纳邦普塔帕卡，2011

由设计师本人捐赠
V&A 博物馆藏品编号：IS.3-2013

印花

趴动的花束——郁金香、鸢尾、康乃馨、玫瑰和向日葵——让这件十字搭（图415）充满活泼欢快的感觉。用来制作这件十字搭的面料最初应该是为了一件女式丝质长袍礼服定制的。象牙白的锦缎采用了先雕版印花后手绘的工艺，图案鲜艳生动。这件十字搭可能制作于荷兰阿姆斯特丹，这座城市早在18世纪初就有专门从事在织物上印花的工匠。SB

图 415
锦缎十字搭（细节图）
荷兰阿姆斯特丹（可能），1730—1740
采用雕版印花和手绘

V&A 博物馆藏品编号：1582-1899

图 416 中的印花丝绸很有可能是托马斯·沃德尔于 1878 年在巴黎万国博览会上展出的产品。这件丝绸在印度织成，后于英国印花。托马斯·沃德尔非常喜欢生产印有植物图案的野蚕丝丝绸。此面料底色泛着天然的金色光泽，因此我们可以判断它应该制作于托马斯·沃德尔完善漂白工艺之前。HF

图 416
雕版印花平纹柞蚕丝丝绸
托马斯·沃德尔印花
英国斯塔福德郡利克，1878
面料来自印度

V&A 博物馆藏品编号：CIRC.502-1965

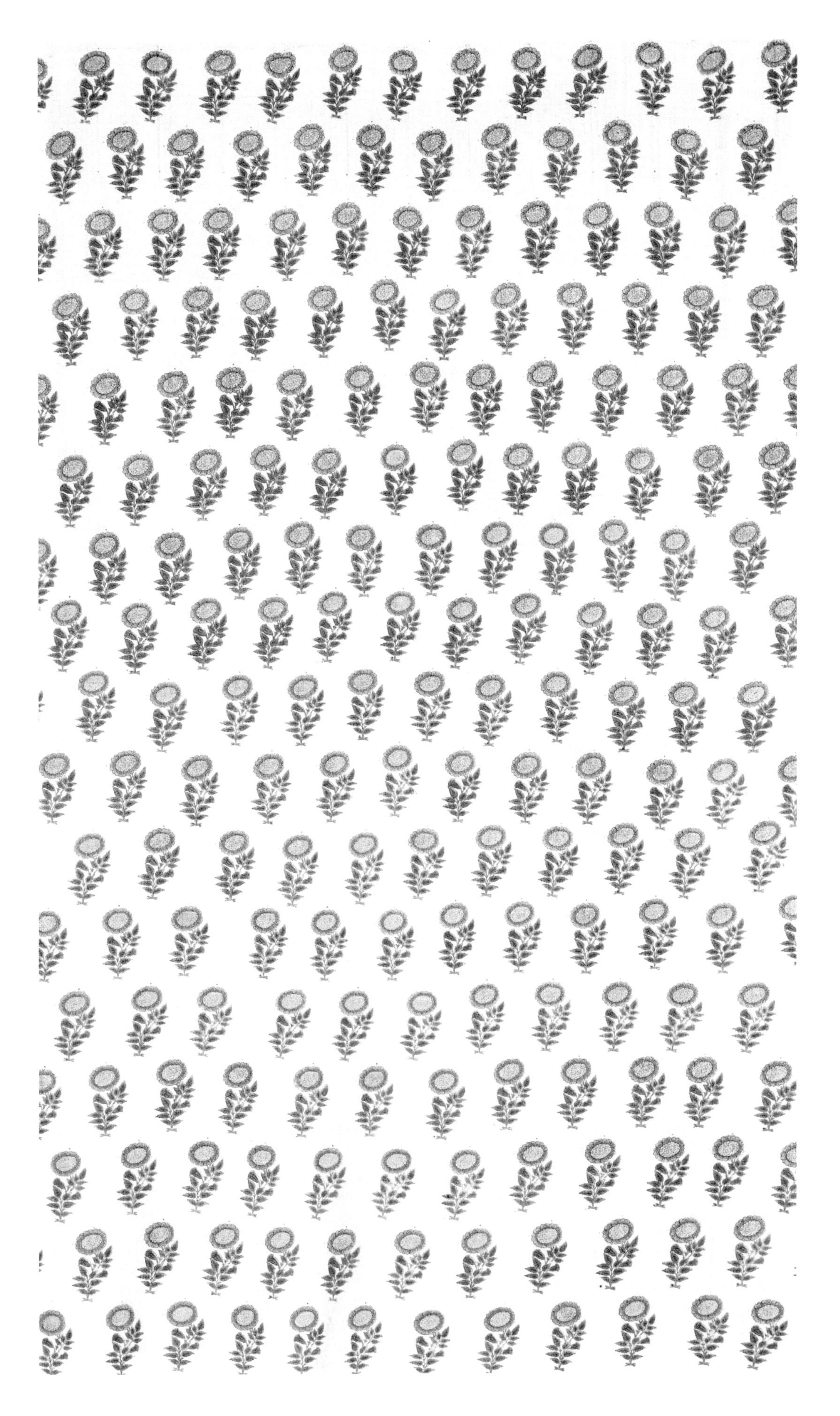

图 417 和图 418 中的丝绸头巾采用了相同的纺织工艺，但采用了不同的印染工艺。图 419 中头巾的面料来自中国（根据上面用于库存盘点的标记可知）。这块头巾制作时采用了木版印花工艺，其图案模仿了印度古吉拉特邦的扎染图案，这大大缩短了头巾进行印染的时间。图 420 中的头巾采用的印染工艺则耗时许多，工匠先用品红染料将丝绸染色，然后用雕版将蜡印在面料上以起到防染的作用，最后再用深靛蓝色染料给丝绸染色。AF/DP

图 417（对页）
雕版印花缎面丝绸头巾（细节图）
印度古吉拉特邦，约 1855

V&A 博物馆藏品编号：4903(IS)

图 418
防染印花缎面丝绸头巾（细节图）
印度古吉拉特邦索拉什特拉，1900—1940

由安·弗伦奇和琳达·希利尔捐赠
V&A 博物馆藏品编号：IS.5-2014

真丝雪纺是一种柔软、轻薄的织物，它由单纱以平纹开放式结构纺织而成。真丝雪纺轻盈、飘逸。这种质地非常适合用来制作披挂式的服装，如纱丽。在图 419 中，这件与众不同的纱丽上的图案实际上是通过丝网印刷工艺印上去的。DP

班丹纳是一种印花大手帕（也常用作头巾），最先出现于 17 世纪末的孟加拉。早期的班丹纳仅用低档丝绸制成，并常有扎染的点状花纹。在 19 世纪西方工业化印制的棉质班丹纳占领市场前，孟加拉已经向世界各地出口了数以百万计的丝质班丹纳。图 420 中的班丹纳反映了印度织造商试图与机器印花竞争，他们用雕版印花工艺来制作比以前的手工扎染更复杂的图案。AF

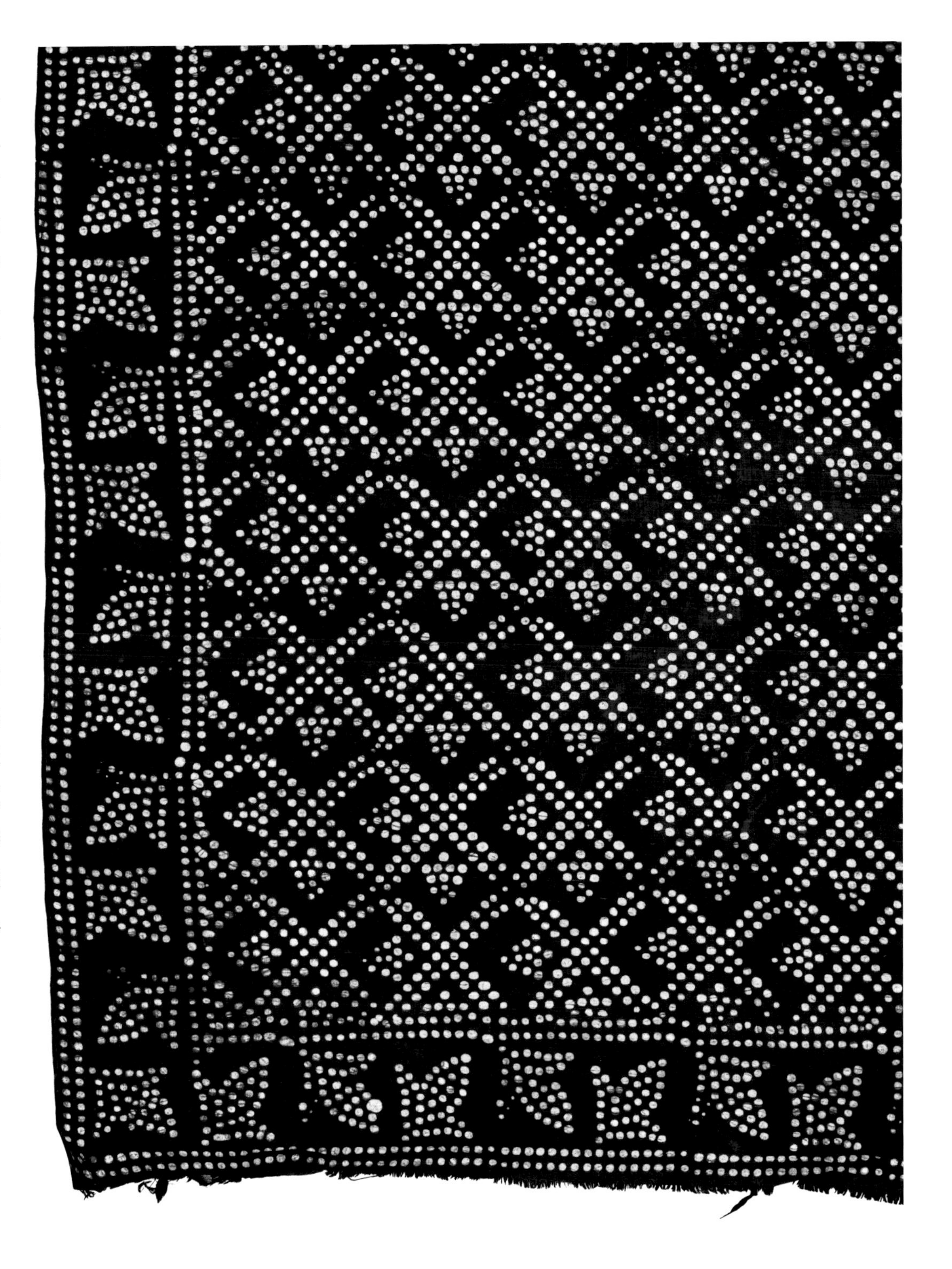

图 419（对页）
丝网印刷真丝雪纺纱丽（细节图）
欧洲（可能），约 1930
马尤拉 · 布朗夫人穿过

由穿着者本人捐赠
V&A 博物馆藏品编号：IS.49-1998

图 420
雕版印花平纹丝质班丹纳手帕
印度西孟加拉邦穆尔希达巴德，约 1867

V&A 博物馆藏品编号：4909 (IS)

艺术家兼设计师保罗·纳什一直对20世纪20—30年代英国的图案设计不屑一顾。他喜欢手工雕版印花工艺，也相信工业制造能生产出高质量的产品。本页中织物上的图案就是由纳什设计的，名为“樱桃园”。最初，他将这款图案授权给了一家名为“足迹”的纺织品生产公司，这家公司采用雕版印花工艺将图案印在双绉丝绸上（图421）。但是，纳什对成品的颜色和效果并不满意，于是将图案授权给了规模更大的克雷斯塔丝绸公司，这家公司从1932年起开始采用丝网印花工艺印制此图案。通过对比图421和图422，我们很容易就能看出工艺不同导致的印花效果差异。VB

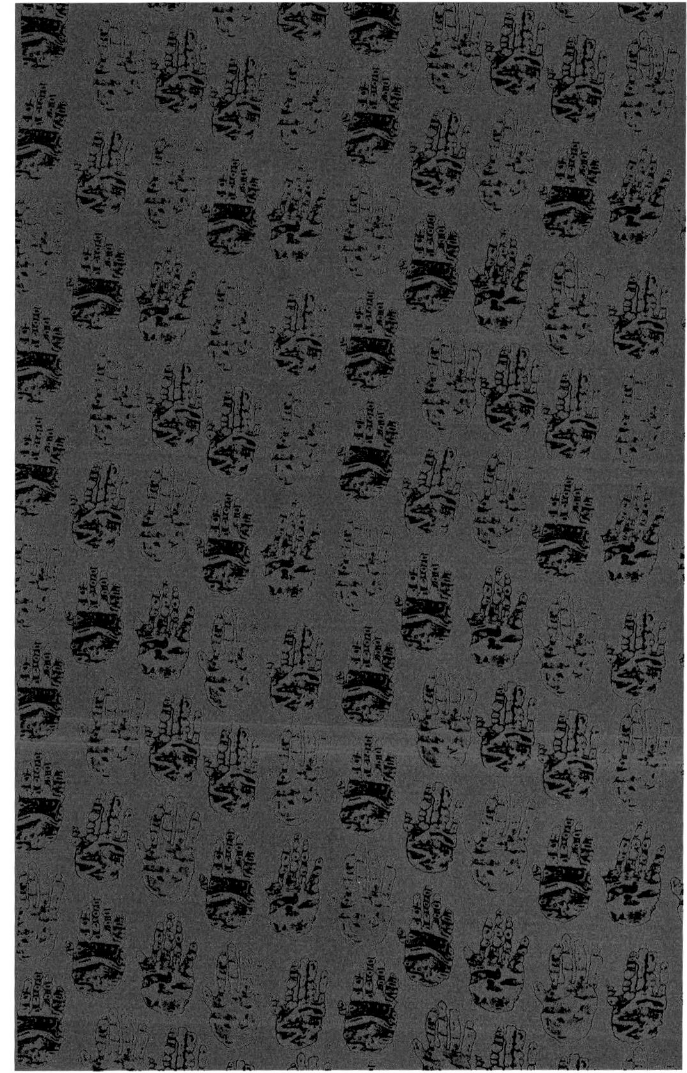

图 421（对页上）
雕版印花双绉丝绸上衣
保罗·纳什设计图案
足迹公司生产
英国，1925—1929

由瓦莱丽·门德斯捐赠
V&A 博物馆藏品编号：T.358-1990

图 422（对页下）
丝网印花双绉丝绸
保罗·纳什设计图案
克雷斯塔丝绸公司生产
英国，1932 后

由保罗·纳什信托机构捐赠
V&A 博物馆藏品编号：CIRC.465-1962

在与法国艺术家、时尚纺织品设计师劳尔·杜菲的交往中，亚历克·沃克经常受到启发。亚历克·沃克设计的如绘画般的图案通常基于康沃尔郡的风景。图 423 中的丝绸上印有 1930 年设计注册号，这个注册号可以保护图案不被其他纺织品生产商盗用。VB

图 424 中这件质地独特的纱丽是用生丝或杜皮奥尼生丝织造的，它由光滑细腻的经线与略微呈竹节状的纬线织造而成。这种不均匀的纬线是由两只蚕结成一个茧室，或它们在吐丝结茧时靠得太近形成的。在这件织物上，不规整性与雕版印花产生的粗糙效果相得益彰。DP

图 423（左）
雕版印花双绉面料
亚历克·沃克设计
克里斯德斯公司生产
英国康沃尔郡圣艾夫斯，1930

由英国曼彻斯特设计注册处捐赠
V&A 博物馆藏品编号：T.67-1979

图 424（右）
雕版印花平纹丝绸纱丽（细节图）
马萨巴·古普塔设计
印度马哈拉斯特拉邦孟，2012

V&A 博物馆藏品编号：IS.22-2012

图425是一个手提袋，它由英国的女性协会制作并售卖。该协会是英国第一个也是最有影响力的女性团体，主要在英国的伯明翰、西布罗米奇、沃尔索尔及其周边地区活动，目的是宣传废除黑人奴隶制度。19世纪20年代末，协会成员制作并售卖手提袋、针插和首饰，这些产品通常附有一张宣传废奴运动的卡片。在这一时期，女性在废奴运动中发挥越来越重要的作用。KH

图425（右）
铜版印花缎面丝绸手提袋
塞缪尔·莱恩斯设计
英国伯明翰，约1825

由福斯特夫人捐赠
V&A博物馆藏品编号：T.227-1966

图427（纽扣的右下）
钮扣的扣面，可被直接放在纽扣上

V&A博物馆藏品编号：1869-1899

在法国大革命（1789—1799）前后，法国制造商会生产有关时事的产品来迎合爱国主义者。图426中的纽扣（图427为纽扣的扣面）上印有18位法国大革命领袖的肖像，包括早期的大革命领袖米拉波伯爵奥诺雷-加布里埃尔·里克蒂、年轻的雅各宾派领袖路易斯·安托万·德圣茹斯特。SB/KH

图426（左）
铜版印花缎面丝绸纽扣（18枚中的8枚）
法国，约1790
装裱材料为玻璃与镀金金属

由C.W.戴森·佩林斯捐赠
V&A博物馆藏品编号：T.39-1948

19和20世纪之交，许多剧院会在节日或发生特殊事件时印制丝绸节目单。1891年7月8日，德意志帝国末代皇帝威廉二世携妻子参观了英国伦敦西区柯芬园的皇家意大利歌剧院。图428展示了歌剧院为表欢迎制作的丝绸节目单。与纸质节目单相比，丝绸节目单奢华且不易破损，因此很适合作为纪念品。CAJ

图428（对页）
铜版印刷缎纹丝绸节目单
伦敦立体摄影公司制作
英国，1891

V&A博物馆藏品编号：S.201-1981

By Command of Her Most Gracious Majesty The Queen.
IN HONOUR OF THE
STATE VISIT OF THEIR IMPERIAL MAJESTIES
The German Emperor & Empress,
TO THE
ROYAL ITALIAN OPERA,
on WEDNESDAY, 8TH JULY, 1891.
LOHENGRIN
PROGRAMME.
LOHENGRIN.
ACT I., WAGNER.
Elsa di Brabante ... ... MLLE. EAMES.
Ortruda ... ... MLLE. GIULIA RAVOGLI.
Federico di Telramondo ... ... M. TSCHERNOFF.
Enrico l'Uccellatore ... ... M. EDOUARD DE RESZKE.
L'Araldo del Re ... ... SIGNOR ABRAMOFF.
Lohengrin ... ... M. JEAN DE RESZKE.
CONDUCTOR, SIGNOR MANCINELLI.
ROMEO AND JULIET.
ACT IV., GOUNOD.
Juliette ... ... MLLE. MELBA.
Gertrude ... ... MLLE. BAUERMEISTER.
Frere Laurent ... ... M. EDOUARD DE RESZKE.
Capulet... ... ... SIGNOR FRANCHESCETTI.
Romeo ... ... M. JEAN DE RESZKE.
CONDUCTOR, SIGNOR MANCINELLI.
ORFEO.
ACT III., GLUCK.
Orfeo ... ... MLLE. GIULIA RAVOGLI.
L'Amore ... ... MLLE. BAUERMEISTER.
Euridice ... ... MLLE. SOFIA RAVOGLI.
CONDUCTOR, SIGNOR BEVIGNANI.
LES HUGUENOTS.
ACT IV., MEYERBEER.
Valentina ... ... MADAME ALBANI.
Conte di San Bris ... ... M. EDOUARD DE RESZKE.
Conte di Nevers ... ... M. FRANCESCHETTI.
Raoul di Nangis ... ... M. JEAN DE RESZKE.
CONDUCTOR, SIGNOR BEVIGNANI.
ROMÉO & JULIETTE
ORFEO
THEATRE ROYAL DRURY LANE
AND
ROYAL ITALIAN OPERA
COVENT GARDEN
UNDER · THE · DIRECTION
· OF ·
MR AUGUSTUS HARRIS.

图 429 中的围巾可能与英国女性社会政治联盟（图 430）有关。这个为妇女争取选票权的英国团体于 1908 年将紫、白、绿三色作为代表色。将强硬的口号印在柔软的丝绸上——这条围巾体现了女性社会政治联盟在争取女性选票时采用的特殊战术：将女权主义与女性气质相互融合。CAJ

图 429（右）
滚筒印花缎面丝绸纪念围巾
英国，约 1910

由 G. 布雷特捐赠
V&A 博物馆藏品编号：T.20 - 1946

图 430（下）
女性社会政治联盟成员在英国伯爵院展览中心前发表演说
英国，1908
黑白照片

现藏于英国伦敦博物馆

图 431（对页上）
坐卧两用沙发床
让 - 巴蒂斯特 · 蒂利亚德设计
法国巴黎，约 1750

由阿尔弗雷德 · 切斯特 · 比蒂爵士捐赠
V&A 博物馆藏品编号：W.5:1 - 1956

图 432（对页下）
“小步舞曲”丝网印花平纹沙发丝绸罩面
普莱尔制造厂生产
法国里昂，2014

由阿尔弗雷德 · 切斯特 · 比蒂爵士捐赠
V&A 博物馆藏品编号：W.5:2 - 1956

图 431 中沙发床的丝绸覆面（图 432）是按照 18 世纪的面料复刻而成的，非常适合这张沙发床的设计风格。覆面的图案模仿了 18 世纪中期法国女王钟爱的样式。按照传统做法，该覆面的经线应该进行手工预染色，但复刻版本直接采用了丝网印花工艺，在松散的织物上进行印花，然后抽除一些纬线，再使用素色的纬线与经线进行织造，从而产生云状的晕染效果。LEM

图433中这条来自利伯提百货公司的头巾上印着具有明显印度特色的布塔图案，这条头巾是向利伯提百货公司的早期产品致敬。1875年，阿瑟·莱森比·利伯提在伦敦创立了东印度之家，售卖从印度等东方国家进口并在英国染色的丝绸。CAJ

图 433
雕版印花真丝斜纹绫头巾
英国伦敦，1930—1940
利伯提百货公司零售商品

由玛丽·皮勒斯小姐捐赠
V&A 博物馆藏品编号：T.511-1974

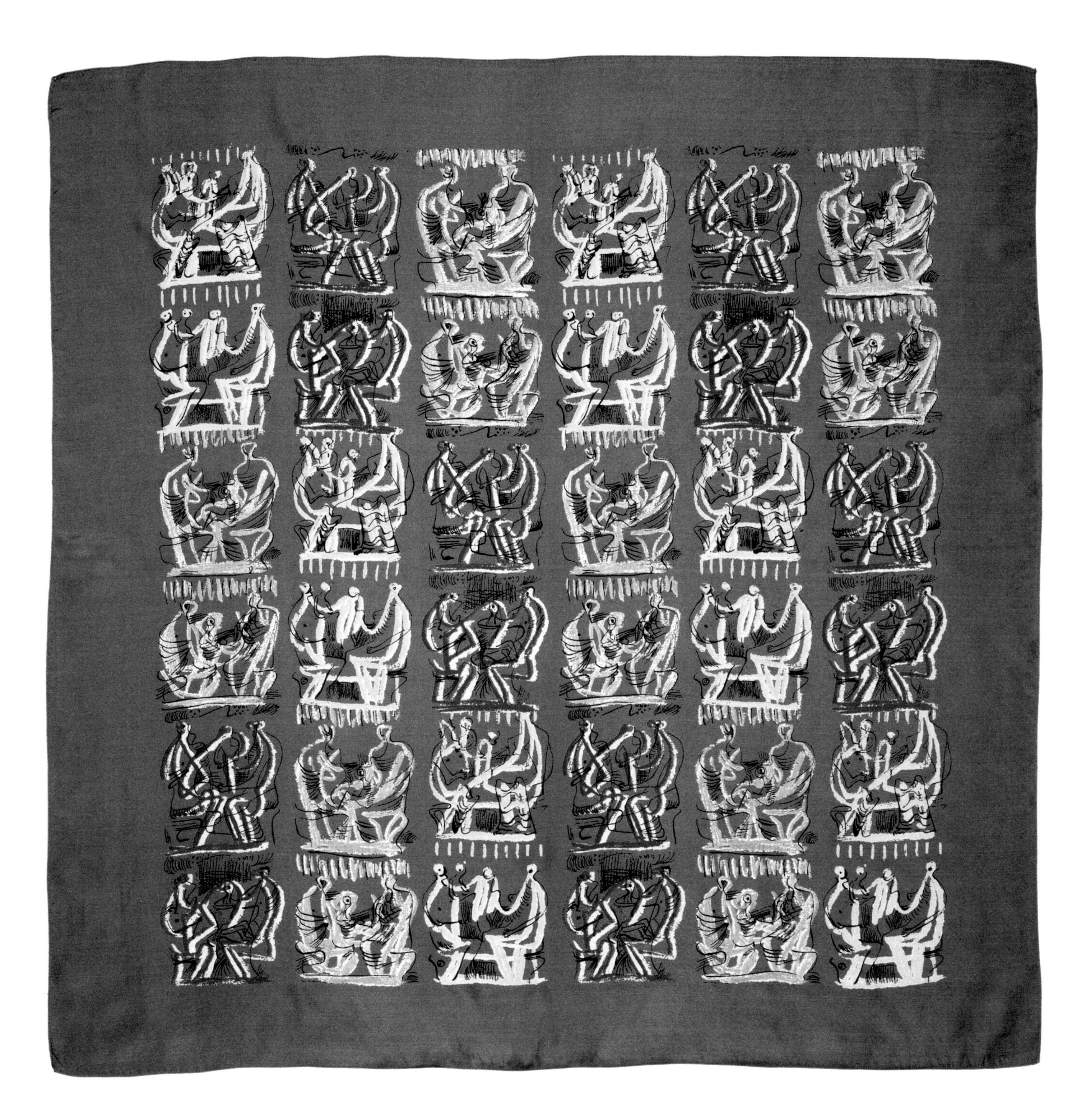

图 434
“合家欢”雕版印花真丝斜纹绸头巾
亨利·摩尔设计
英国伦敦阿舍尔有限公司生产
英国，1945—1946
V&A 博物馆藏品编号：CIRC.331-1961

在 20 世纪早期，欧洲纺织品生产商常委托著名的当代艺术家为其设计图案，图 434 ~ 436 中的丝巾展现了丝网印刷工艺能呈现的绘画般的效果。英国伦敦阿舍尔有限公司因其生产的丝巾兼具图案的艺术性与时尚感而备受欢迎。该公司有些设计款还是限量版的，一旦生产出指定数量（一般为 2 ~ 600 件）的产品，用于印刷图案的印版就会被销毁。CKB

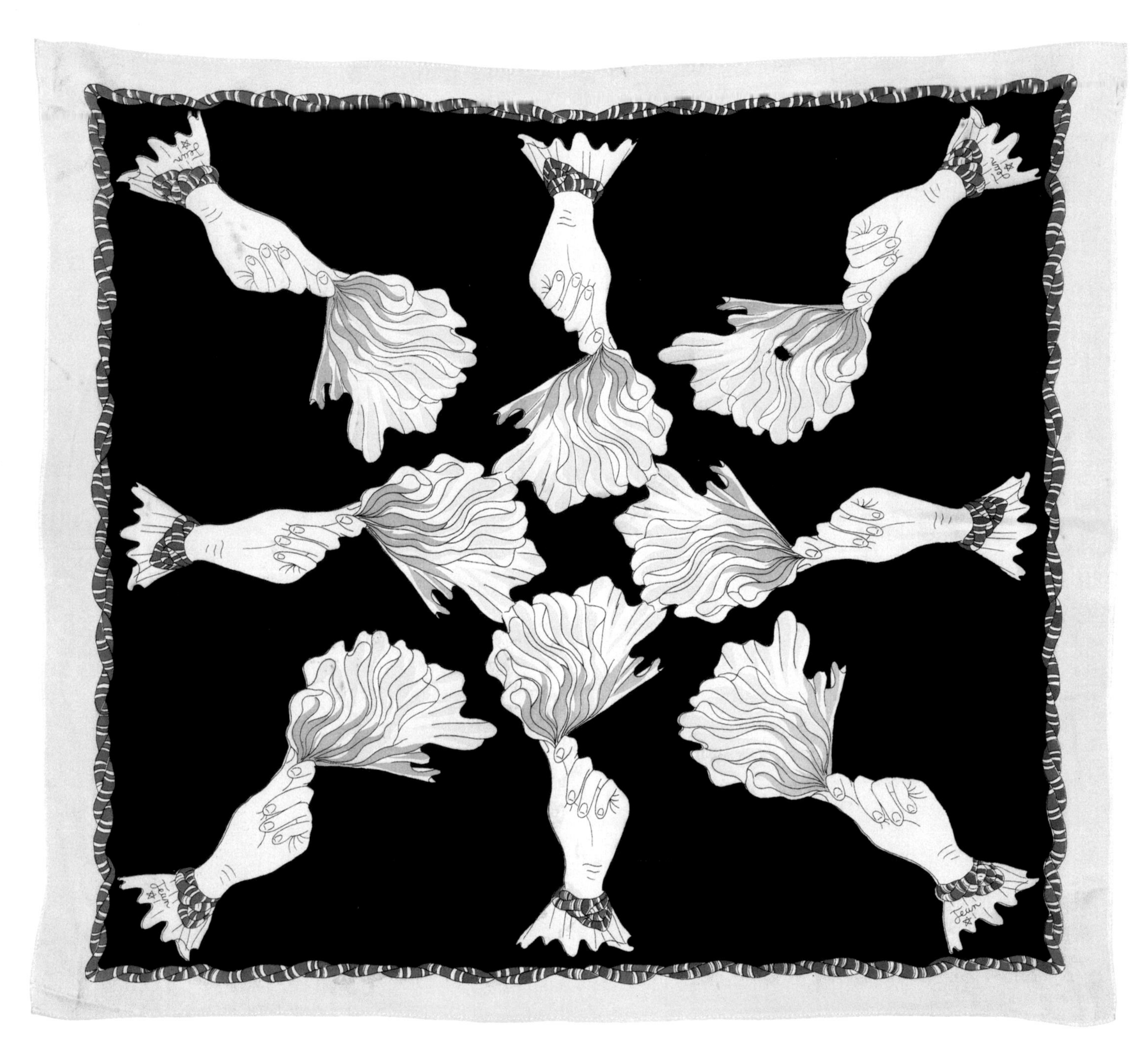

图 435
丝网印花平纹丝绸头巾
让 · 谷克多设计
法国，1937—1939

V&A 博物馆藏品编号：T.220-1979

图 436（对页）
丝网印花斜纹丝绸头巾
安德烈 · 德朗设计
英国伦敦阿舍尔有限公司生产
英国伦敦，1947

V&A 博物馆藏品编号：T.719-1997

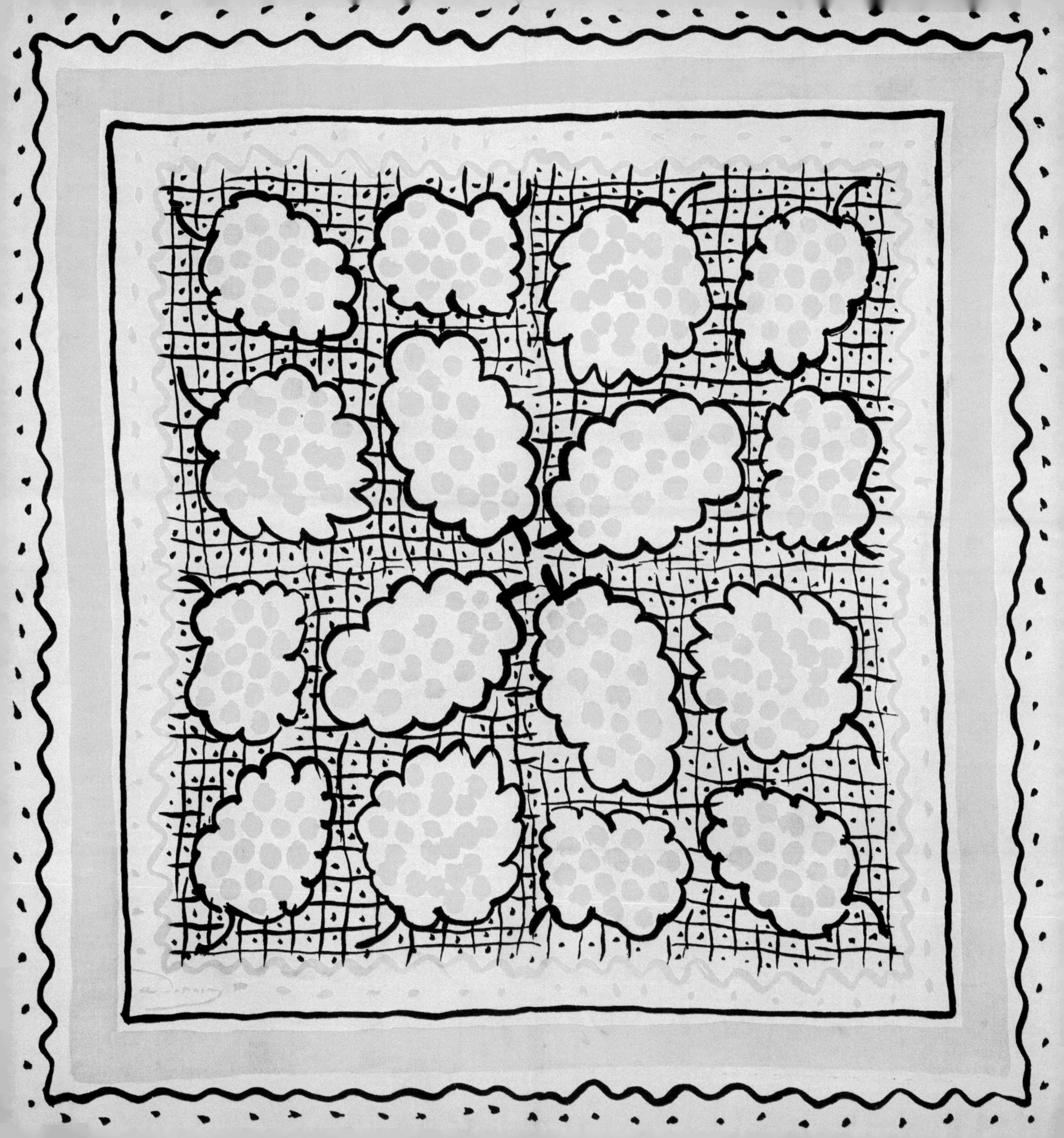

爱马仕于1837年在法国巴黎创立，原是一间鞍具工坊。到20世纪中叶，爱马仕已发展为以奢华配饰及皮具而闻名的奢侈品牌。其配饰包括与知名艺术家合作设计的丝巾，主题常常回溯让爱马仕发家的鞍具。瑞士艺术家让-路易斯·克莱克在20世纪50—60年代为爱马仕设计了10款丝巾，丝巾的图案多以穿着时髦的人群为主（图437）。

与爱马仕奢华的丝巾不同，图438中这条英国生产的头巾上印满了各种商品及其广告标语，包括酒精饮料、服装、吸尘器。这条丝巾展示了一家广告公司力求向没那么富裕的消费者呈现一个摆脱了战时紧张束缚与艰苦氛围的、令人兴奋的新世界。OC/JR

图438
丝网印花斜纹绸丝巾
为莱特尔广告公司设计
英国，1950—1960

由格雷塔·爱德华兹夫人捐赠
V&A博物馆藏品编号：T.384-1988

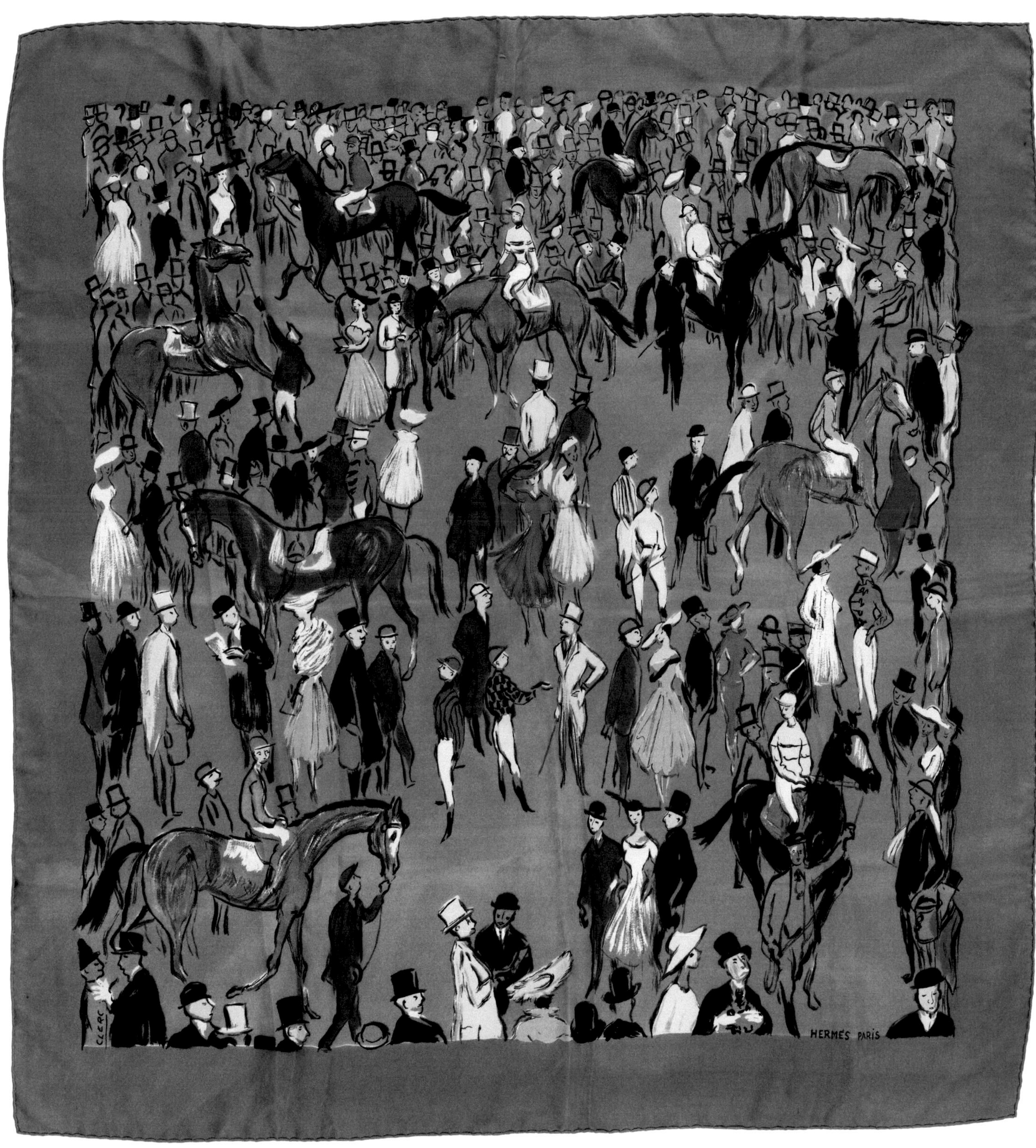

图 437

“赛马场”丝网印花斜纹绸丝巾

让-路易斯·克莱克设计

法国巴黎，1955

来自爱马仕

由罗斯玛丽·D. 哈蒙德捐赠

V&A 博物馆藏品编号：T.55-2016

因图案印迹看起来异常规整，图 439 中的纱丽可能采用了丝网印刷工艺，而非常见的雕版印花工艺。大面积的几何图案设计反映了 20 世纪 20 年代新兴的摩登审美，以及采用轻质丝绸的流行趋势。但是，与此同时，重工织造、有精致装饰的纱丽并没有没落，仍然占有一席之地。DP

英国街头服装品牌“红色与死亡”以其俏皮又具有颠覆性的印花而闻名。在图 440 的面料上，向日葵图案重印在未完全曝光的照片上，构成一幅杂乱的拼贴画。“红色与死亡”1994 年春夏系列的服装都使用了该面料，比较有特点的是一件用该面料制作的宽大的和服式外套。VB

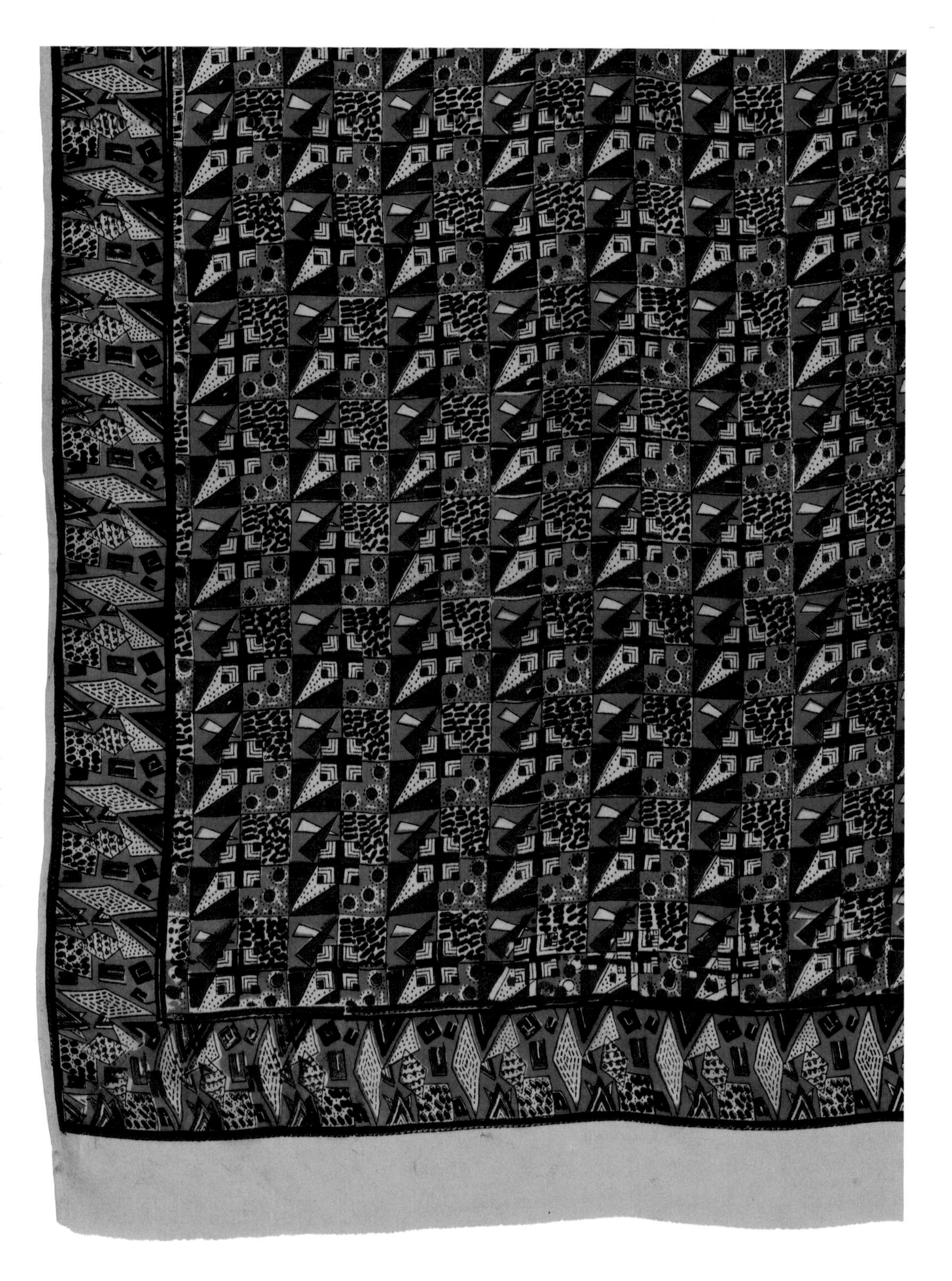

图 439
丝网印花平纹丝绸纱丽（细节图）
印度加尔各答，约 1930

由其拥有者马尤拉 · 布朗夫人捐赠
V&A 博物馆藏品编号：IS.46-1998

图 440（对页）
丝网印花丝绸缎面料（细节图）
加里 · 佩奇设计
英国伦敦，1994
来自“红色与死亡”品牌

由设计师本人捐赠
V&A 博物馆藏品编号：T.7-2007

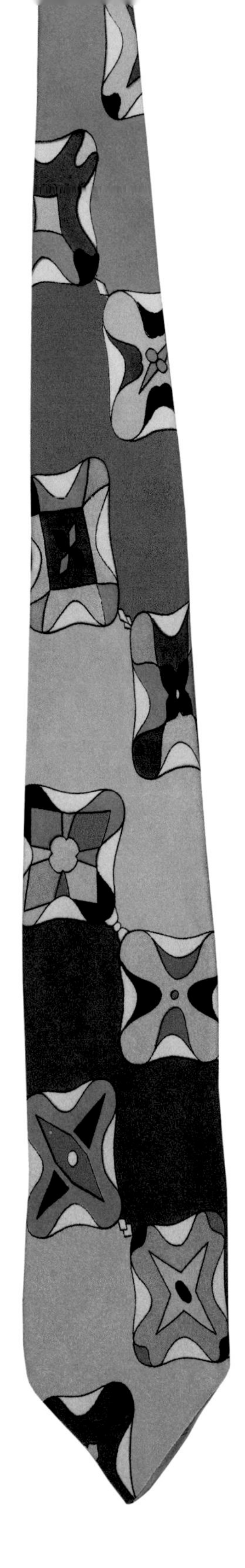

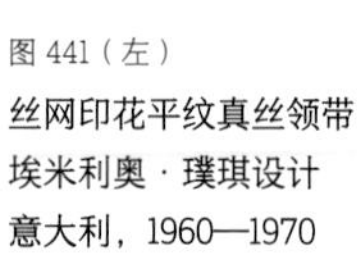

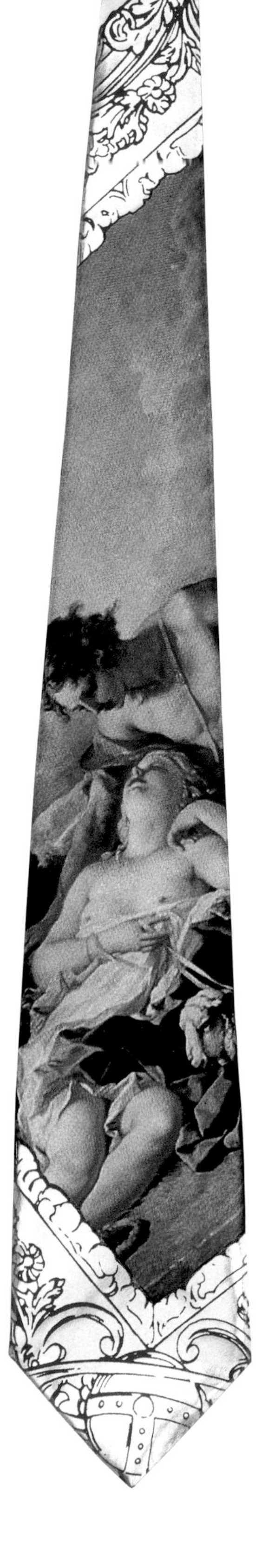

彩色印花领带往往可以突显个性。这些领带上的印花各有创意。埃米利奥·璞琪典型的万花筒式印花（图441）与克里斯汀·迪奥冷淡的条纹图案（图442）形成鲜明对比。而以借鉴艺术作品中形象而闻名的时装设计师薇薇安·韦斯特伍德则选择了法国艺术家弗朗索瓦·布歇1743年的油画作品《达芙妮和克洛伊》为印花主题（图443）。SS

图444中这件无袖晚礼服的抹胸处饰有一个夸张的韩国丹青彩绘风格的花卉图案，这是一种常施于韩国传统宫殿与寺庙的木质结构的彩绘艺术形式。丹青彩绘主要基于5种代表方向的颜色，即红色（南）、蓝色（东）、黄色（中）、白色（西）和黑色（北），象征着保护建筑在各个方向上免受邪灵的侵袭。RK

图444（对页）
丝网印花平纹丝绸抹胸晚礼服（细节图）
李相奉设计
韩国，2012春夏系列

由设计师本人捐赠
V&A博物馆藏品编号：FE.65-2012

图441（左）
丝网印花平纹真丝领带
埃米利奥·璞琪设计
意大利，1960—1970

由G.A.勃朗宁捐赠
V&A博物馆藏品编号：T.461-1985

图442（中）
丝网印花平纹真丝领带
克里斯汀·迪奥设计
法国，约1970
曾由英国批评家肯尼思·泰南穿戴

由大英图书馆手稿部捐赠
V&A博物馆藏品编号：T.532-1995

图443（右）
丝网印花平纹真丝领带
薇薇安·韦斯特伍德设计
英国伦敦，1991

由设计师本人捐赠
V&A博物馆藏品编号：T.24-1992

韩国的传统女式服装由一件短上衣（也被称为“赤古里”）与一条长裙组成。图 445 和图 446 中的短上衣设计参考了 18 世纪的服装版型，即窄袖短襟；而其现代风格则体现在生动鲜艳活泼的花卉印花上，这是与传统朴素单色的韩服短上衣不同的地方。RK

图 445（对页左）和图 446
“摩登女郎”丝网印花真丝欧根纱套装
金振英（音译）设计
韩国首尔，2009

由三星集团出资购买
V&A 博物馆藏品编号：FE.17:1-11-2015

出生于希腊的时装与面料设计师玛丽·卡特兰佐开创性地使用数码印刷技术将20世纪70年代时装摄影的风格化美学转移到时装穿着者的身体上（图447）。这种视觉效果是由横跨肩膀的建筑结构式设计产生的，它模仿了天花板与拱门的线条。腿两侧的纯色真丝雪纺则如轻薄的窗帘般倾泻而下，使穿着者的双腿仿佛被框在画中。RH

图448中这件和服上复杂的图案采用了数码印花工艺。明亮的蓝色与粉色、盛开的玫瑰、飞舞的蝴蝶、醒目的丝带……这些元素使人想到其穿着者应该是一位天真烂漫的年轻女性。然而，振袖上过大的天鹅以及前襟下侧的贝壳、奇怪的人物形象、伫立在黑白棋盘格纹上的童话城堡都令人略感不安，这些元素反映了设计师重宗玉绪对超现实主义的兴趣。AJ

图447
“庞氏庄园”纱罗晚礼服
玛丽·卡特兰佐设计
英国伦敦，2011
有真丝雪纺飘带，采用数码印花工艺

由设计师本人捐赠
V&A博物馆藏品编号：T.31:1-3-2015

图448（对页）
“订婚丝带”缎面丝绸和服
重宗玉绪设计
设计于日本东京，制作于日本京都，2016
采用数码印花工艺

V&A博物馆藏品编号：FE.43-2018

金和银

同许多和服面料一样，图 449 中的这件和服在制作时采用了多种不同的制作工艺，其中就包括贴金，即将金箔用浆糊粘贴在有花纹的绸缎上作为装饰。在日本，这种在黑色布上贴金箔并进行精致的刺绣与扎染的工艺，早在 17 世纪初就已经出现了。AJ

图 449
贴金锦缎和服面料残片
日本京都，1596—1615
有扎染丝线与金线刺绣

V&A 博物馆藏品编号：1588-1899

恩惠唐只是一种朝鲜族新娘发带，起源于朝鲜王朝皇室和贵族女性参加仪式所佩戴的发带。图 450 中的恩惠唐只上有用金箔印出的吉祥纹样。黄金往往代表着稳定、永恒和繁荣。RK/EL

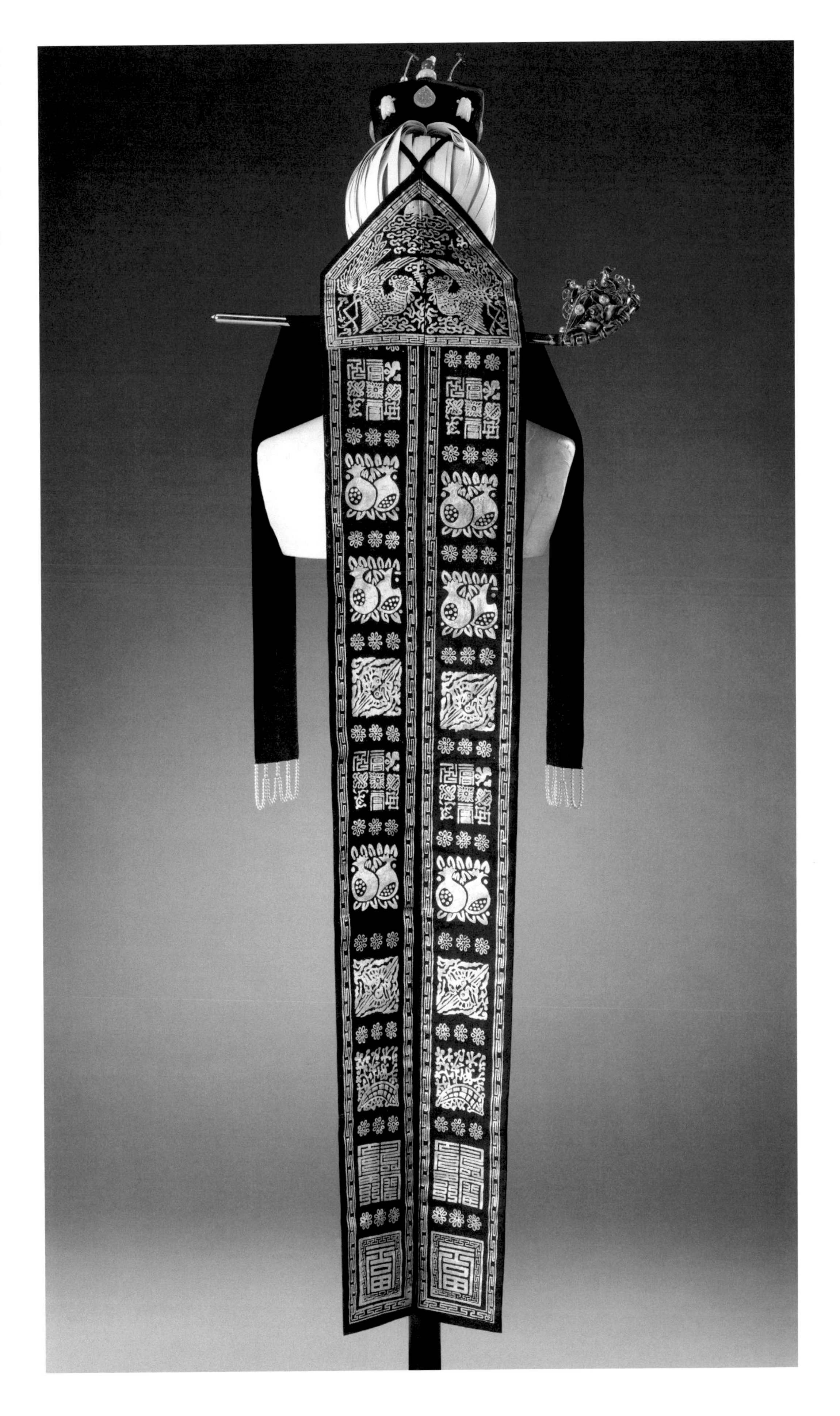

图 450
金箔印花真丝纱罗恩惠唐只
李英熙（音译）设计
韩国首尔，1992

由设计师本人捐赠
V&A 博物馆藏品编号：FE.431:6-1992

图 451 中这件半裙的裙摆非常大，面料为丝绸，而非更常见的平纹细布。裙摆周长有 68 米，加宽且贴了金箔和银箔的褶皱裙边使裙摆能均匀地垂落。这种风格的半裙在 19 世纪的印度拉贾斯坦邦很流行。AF

图 451（对页）
雕版印金平纹丝绸裙（细节图）
印度拉贾斯坦邦珀勒德布尔（可能），1855—1880

V&A 博物馆藏品编号：05846(IS)

纱笼的一大明显特征是裙边的宽带上绘有三角形图案（被称为 tumpal）。这种图案代表着竹笋，象征着生命力。图 452 中这件纱笼裙边的一头先用贝壳抛光，再用贴有金箔的木制雕版印制图案。图 453 中为用来印 tumpal 的雕版。SFC

图 452（上）
雕版印金平纹丝绸纱笼
马来西亚登嘉楼州，1924

V&A 博物馆藏品编号：IM.271-1924

图 453（下）
用于在纱笼裙边印花的雕版
马来西亚雪兰莪州，1920—1923

V&A 博物馆藏品编号：IM.66 to 68-1925

与马里亚诺·福图尼的许多其他作品一样，图 454 中的晚礼服外套的灵感源于历史，其设计又融合了各国的服装特点。天鹅绒的发展和使用在文艺复兴时期达到了全盛，图中晚礼服上的金叶图案模仿了纺织形成的图案效果，既有文艺复兴时期的特点，也像波斯图案风格。夹克的剪裁让人联想到土耳其长袍和日本和服。

CAJ

图 454
滚筒印金丝绒晚礼服（细节图）
马里亚诺·福图尼（可能）设计
意大利威尼斯，约 1920

由霍朗德夫人捐赠
V&A 博物馆藏品编号：T.424 - 1976

图 455 展示了一张遗存的帐篷内饰壁毯，我们能从中一瞥印度宫廷帐篷的奢华。这类帐篷往往会在旅途的站点之间或行军途中搭建起来。图中的应该是印度斋浦尔一位大君的帐篷内许多壁毯中的一件。AF

图 455
印金天鹅绒帐篷内饰壁毯
印度拉贾斯坦邦斋浦尔（可能），
1700—1800

V&A 博物馆藏品编号：IM.30 - 1936

图 456 和图 457 中的这件晚礼服有宽大的裙摆，绘上去的彩带和蝴蝶结环绕着裙摆。该图案采用金色颜料绘制。其设计师玛塞勒·肖蒙曾是珍妮·浪凡和玛德琳·维奥内特的巴黎时装屋的高级主管，在 1939—1953 年，她经营了自己的时装屋。OC

图 456 和图 457（对页）
手绘欧根纱晚礼服
玛塞勒·肖蒙设计
法国巴黎，1949
洛尔·吉尼斯夫人穿过

由穿着者本人捐赠
V&A 博物馆藏品编号：T.92 to B - 1974

染色师的秘密配方

染色师将他们的秘密配方隐藏在织物的纤维里。我们只有通过科学分析才能破解其配方，让修复师能够为丝绸选择最合适的储藏条件，并为历史学家提供关于染料贸易的信息。

色谱法指的是将物质分离并进行分析的方法，从20世纪末开始被广泛用于分析混合物的组成成分。[13] 科学家通常可通过高压液相色谱法来分析液体染料成分，并借助扫描电子显微镜或X射线荧光来识别固体染料或使颜色变暗的金属元素（如铝、铁或铜）。在采用色谱法分析染料时，必须使用未受污染的织物样本，也就是说，织物没有受到过度曝光和潮湿环境的损坏，也没有进行过修复操作。

图458 ~ 463展示了4个中世纪的丝绸样本，它们来自600—1400年的中亚、欧洲伊比利亚半岛和意大利西西里岛。科学家根据它们的组织结构和图案进行了鉴定，并对直径1 ~ 5毫米的丝线进行了分析。最终，科学家分析出了3种红色染料（茜草、胭脂红和绛蚧红）、一种绿色染料（靛青）、一种黄色染料（波斯浆果）和一种蓝色染料（靛蓝）。其中的两个样本中还有一些未着色的白色丝线。

绛蚧红原产于伊比利亚半岛，茜草则常见于地中海盆地，这两种染料不仅用于染制当地的丝绸，也用于给产自中亚的丝绸染色。胭脂虫通常来自西亚的亚美尼亚，作为红色染料被传播到意大利西西里岛或西地中海地区。这表明，在这些地区之间，红色染料贸易早在600—1400年就已经存在了。ACL

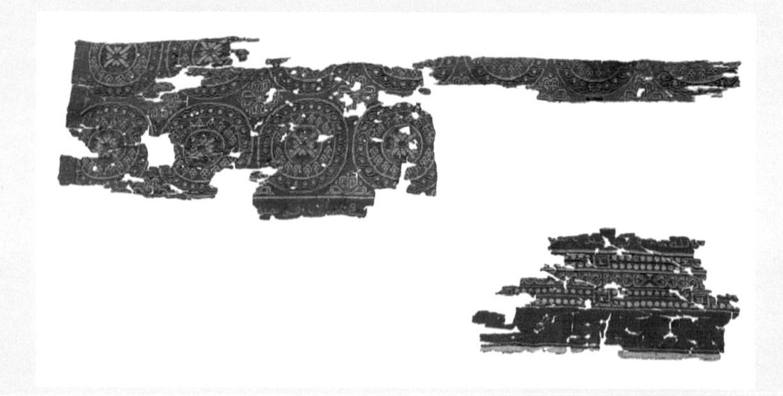

图458（白色框内左上）、图459（白色框内右上）和图460（白色框内右下）

三片刺绣织锦残片

面料可能来自中亚，650—700

刺绣制作于伊夫里奇亚（今非洲突尼斯），约750

图458：白色部分（未染色）、红色染料（茜草和胭脂虫）、黄色染料（波斯浆果），并检测到铝、硫、铜和铁元素。图459：红色与橙色染料（茜草）、绿色染料（靛青和茜草），黄色染料因褪色而无定论。图460：白色部分（未染色）、红色染料（茜草）、绿色染料（靛青），黄色染料因褪色而无定论

V&A博物馆藏品编号：T.13 - 1960、1385 - 1888、1314 - 1888

图461（右）

织锦残片

伊比利亚半岛安达卢斯，1100—1150

白色部分（未染色）、浅蓝色部分（靛蓝），为保护织物完整性，未对红色染料进行取样

V&A博物馆藏品编号：828 - 1894

图 462（上）

织金壁毯残片

西西里岛或西地中海地区，1100—1200

深红色部分是先用胭脂虫染色，再用绛蚧染色形成的；黑色和棕色部分则是用来自单宁的鞣花酸（如橡树汁）染色形成的

V&A 博物馆藏品编号：8229 - 1863

图 463（下）

织银特结锦残片

西班牙格拉纳达（可能），1230—1270

蓝色染料（靛蓝）、红色染料（茜草）

V&A 博物馆藏品编号：796 - 1893

和服上的故事

和服上的图案往往有复杂的涵义和吉祥的寓意。有些图案与诗歌有关，有些来自经典的文学作品，有些来自广泛流传的民间故事。图 464 中这件和服上的图案来自一则著名的日本童话，这则童话赞扬了友谊的可贵并告诫人们不能贪心。顺便说一下，有趣的是，V&A 博物馆正好收藏了一本于 1932 年在日本京都出版的和服摄影集，其中有一张照片（图 465）上的和服与这件和服非常相似，这帮助我们较为准确地确定了这件和服的制作年代。

童话的主人公是一位善良的樵夫与他刻薄小气的妻子。一天，樵夫发现了一只受伤的麻雀，并把麻雀带回家悉心照料，但樵夫的妻子觉得麻雀浪费了家里的食物，于是她剪掉麻雀的舌头。受伤的麻雀逃回了山林。樵夫发现后十分担心麻雀，他找到了麻雀居住的竹林。麻雀为了报恩，用丰盛的食物招待樵夫，其他的麻雀也为他唱歌跳舞。当樵夫要离开时，麻雀准备了一大一小两个柳条箱让樵夫挑选，樵夫选择了小的柳条箱，麻雀提醒樵夫不要路上打开柳条箱。樵夫照做了，回家后，他惊奇地发现柳条箱里装满了珍宝。

樵夫的妻子埋怨樵夫没有选择大的柳条箱，于是独自到山林中寻找麻雀，并假意向麻雀道歉。麻雀也招待了樵夫的妻子，并让她从两个柳条箱中挑选一个带回家，樵夫的妻子选择了大的箱子。在她离开前，麻雀同样提醒不要路上打开柳条箱。然而，樵夫的妻子禁不住诱惑，在路上迫不及待打开了柳条箱，却发现箱子里满是怪物和鬼魂。樵夫妻子吓坏了，滚落山林而死。

这件和服上的图案就是麻雀在竹林中招待樵夫的场景。我们可以看到正在喝酒的樵夫（图 466）以及跳舞的麻雀（图 467）。精致的人物和动物形象采用了手绘米糊防染和刺绣工艺，而竹子均采用扎染工艺，其中有一棵竹子贯穿和服的整个前襟。AJ

图 464（对页左）

女式绉纱和服

日本，1930—1935

采用扎染、手绘、浆糊防染工艺，有丝线与金线刺绣

V&A 博物馆藏品编号：FE.19 - 2014

图 465（对页右）

照片出自川本比久之助的和服摄影集（日本京都，1932）

V&A 博物馆藏品编号：FE.3 - 1987

图 466

和服上樵夫的细节图

图 467（对页）
和服上麻雀的细节图

图 468
和服的背面图

刺绣、斯拉修、烫印和褶裥

刺绣、斯拉修、烫印和褶裥

最早在公元前1000年就已经出现了有装饰的丝绸。[1]最广为人知、应用最广泛的丝绸装饰工艺就是刺绣，它也是最具自由性和艺术性的丝绸装饰工艺。除了刺绣之外，丝绸的装饰工艺还包括切割、开缝、打孔、通过加热和加压来形成压花和水波纹、打褶，但这些丝绸装饰工艺都与特定的时期、地区和流行趋势有关，很少在全世界范围内应用。

刺绣可以用手工或机器制作，刺绣工艺出现在全世界各地，男女老少皆可参与。在家庭中，刺绣是家务劳动、休闲活动（图469展示了女性在家中刺绣的场景）或创收活动；在宗教场所里，刺绣可以作为室内软装饰或用来美化神职人员的袍服；对女孩来说，刺绣既能够成为她们赚钱谋生的手艺（图470中人物为女绣工），也能够表达她们对婚姻的憧憬。刺绣既可以在家庭小作坊中手工制作，也可以在大型工厂的流水线上由机器制作。但是，在19世纪之前，刺绣都是手工制作的。

从古至今，许多图画和照片（图471和图472）都展示了人们刺绣的场景。刺绣工艺所需的工具相对简单——针、线以及绣绷。这些工具不需要大量资金投资，也不会占用大量空间。

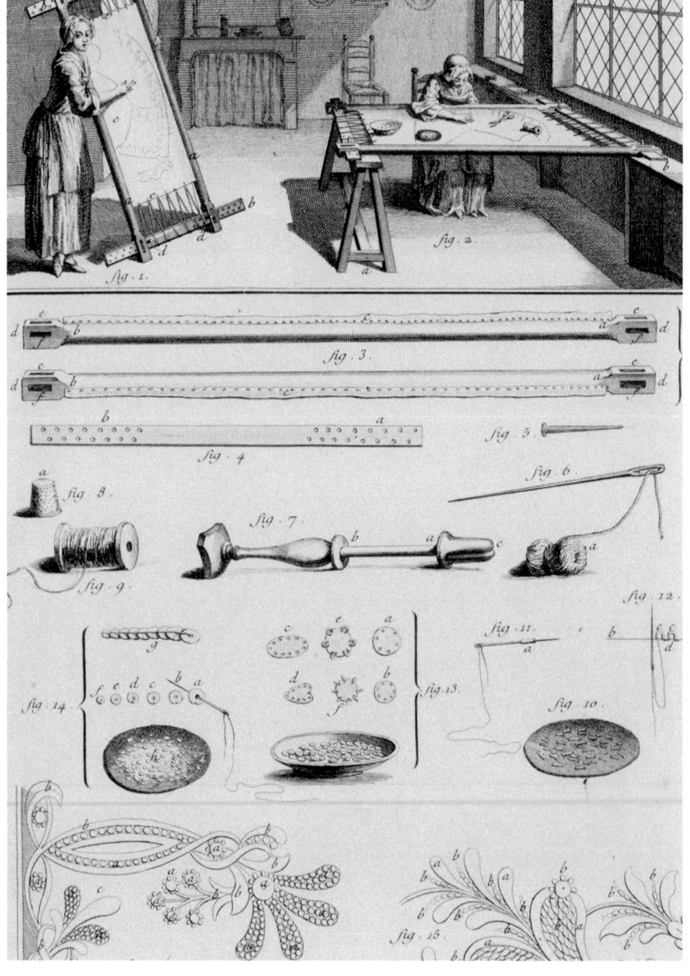

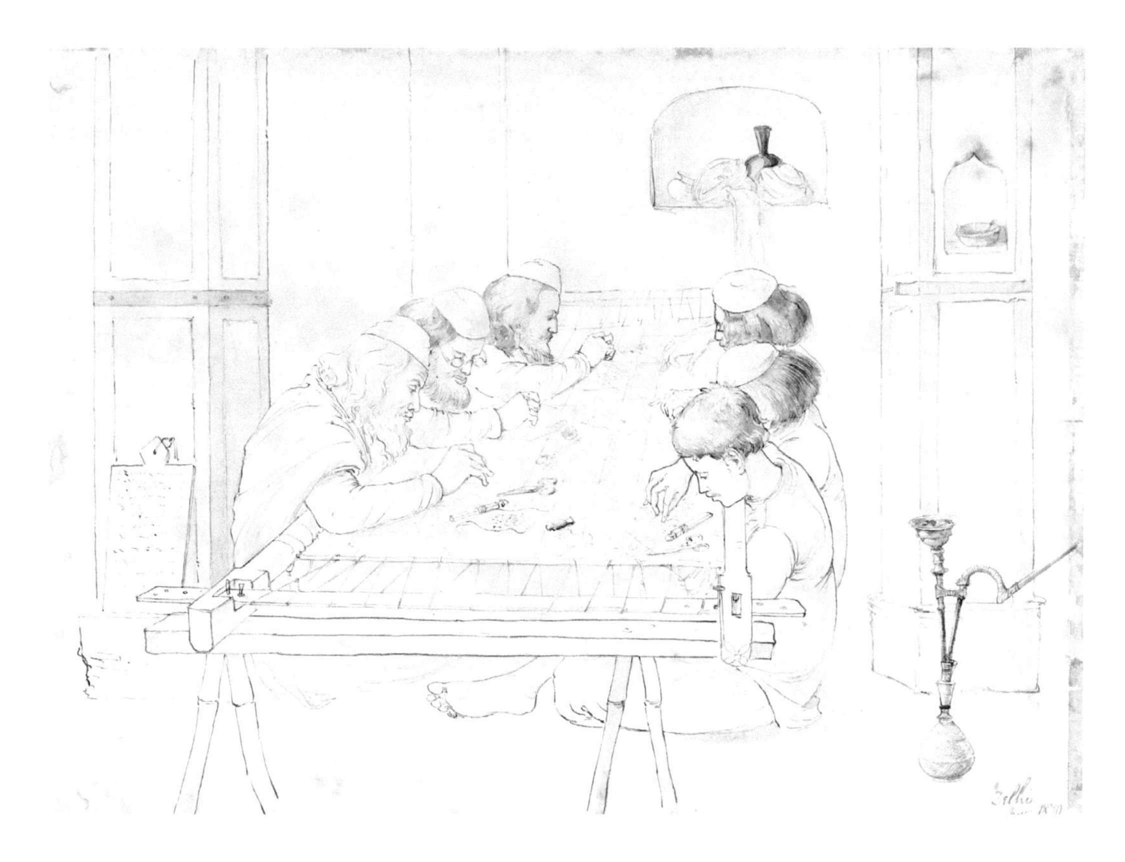

图 469（对页左）
刺绣的女人
亚伯拉罕 · 博斯绘
法国，约 1635
版画

V&A 博物馆藏品编号：E.6052 - 1911

图 470（对页右）
绣工
出自丹尼斯 · 狄德罗和让 · 勒朗 · 达朗贝尔编著的《百科全书》第 19 卷（法国巴黎，1763）

V&A 博物馆下属国家艺术图书馆藏书编号：38041800786170

图 471（上）
六个男人刺绣的场景
约翰 · 洛克伍德 · 吉卜林绘
印度德里，1870
纸本绘画

V&A 博物馆藏品编号：0929:31/(IS)

图 472（下）
正在刺绣的女人
摄于印度喀奇，2015
彩色照片

虽然针在世界范围内已经被广泛使用，但是绣绷刺绣（更快的刺绣方法）直到 18 世纪中叶才从亚洲传入欧洲。机械化刺绣可以追溯到 19 世纪 50 年代的瑞士圣加仑。在 1863 年和 1868 年，飞梭刺绣机和科内利式刺绣机先后由艾萨克·格罗布利和埃米尔·科内利投入商业生产。（图 473 展示了一台刺绣机，图 474 中的刺绣为机器刺绣。）起初，刺绣机都是手工操作的。但是，到了 19 世纪晚期，自动飞梭刺绣机的发明使得绣工被提花机的纹版工所取代（正如第二章中关于提花织机的叙述）。[2]

几个世纪以来，无论是刺绣工具还是刺绣方法，基本上都没有发生任何变化。绣工选好底布和刺绣线，设计好图案并拓印在底布，就可以开始刺绣了。在刺绣的过程中，底布要被紧紧地绷在绣绷上以避免刺绣图案变形。此外，底布绷紧也有利于针或钩针顺利地穿过。

刺绣所用的底布、线和针法多种多样。除丝绸之外的底布通常用丝线绣出图案（图 475 和 476 展示了有丝绒刺绣的平纹亚麻布）。有时，刺绣图案甚至可以完全遮住底布。比较常见的针法有打籽针、平针、十字针和锁针。锁针可以使用针或钩针。一些针法（如接针或直针）多用来勾勒轮廓，一些针法（如平针和打籽针）多用来绣出图案，还有一些针

图 473（上）

刺绣机

摄于法国加莱，约 1900

明信片

图 474（下）

彩色机器刺绣平纹棉质女衬衫边缘

克罗地亚锡萨克，1870—1920

由狱警韦克菲尔德 - 哈维夫妇捐赠

V&A 博物馆藏品编号：T.29A - 1958

图 475（对页左）和 476（对页右）

有刺绣的饰带

西班牙，约 1550

背面和正面均为丝绒刺绣，平纹亚麻布上有丝绸贴花及丝线和金属线刺绣图案

V&A 博物馆藏品编号：248 - 1880

248b-1880

IHS

图 477（左）
有流苏的真丝绉纱刺绣披肩
中国广东（可能），1880—1920

由 N. 艾利夫夫人捐赠
V&A 博物馆藏品编号：FE.29 - 1983

图 478（右）
“小玫瑰”刺绣（未完成）
梅 · 莫里斯设计
莫里斯公司生产
英国伦敦，约 1890
底布为棉布，有丝线刺绣

由维尔 · 罗伯茨小姐捐赠
V&A 博物馆藏品编号：CIRC 302 - 1960

法（如钉针）用来固定底布上的丝线和金属线。刺绣的针法种类繁多，1934 年出版的一本颇具影响力的刺绣词典认为，针法可以反应刺绣技法的熟练度，并指出“掌握针法是探索刺绣艺术的基础”。[3]

其他与刺绣有关的工艺是贴花和垫绣。贴花（图 475 和图 476）是将切割成各种形状的布片平贴在底布上，再用细线（或金属线）将布片缝在底布上。垫绣是将模具或填充物垫在底布上再进行刺绣，从而使图案立体饱满，有浮雕般的效果。图案的数量、分布和使用的针法取决于刺绣的用途：用于日常生活还是宗教活动，用于装饰或叙事——并可能表明地位或表达其他身份。珠子、宝石、金属和亮片能使装饰更丰富。

刺绣具有明显的地域性特征，某个地区的刺绣在设计、材料或针法方面具有共同的特点。与其他工艺的发展一样，从 16 世纪起，特别是在孟加拉地区和中国的刺绣丝绸（图 477）大量进入市场之后，刺绣工艺呈现明显的融合发展趋势。[4] 后来，大量出版物（无论是刺绣指导手册，还是时尚或工艺杂志）的出现进一步促进了刺绣技术的交流。[5] 后来，还出现了辅助业余刺绣者的刺绣套件（图 478）。例如，

19世纪著名的设计师梅·莫里斯就曾为业余刺绣者设计刺绣套件，她经营着父亲威廉·莫里斯的刺绣车间。

有的人认为，刺绣是“用针画画”，刺绣作为装饰，只是被添加到织物上，不会破坏织物。然而，还有会改变甚至破坏织物的装饰工艺。最具破坏性的工艺是切割——这种装饰工艺在16—17世纪的欧洲非常流行，当时有专门的金属工具用于划开丝绸或在丝绸上打孔。有些丝绸是专门为了便于切割而织造的，切割后产生的孔隙可以透出内衬的颜色，这种装饰工艺的术语叫斯拉修，又叫裂口装饰工艺（图479展示了采用该工艺的套装）。

还有形成的图案不太显眼，但仍会破坏织物的装饰工艺——通过加热或涂抹化学物质以在织物上形成图案，较为典型的就是天鹅绒烫印工艺。在1500年左右，这项工艺由意大利引进到法国，一般用于在天鹅绒上烫印出图案，一开始是用热的模具或印章烫印，后来是使用热的小型金属辊。[6]热的模具、印章或金属辊可以将天鹅绒的绒毛压碎或压平，从而形成一个个小而简单的重复图案。烫印图案的成本低于织造图案的。

还有一种“除掉天鹅绒绒毛”的工艺被称为“碱溶”，即使用化学物质（如烧碱）在选定的区域烧出图案。根据天鹅绒的织造技艺，地面的“无绒毛”区域通常是用透明的雪纺作为底布。这种工艺是在法国里昂发展起来的，到19世纪末已经机械化了。在20世纪80年代和90年代，碱溶工艺在英国非常流行。

研光指将织物送入金属辊之间，并加热和加压，从而使织物变得光滑。这种工艺对织物的破坏性较小，展开着被送入金属辊之间的平纹织物经过研光后，表面会变得非常有光泽且顺滑。由于罗纹织物经线和纬线的粗细不同，所以当罗纹织物被折叠着送入金属辊之间，并经过压延后，表面会产生水波纹（莫尔）效果。[7]

意大利作家切萨雷·韦切利奥在他出版的关于世界古代和现代服饰的著作（1590）中，描述了意大利威尼斯的年轻人在夏天会戴着用水波绸制成的帽子。[8] 18世纪，许多欧洲丝绸制造商致力于生产质量上乘的水波绸。18世纪50年代法国引进了英国的织造技术。1790年，西班牙出版了关于水波绸的手册（图480）。[9]

褶裥是一种与众不同的装饰元素。法国发明家和设计师亨丽埃特·尼格林发明了一种有永久性细密褶裥的丝绸面料。1909年，织物和时装设计师马里亚诺·福图尼获得了该面料的专利。这种顺滑、柔软、有光泽和永久性垂坠褶的丝绸面料至今仍令人称奇，然而人们对其制作过程知之甚少。[10]实际上，这种丝绸面料是通过半机械化方法生产出来的，工人将打湿的丝绸送入垂直安放的热的金属辊之间，金属辊充分挤压丝绸，使丝绸产生永久性褶裥。

缩褶绣的装饰范围较大，它是将缝合和褶裥结合起来的装饰工艺，能起到改变织物的表面和悬垂性的作用。为了丰富织物的颜色，褶裥有时会用颜色与织物形成对比的线来缝合，或用线在织物上绣出图案。缩褶绣还具有功能性，因为

图479
上衣和马裤
英国，约1618
面料选用蓝色塔夫绸和牡蛎白缎子，采用了裂口装饰工艺，罗兰·科顿爵士可能穿过

V&A博物馆藏品编号：T.28 & A-1938

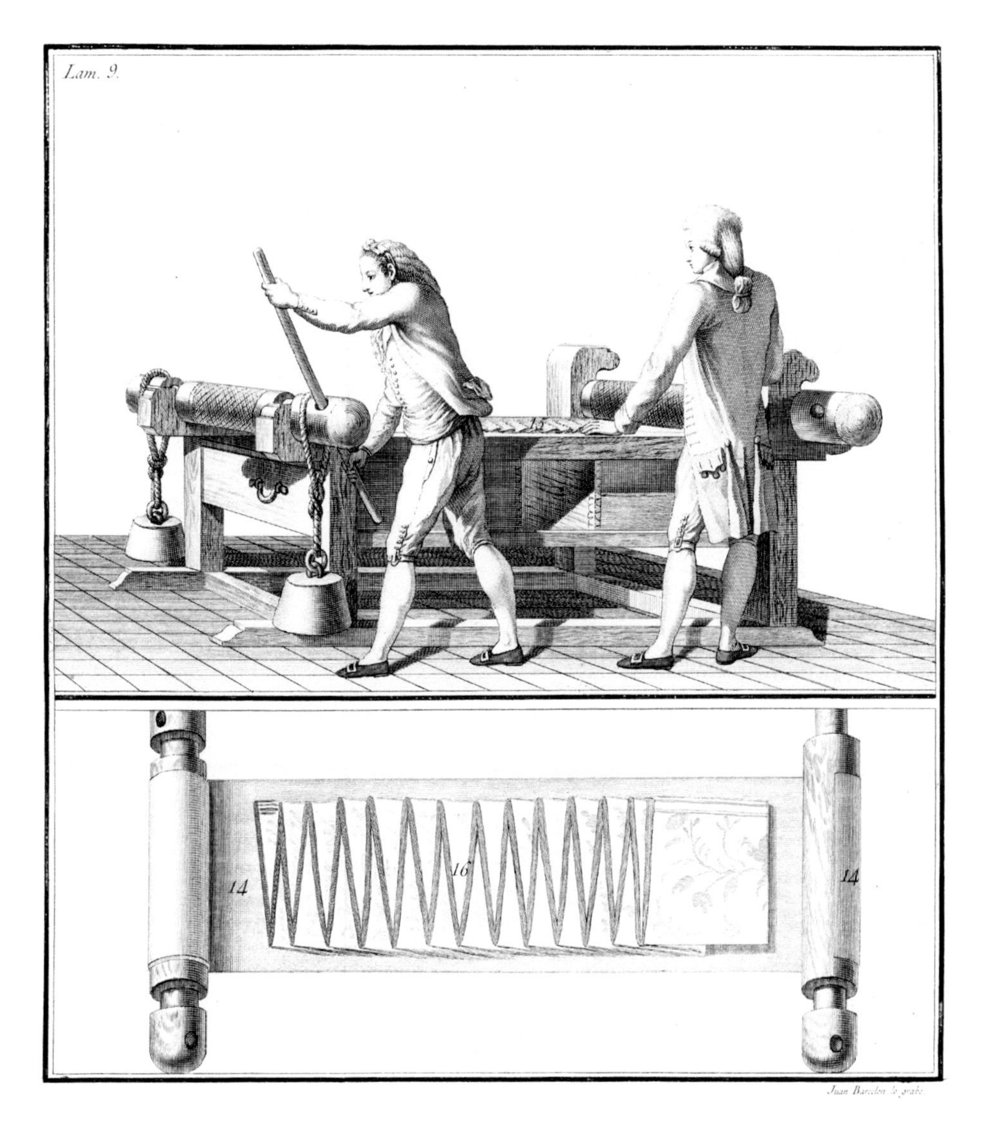

图 480（上）
制作水波绸的准备工作
出自华金·曼纽尔·福斯著《关于死亡的方法》（巴伦西亚，1790）
版画

V&A 博物馆下属国家艺术图书馆藏书编号：L.944 - 1973

图 481（下）
缩褶绣天鹅绒残片
让·帕图设计
法国巴黎，约 1925
来自一件晚礼服

由 J.E.O. 摩根夫人捐赠
V&A 博物馆藏品编号：T.1599 - 2017

它使衣服的某些部位能够均匀地保持丰满度，使衣服无须裁剪或剪下面料就能塑形。

袖口、衣领、头巾和育克（过肩，常用在男女上衣肩部的双层或单层布料）都是用缩褶绣处理的，缝线使褶裥保持在适当的位置。缩褶绣常用于轻质的织物，但也适用于厚重的织物，包括天鹅绒（图 481）。ACL

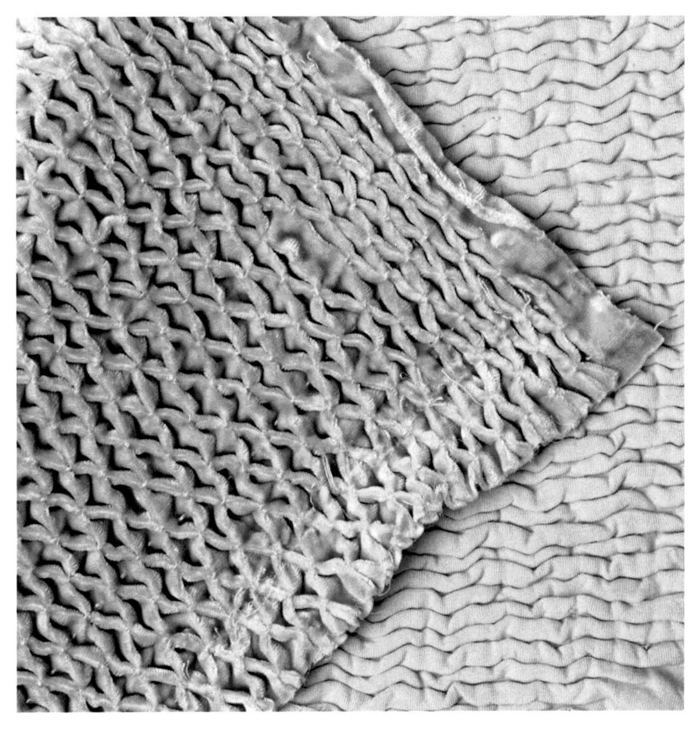

刺绣和贴布

图 482 中庄严肃穆的佛头是一幅大千佛图的一部分，丝绸完全被劈线绣图案覆盖。到了 7 世纪，这种针法受到了其他针法的补充。下面的这件刺绣（图 483），使用了茎绣、长短针等针法，还辅以手绘。这件刺绣作品是中国清代中期（1644—1911）制作的，风格延续了上海顾氏家族在明代开创的“顾绣”。顾氏家族擅长以极其精致的方式复制中国早期的绘画作品。HP

图 482（上）
丝绸平纹绣花饰片
中国，1700—1850

由 V&A 博物馆艺术基金会出资购入
V&A 博物馆藏品编号：T.92 - 1948

图 483（下）
刺绣平纹丝绸残片
中国敦煌，8—9 世纪

由印度政府和印度考古调查局借出
V&A 博物馆借展品编号：LOAN:STEIN.559

图 484 中的徽章描绘了天使报喜和圣母访亲两个场景。这件刺绣作品发现于埃及，有力地证明了在 8 世纪丝绸就已经沿着中国或印度的贸易路线来到埃及。非洲整体的气候环境虽然不适合养蚕，但对保护历史纺织品却极为有利。ACL

图 484（对页）
刺绣平纹亚麻圆徽章
埃及（可能），7 世纪

V&A 博物馆藏品编号：814 - 1903

图 485 中饰片上交错的几何图案用了茎绣和锁绣针的针法，让人联想到格拉纳达王国（1238—1492）纪念碑上的装饰。1492 年，格拉纳达王国被卡斯蒂利亚女王伊莎贝拉一世和阿拉贡国王斐迪南二世征服后，许多居民带着他们的传统手艺逃到了北非。直到 20 世纪初，图 486 和图 487 中的刺绣一直是摩洛哥西北部的舍夫沙万地区常见的刺绣形式。ACL

图 485（上）、图 486（下）和图 487（对页）
丝线刺绣平纹亚麻布饰片（细节图）
西班牙格拉纳尔或摩洛哥舍夫沙万地区，1400—1600

V&A 博物馆藏品编号：882 - 1892

印度古吉拉特邦的男绣工能够用锁针绣绣出极其精致的图案。他们在17—18世纪为莫卧儿王朝和西方国家制作了大量高质量的刺绣。图488和图489中的刺绣图案就模仿了欧洲丝绸上的图案，包括沿对角线重复的模糊的建筑图案和大型的抽象图案。

法国的锁针绣的工具从针变成了钩针，用钩针进行锁针绣是18世纪中叶传入欧洲的，这种技术的优点是刺绣速度更快。图490～492展示了一件马甲的前片。上面的英国海关印章（图片未展示）表明，这是一件被英国海关没收的走私物。可见，法国刺绣在整个欧洲都深受喜爱。AF/SN

左图488（左下）和图489（右下）
有刺绣的平纹棉布
印度古吉拉特邦，约1710
V&A 博物馆藏品编号：T.20 - 1947、T.20 - 1947

图490（上）、图491（对页上）和图492（对页下）
男式刺绣平纹丝绸马甲的前片（右侧）
法国，1750—1760
图491和图492分别展示了刺绣的正面和背面
V&A 博物馆藏品编号：T.12 - 1981

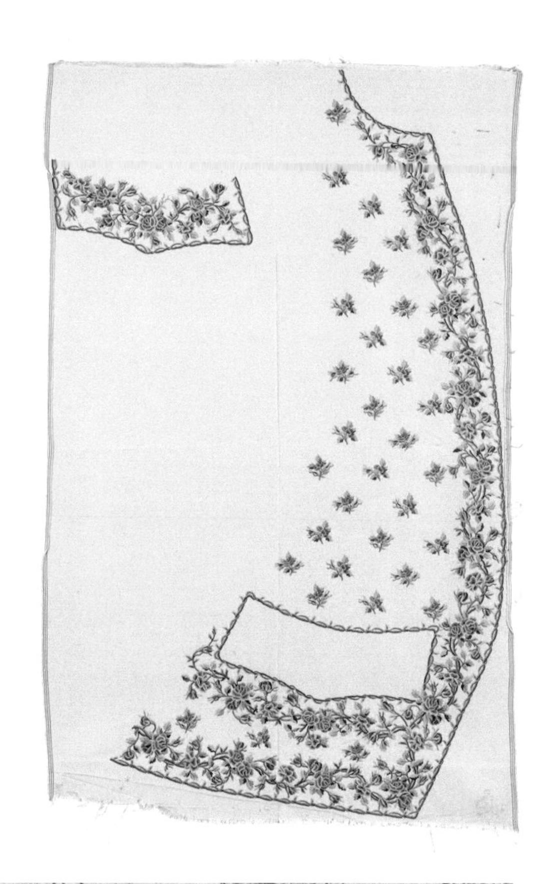

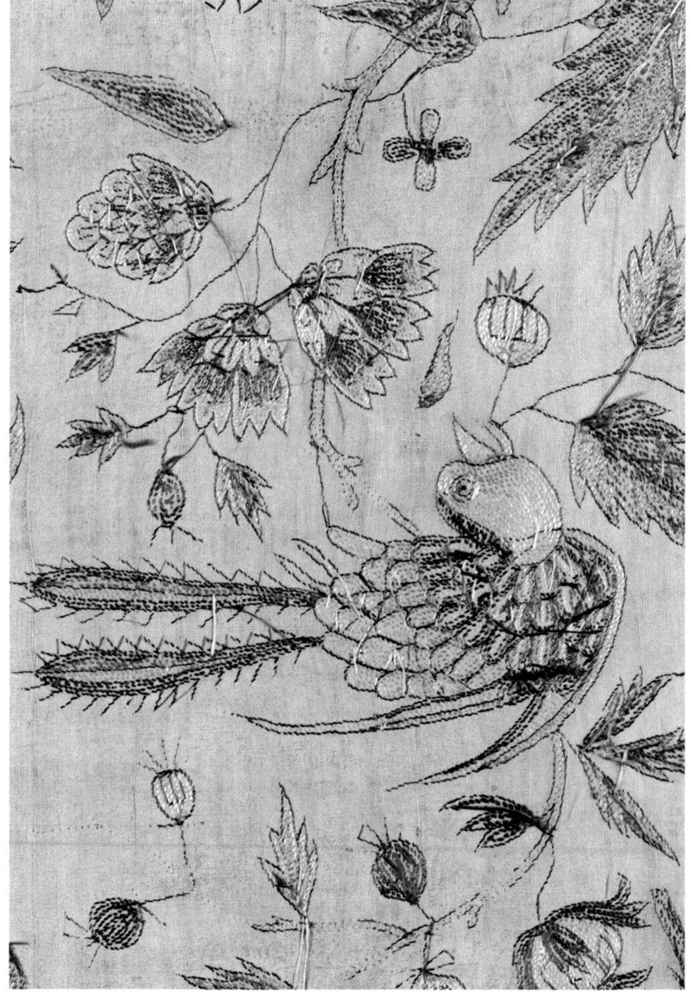

在欧洲和中国，金属线总是与流行的或具有象征意义的图案一起出现在奢华的服装上。图 493 中的这件宽大的欧洲男式宫廷马甲应该制作于 18 世纪 30 年代，它的口袋用了金属线和丝线刺绣进行装饰。在中国的清代，女袍的挽袖上也有类似的装饰（图 494 和图 495），这些精致的挽袖可能和前面提到的马甲一样，都是在专业的工坊中制作的。挽袖上的蝴蝶图案是常见图案，象征婚姻幸福。LEM/YC

图 493（对页）
欧洲男式宫廷马甲（细节图）
法国（可能），1730—1740
有银线、丝线和条带刺绣，并用亮片装饰

V&A 博物馆藏品编号：252 - 1906

图 494（左）和图 495（右）
钉金绣纱罗女袍挽袖
中国，1875—1900

由英国艺术基金会出资购入
V&A 博物馆藏品编号：T.149&A - 1948

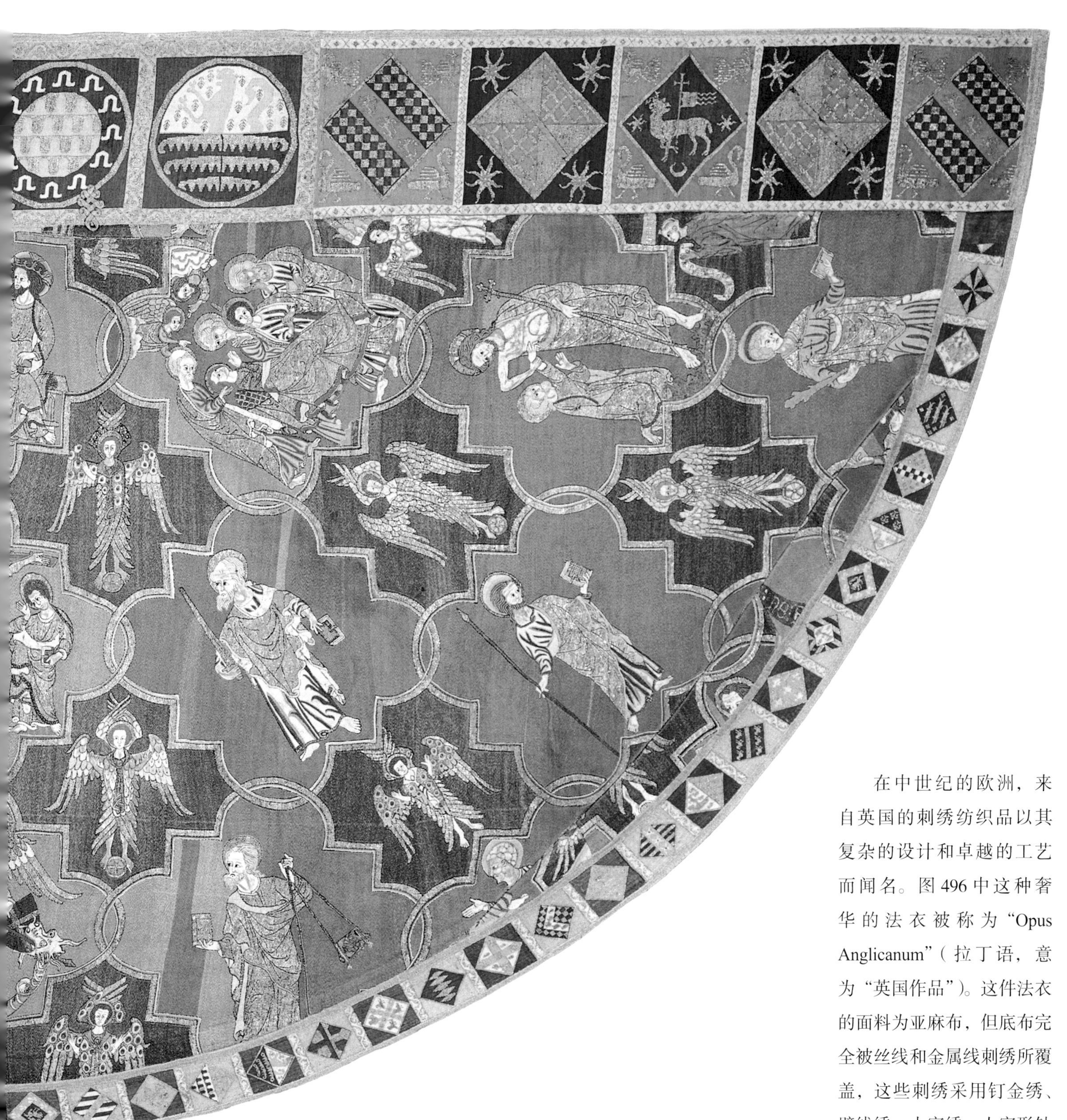

在中世纪的欧洲，来自英国的刺绣纺织品以其复杂的设计和卓越的工艺而闻名。图496中这种奢华的法衣被称为“Opus Anglicanum”（拉丁语，意为“英国作品”）。这件法衣的面料为亚麻布，但底布完全被丝线和金属线刺绣所覆盖，这些刺绣采用钉金绣、劈线绣、十字绣、人字形针法。MZ

图496
金银线刺绣平纹亚麻法衣
英国英格兰，1310—1320

V&A博物馆藏品编号：83 - 1864

图 497 ~ 499 展示的这件十字形饰片可能曾经是一件法衣的装饰。绣工用彩色丝线绣出人物和建筑的细节，这里采用了劈针绣，这种针法特别适合用来表现人物的表情以及衣服和头发的细节。

14 世纪后期，来自意大利的豪华丝织品越来越多地进入了英国的各社会阶层。这影响了英国绣工的工作方式。在这一时期，每个绣工专门负责绣一种图案。图 500 中天鹅绒十字搭上的刺绣使用了缎面绣、长短针、劈针绣等针法。MZ

图 497（对页左）、图 498（对页右上）和图 499（对页右下）

马恩哈尔奥弗瑞

英国英格兰，1310—1325

亚麻平纹布上有丝线和金属线刺绣

由英国艺术基金会赞助购入

V&A 博物馆藏品编号：T.31 & A - 1936

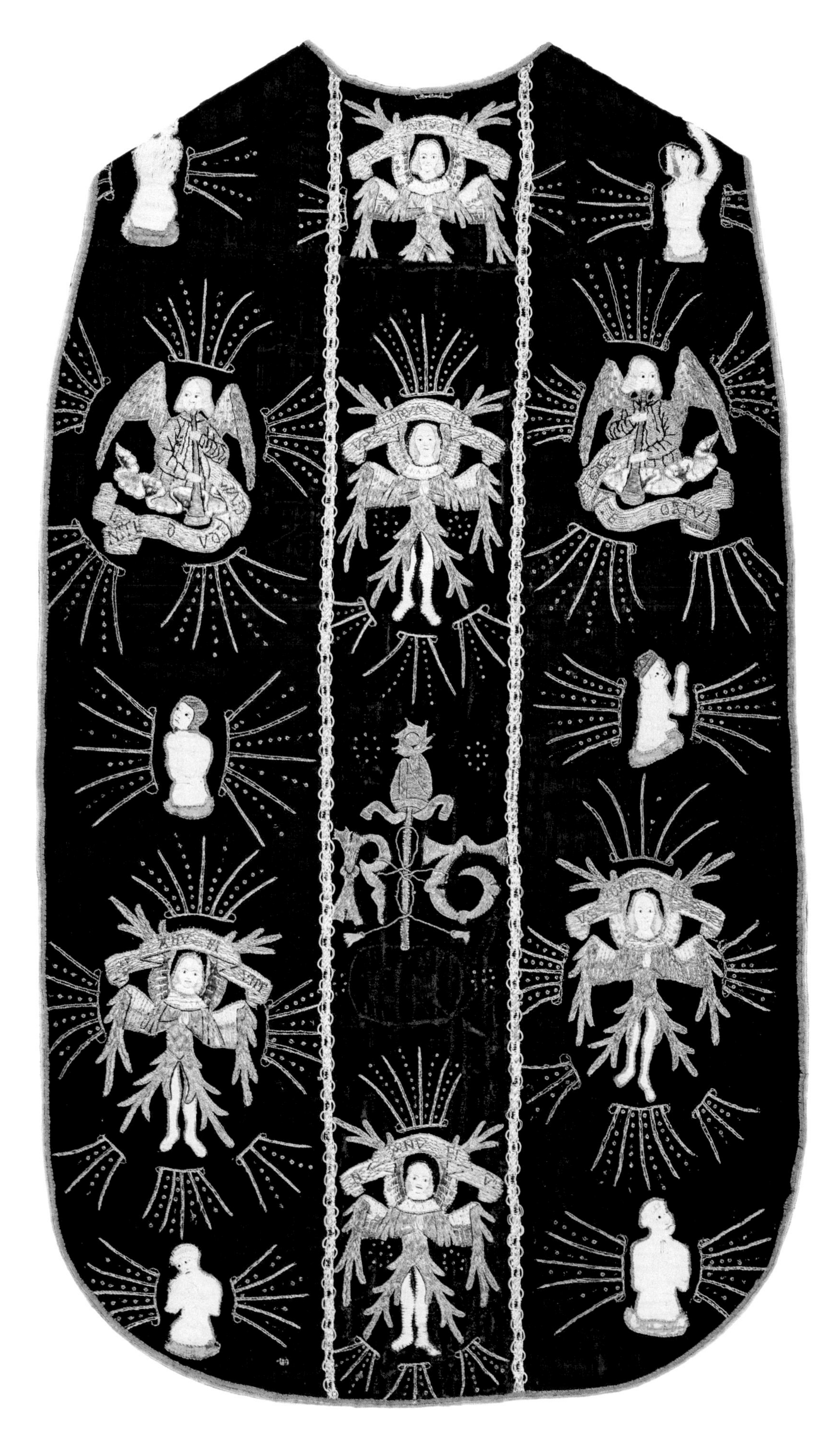

图 500

刺绣天鹅绒十字搭

面料可能来自意大利或西班牙，

十字搭及刺绣制作于英国，1510—1533

V&A 博物馆藏品编号：697 - 1902

曾经，纹章官受雇于君主或贵族，替他们宣读公告并传达信息。几个世纪以来，纹章官会在正式场合穿一种饰有纹章的制服（图 501 ~ 503），这种制服展开呈 T 形。图 502 中的塔巴德式外衣是为英国纹章院院长制作的。制服上的纹章包括代表苏格兰的红色立狮纹章、代表爱尔兰的金色竖琴纹章、代表英格兰的三狮纹章和代表法国的鸢尾花纹章。其中，金色竖琴纹章和鸢尾花纹章绣在蓝色平纹天鹅绒上，三狮纹章绣在深红色天鹅绒上。纹章刺绣使用钉线绣技法形成平铺和凸起的布面效果。只有最高纹章官的制服是天鹅绒质地的，其他纹章官的制服为锦缎质地。SB

图 501（对页）
亚麻布内维尔祭坛饰罩（细节图）
英国英格兰，1535—1555
天鹅绒上有丝线、银和镀银线刺绣

V&A 博物馆藏品编号：35 - 1888

图 502（左）
英国纹章院院长制服
英国爱丁堡，1702—1707
有丝线、银线和银镀金线刺绣，以及黑色玻璃珠

由阿尔弗雷德·威廉姆斯·赫恩遗赠
V&A 博物馆藏品编号：T.174 - 1923

图 503（右）
参加嘉德纪念日纹章官
彼得·莱利爵士绘
英国，1660—1670
粉笔画

V&A 博物馆藏品编号：2166

长期以来，犹太人一直用丝绸制作华丽的仪式用品，从宗教典籍的活页夹到婚礼的华盖。有些典籍卷轴会被收纳在一个坚固的匣子里存放在经卷柜（会放在犹太教堂的焦点处）内，并用华丽的天鹅绒罩住（图504）。经卷柜的门通常挂着一张天鹅绒或锦缎门帘（图505），帘子上装饰着犹太教的符号和铭文。SB

图 504
覆盖经卷柜的天鹅绒罩
荷兰阿姆斯特丹，约 1675
有真丝提花、金属线刺绣和其他装饰

V&A 博物馆藏品编号：349 - 1870

图 505（对页）
用来遮挡经卷柜门的平纹亚麻门帘
瑞卡 · 波拉克（可能）刺绣
意大利威尼斯（可能），1676
有丝线和镀银线刺绣、镀银流苏边

V&A 博物馆藏品编号：511 - 1877

ואם יאדימו כתולע כצמר יהיו
וענן כבד
על ההר
לא תרצח
לא תנאף
לא תגנב
לא תענה
לא תחמד
באש
בתחתית
משתה

曾经，华盖是印度王权的象征。在公共场合，华盖会罩在帝王的头顶之上。华盖的制作极其精美、复杂。图 506 和 507 中的华盖采用了名为“千钉”的技法，其上的图案由许多微小的镀金黄铜螺钉打入天鹅绒地上而形成。这顶华盖是梅瓦尔土邦的王公比姆·辛格送给东印度公司总督阿默斯特勋爵的礼物。AF

图 506 和 507（对页）
天鹅绒伞盖
印度拉贾斯坦邦乌代布尔，1800—1826

由阿拉坎的阿默斯特伯爵五世捐赠
V&A 博物馆藏品编号：IS.17 - 1991

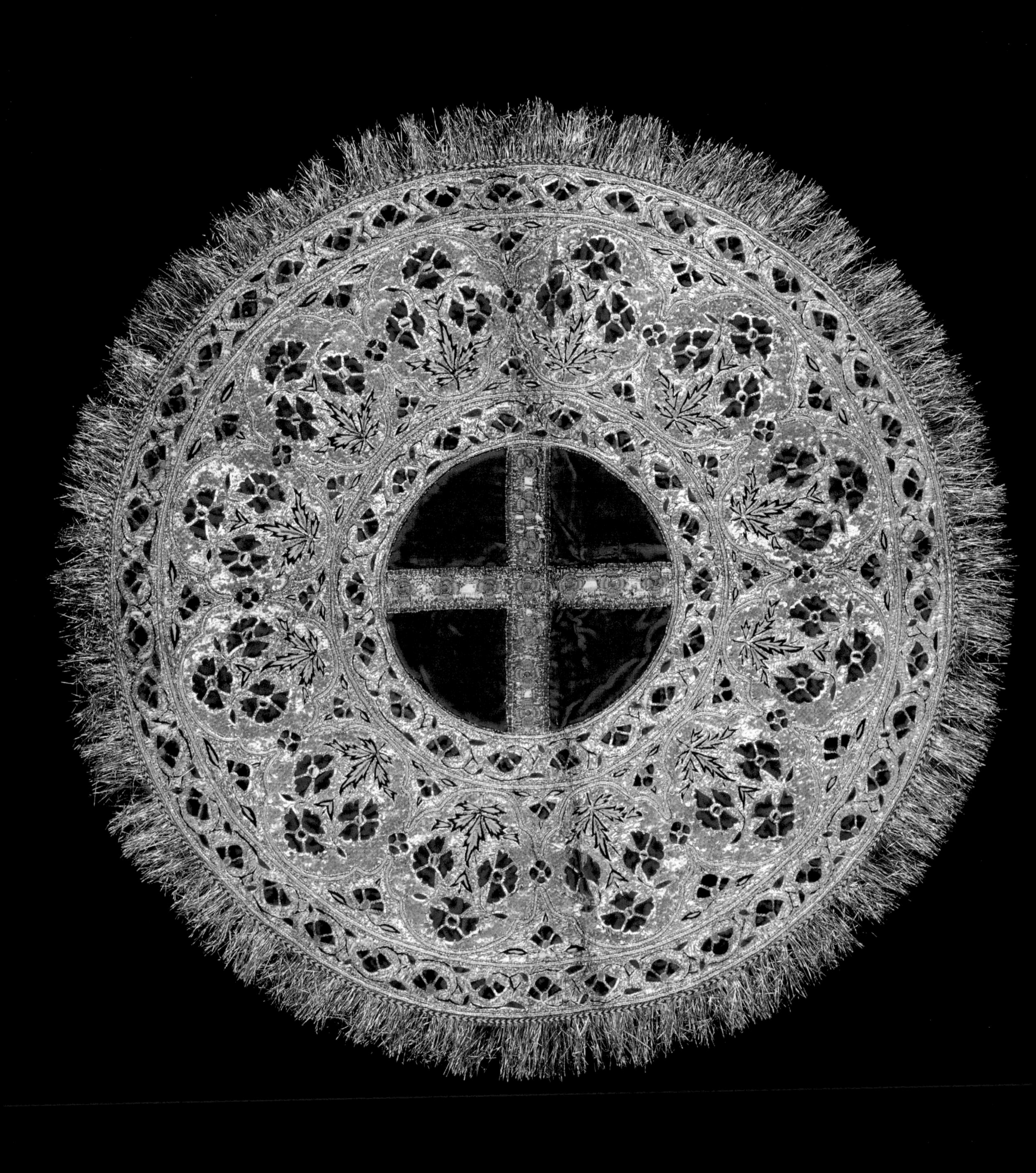

用珍稀材料制成的水烟壶会配有华丽的垫子和盖子。图 508 中这张垫子用银条、镀银条和亮片进行装饰，垫子的中心和垫子上的花瓣采用了天鹅绒。花朵的中心镶嵌着修剪过的甲壳虫的翅膀，茎和叶为丝线刺绣。AF

图 508（对页）
天鹅绒水烟壶垫
北印度（可能），1800—1850
有银条、镀银条、宝石甲壳虫翅膀装饰，以及丝线刺绣

V&A 博物馆藏品编号：IS.1:1 - 1999

A.W. N. 普金是一位英国的罗马天主教建筑师，他在 19 世纪中叶倡导修建中世纪哥特式教堂。他还设计了许多纺织品（图 509），上面的刺绣多模仿英国中世纪的精美刺绣。TS

图 509
天鹅绒法衣兜帽
A.W.N. 普金设计
朗斯代尔 & 泰勒公司制作
露西 · 鲍威尔刺绣
英国伯明翰，1848—1850
有丝线和镀银线刺绣

V&A 博物馆藏品编号：T.287 - 1989

19 世纪末，英国掀起一场工艺美术运动，它鼓励创造性设计以及在刺绣中使用大量新材料和技术。这使得许多绣工的作品（图 510）获得了艺术上的认可，其中一些绣工是与格拉斯哥艺术学院有联系的女性。一种特殊的刺绣风格在格拉斯哥艺术学院里兴起。典型的特征是使用天然亚麻地，其上绣有风格化的花朵，以及大量使用直线和曲线以形成对比。海伦·阿德莱德·兰姆和安·麦克白都曾在格拉斯哥艺术学院学习，安·麦克白从 1901 年起就在那里工作。图 511 中的刺绣图案由海伦·阿德莱德·兰姆设计，具有典型的格拉斯哥学派风格。CAJ

图 510
匈牙利的圣伊丽莎白
安 · 麦克白设计
伊丽莎白 · 杰克逊刺绣
英国格拉斯哥，约 1910
缎面刺绣画，刺绣使用丝线和金属丝，有珠子和人造珍珠装饰

由安 · 鲍尔斯夫人捐赠
V&A 博物馆藏品编号：T.359 - 1967

图 511（对页）
刺绣画
海伦 · 阿德莱德 · 兰姆设计
英国格拉斯哥，1909（或 20 世纪早期）
底布为平纹亚麻布，刺绣使用丝线，有珠子装饰

由伊沃尔 · 布拉卡和萨拉 · 布拉卡资助购入
V&A 博物馆藏品编号：T.25 - 209

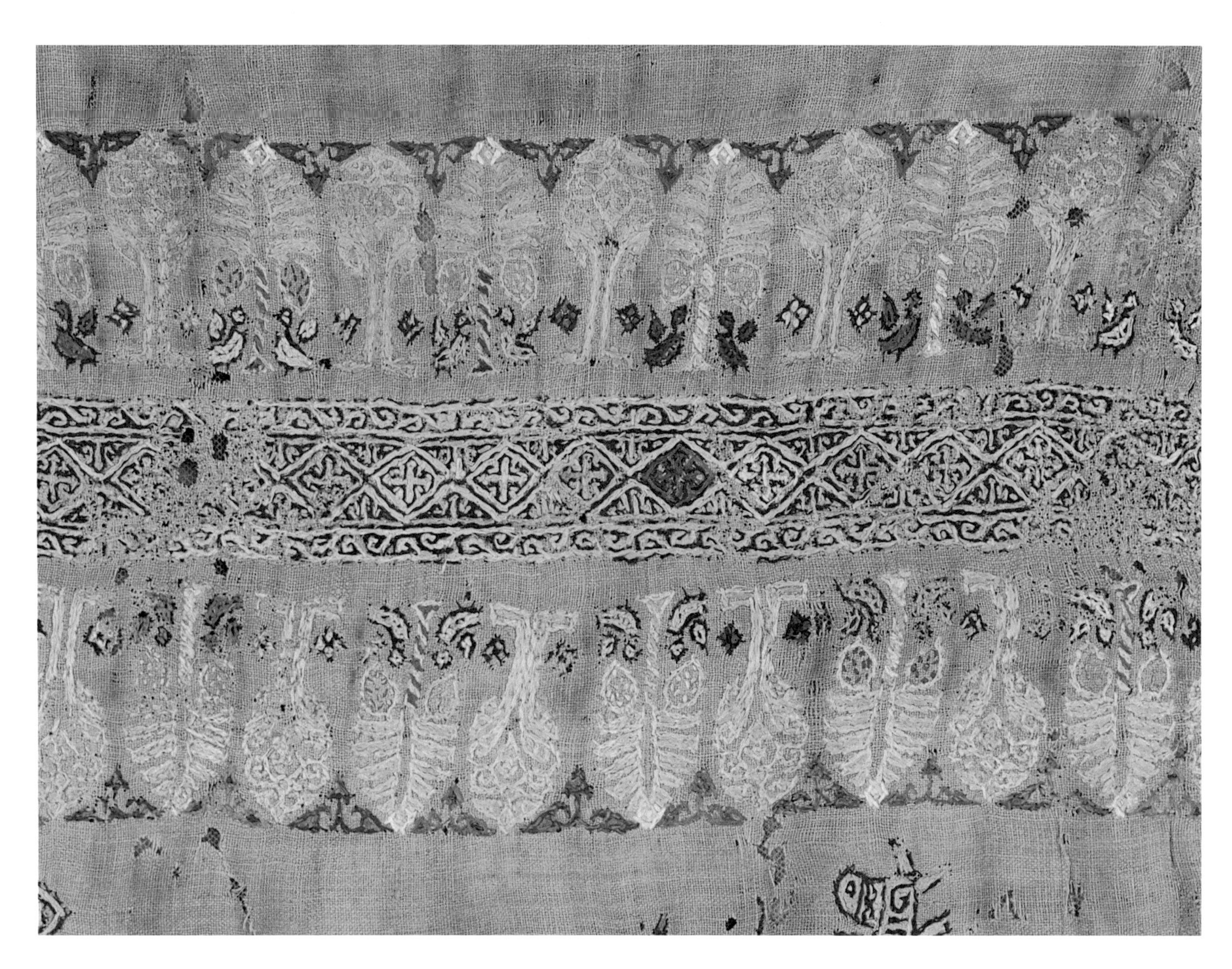

12 世纪的室内软装饰很少留存至今。图 512 和图 513 中的这件坐垫套上有奖章、树木、动物和人物刺绣，采用了茎绣针法。这些刺绣与同时期埃及象牙棺和木质天花板上的绘画十分相似。ACL

图 512（下）和图 513（上）
丝绣平纹亚麻坐垫套
埃及，1100—1200

V&A 博物馆藏品编号：252 - 1890

图 514 中坐垫套上的图案不同寻常。中央的图案似乎复制了 14 世纪马穆鲁克王朝镶银铜盘上的典型图案。而周围和边饰上的图案则与 15 世纪西班牙生产的地毯图案相似。ACL

图 514（对页）
天鹅绒坐垫
西班牙，1400—1600
有丝线和金银线刺绣

V&A 博物馆藏品编号：383 - 1894

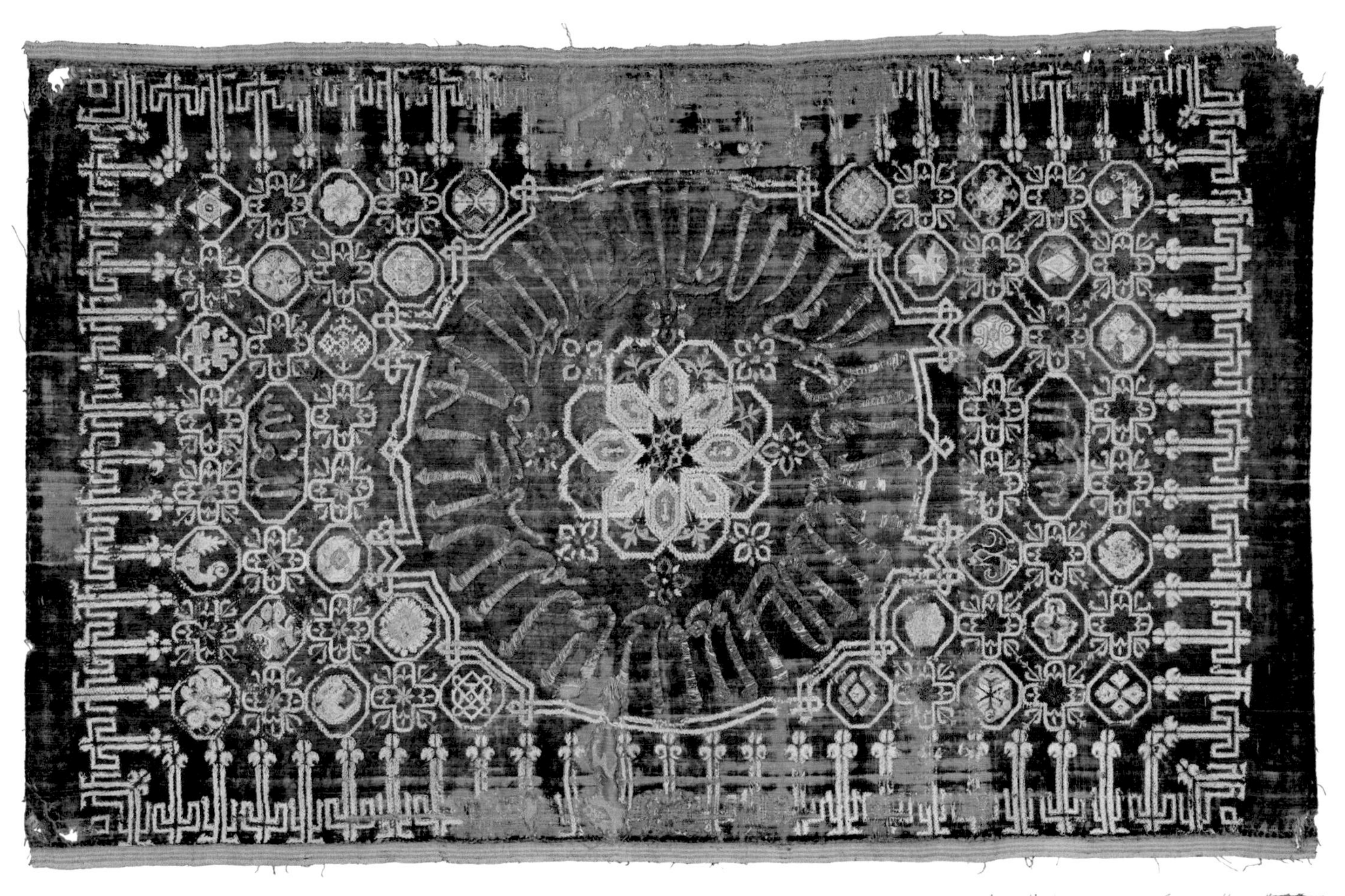

图 515 和图 516 中的藏品非常罕见。它来自 16 世纪，是一个完整且没有后续人为加工的床头靠背。它的图案主要是通过金黄色的缎子和蓝色的塔夫绸在蓝色缎面地上进行贴花形成的。昂贵的材料、优雅的时尚设计和高品质的工艺表明，它是一个富裕家庭的室内软装饰。SB

图 515（上）和图 516（对页）
缎面床头靠背
法国，1550—1570
有丝绸贴花和丝线刺绣

V&A 博物馆藏品编号：T.405 - 1980

这两张床罩反映了17世纪的跨文化交流。图517和图518展示了一张中国出口的床罩，上面的刺绣图案将凤凰与具有印度风格的图案完美地结合在一起。红色天鹅绒在中国并不常见，有精致刺绣的彩色丝织品大都为中国早期出口到其他国家的商品。而印度出口的床罩上的刺绣多来自当时流行的欧洲书籍中的插图。一开始，这种床罩被出口到葡萄牙，后来出口到更多的欧洲国家。图519展示的是印度出口的一条棉被，使用了印度天然的金色柞蚕丝线，并采用了锁针和回针的针法。HP/AF

图517（对页）和图518（上）
刺绣天鹅绒床罩
中国广州（可能），约1600

V&A博物馆藏品编号：T.36 - 1911

图519（下）
柞蚕丝刺绣平纹棉被（细节图）
印度西孟加拉邦胡格里（可能），
1600—1630

V&A博物馆藏品编号：616 - 1886

华丽的材料、灿烂的色彩和精美的设计都表明，图520中的帷幔应该是由法国当时最熟练的绣工制作而成的。帷幔中间的刺绣应该来自伯纳德·所罗门的一幅木版画（即图521，首次出版于1557年）。这副木版画描绘了罗马诗人奥维德的叙事诗《变形记》中一对命运多舛的恋人皮拉穆斯和提斯贝的死亡场景。这部叙事诗完成于公元前5世纪左右。

图520（对页）
丝绣绸面床帐
法国，1560—1570

V&A 博物馆藏品编号：T.219B - 1981

图521
皮拉穆斯和提斯贝之死
伯纳德·所罗门绘
木版画出自《生命与变形记》（法国里昂，1584）第63页

V&A 博物馆下属国家艺术图书馆藏书编号：38041800121295

图 522 中的这幅刺绣画忠实地复制了拉斐尔・萨德勒的版画（图 523）。刺绣使用了镀银线和多色丝线，并用微小的箔片进行装饰以体现版画中的反光面，如杯中的水。SB

图 522（对页）
音乐天使安慰圣方济各
意大利，1600—1622
刺绣画，底布为平纹丝绸，刺绣使用了丝线和镀银线

V&A 博物馆藏品编号：T.246 - 1965

图 523
亚西西的圣方济各在牢房中看到一位天使在云端演奏小提琴
拉斐尔・萨德勒绘
意大利，1600—1630
版画，仿保罗・皮亚扎作品

现藏于英国伦敦的韦尔科姆收藏馆

人物的服装最能体现绣工的高超技艺。例如在图 524 中的刺绣画（原图见图 525）上，毛皮、金属和不同肌理的织物都十分逼真。这幅刺绣画可能是在荷兰制作的。在荷兰，用彩色丝绸模仿金属线的工艺在 15 世纪中叶尤为成熟。SB

图 524（左）
托米丽斯女王收到波斯国王居鲁士的头颅
荷兰，1630—1650
缎面刺绣画，根据保卢斯 · 本丢斯的版画制作，刺绣使用了丝线和金属线

V&A 博物馆藏品编号：T.14 - 1971

图 525（下）
托米丽斯女王收到波斯国王居鲁士的头颅
保卢斯 · 本丢斯绘
比利时安特卫普，1615—1658
版画，仿彼得 · 保罗 · 鲁本斯的作品

由牧师亚历山大 · 戴斯遗赠
V&A 博物馆藏品编号：DYCE.2220

在16世纪和17世纪初的英国，被称为“黑制品”的亚麻面料上的黑色丝线刺绣很是流行（图526）。图案用一系列的刺绣针迹形成，而这类图案通常参考自图案书等印刷品。CKB

17世纪，刺绣成为一种业余爱好在英国流行开来。刺绣被用来装饰所有的东西，如镜框（图527）、柜子、礼盒。有些刺绣爱好者会自己设计刺绣图案，但更多的刺绣爱好者会购买带有预先绘制好图案的亚麻或丝绸底布，然后用彩色的线在上面绣出图案。EM

图526
丝绣平纹亚麻袖筒
英国，1610—1620

V&A博物馆藏品编号：T.11 - 1950

图527（对页）
缎面镜框装饰（未完成）
英国，1650—1675
上有未完成的丝线刺绣

V&A博物馆藏品编号：T.142 - 1931

17世纪中期流行有立体效果的刺绣，如图528和图529中的刺绣。图529中的刺绣画描绘了所罗门王和希巴王后的故事，画中人物的服装具有典型17世纪的服装风格。EM

图528
刺绣画
英格兰，1660—1690
缎面地上有丝线刺绣以及珍珠和珊瑚装饰

V&A博物馆藏品编号：892 - 1864

图529（对页）
置物箱
英格兰，1650—1675
箱体包覆缎面刺绣，使用了丝线和包金线，并有蕾丝刺绣

V&A博物馆藏品编号：T.223 - 1968

从技术方面看，连续的刺绣图案并不比其他形式的刺绣简单。奥斯曼帝国生产的有连续刺绣图案的丝绸和天鹅绒获得了极高的声望，以至于直到18世纪，奥斯曼帝国仍在大量生产这种有连续刺绣图案的纺织品。图530中的缎面被罩上绣有7条互相平行波浪状枝蔓，枝蔓上有郁金香、康乃馨和其他花卉。TS

图531中这件饰片的地部织物表明它可能曾经是皇家帐篷的一部分，因为传统上，红色的帐篷只能为印度的统治者所使用。这种帐篷的外部和内部都有装饰，但精细的丝线和精良的制作可以表明，这一套饰片是在帐篷内部使用的。AF

图530（对页）
丝绣缎面被罩
土耳其，1600—1700
采用了阿特玛针法

V&A 博物馆藏品编号：830 - 1902

图531
丝绣棉质帐篷饰片
印度拉贾斯坦邦斋浦尔（可能），
1700—1730

V&A 博物馆藏品编号：IM.62 - 1936

图 532
盾牌护指
印度拉贾斯坦邦斋浦尔（可能），约 1730
有丝线和包银线刺绣

由伊姆雷 · 施魏格尔先生捐赠
V&A 博物馆藏品编号：IM.107 - 1924

图 533（对页）
平纹亚麻靠垫盖布
希腊爱奥尼亚群岛，1700—1800
有丝线和银线刺绣

由 R.M. 道金斯教授捐赠
V&A 博物馆藏品编号：T.207 - 1950

盾牌护指是士兵抓住印度盾牌时用来保护手的小垫子。图 532 中这件藏品来自斋浦尔的宫廷，整件藏品都采用了极其精细的链式线迹。尽管这件藏品与战斗有关，但上面的刺绣呈现的是王子和一名女性在宫殿花园相会的惬意场景。AF

图 533 中的丝线刺绣是为家庭使用而制作的，用了劈针、茎绣、锁针针法，借鉴了当地的传统技术和设计。这种有鸟类和几何图案的对称设计风格是奥斯曼帝国的特色。之所以希腊出现了这样的刺绣图案，可能是因为希腊群岛位于东方世界和欧洲的交界上。LEM

图 534 展示了一张精致帷幔，这件藏品反映了刺绣可以赋予技术熟练的绣工更多自由发挥的空间。密集的银线形成了有光泽的背景。这件帷幔是挂在床上的，通常还有与之配套的窗帘、床罩和床头。SB

摩洛哥有着悠久的刺绣传统，无论是服装上还是室内软装饰上，都有不同工艺、颜色、形式和针法的刺绣。图 535 中这条窗帘的末端上是摩洛哥北部得土安的特色刺绣。这类颜色丰富的纺织品一般是女性的嫁妆，会在婚礼和家庭聚会中展示出来。ACL

图 534（对页）
帆布帷幔（细节图）
意大利，1650—1700
有丝线和金属丝刺绣

V&A 博物馆藏品编号：T.36 - 1946

图 535
平纹丝绸窗帘（未完成，细节图）
摩洛哥得土安，1800—1900
上有未完成的丝线刺绣

V&A 博物馆藏品编号：T.106 - 1925

图 536 展示了一张巨大而醒目的壁毯，它由日本生产，用于出口，描绘了一片松树林中的场景：一只老鹰抓走了一只狮子幼崽，两只猴子拉着害怕的同伴过河。整个场景都使用了刺绣工艺，刺绣覆盖整个壁毯。

在日本，礼物要用包袱皮包起来，因此选择一块合适的包袱皮可以体现送礼人的重视。图 537 中包袱皮的图案诙谐幽默——一群人在给大象洗澡。这块有趣的包袱皮间接体现了礼物本身应该是一份精心准备的珍品。

AJ

图 536
平纹棉质壁毯
日本京都（可能），1870—1895
有丝线和金包线刺绣

V&A 博物馆藏品编号：167 - 1898

图 537（对页）
包袱皮
日本京都（可能），1800—1850
有丝线和金包线刺绣

由 T.B. 克拉克 - 桑希尔先生捐赠
V&A 博物馆藏品编号：T.94 - 1927

梅·莫里斯将丝线刺绣推广为一门艺术。她是一位多产的纺织品设计师。前文提到，她经营着父亲威廉·莫里斯的刺绣车间，这个车间主要为绣工生产成套工具，以便他们可以在家工作。这张壁毯（图 538 和图 539）采用莫里斯公司特制的染色丝线，上面的图案结合了威廉·莫里斯的诗歌《开花的果园》中的文字以及受中世纪图案启发而重复出现的细长的果树图案和弯曲的莨菪叶纹。它使用了茎绣、缎纹针、人字针、透孔和挑绣等技法。 JL

图 538（对页）和图 539
“果园”丝绣平纹丝绸壁毯
梅·莫里斯设计
西奥多西亚·米德尔莫尔制作
英国伦敦，1894

V&A 博物馆藏品编号：CIRC.206 - 1965

图 540 和图 541 中的外套可能是莫卧儿时期最好的刺绣纺织品。缎子上极其精美的锁绣很有可能是在皇家工坊制作的，并且图案很有可能是宫廷艺术家设计的。图案结合了伊朗式动物搏斗场景和中国式岩石、梅花和云纹，两者体现了莫卧儿帝国早期绣工对自然主义风格花卉纹的尝试。AF

图 540（对页）和图 541
丝绣缎面外套
印度古吉拉特邦（可能），1620—1630
V&A 博物馆藏品编号：IS.18 - 1947

图 542 中这件华丽的绣样可能是某豪华的宫廷礼服系列的样品。著名刺绣大师让 - 弗朗索瓦 • 博尼等制作了各种样品，以便展示给那些对礼服有购买意向的尊贵客户。这件绣样内容丰富、制作起来费时费力，但能够呈现将不同品质的丝线（绣花丝线和雪尼尔花线）与天鹅绒结合的效果。SB

图 542（对页）
丝线刺绣绸缎样品
让 - 弗朗索瓦 · 波尼（可能）制作
法国里昂，约 1800

由英国皇家刺绣学院捐赠
V&A 博物馆藏品编号：T.68 - 1967

图 543 中这条衬裙还配有一件长袍，这种暖色调服装曾流行于 18 世纪中叶。棕色和绿色丝线很好地与米色底布形成对比，使黄褐色（介于棕色和橙色之间的颜色）的石榴种子以及紫色和蓝色的花朵非常突出。SN

图 543（上）
丝绣平纹衬裙（细节图）
英国，1740—1750

V&A 博物馆藏品编号：834A - 1907

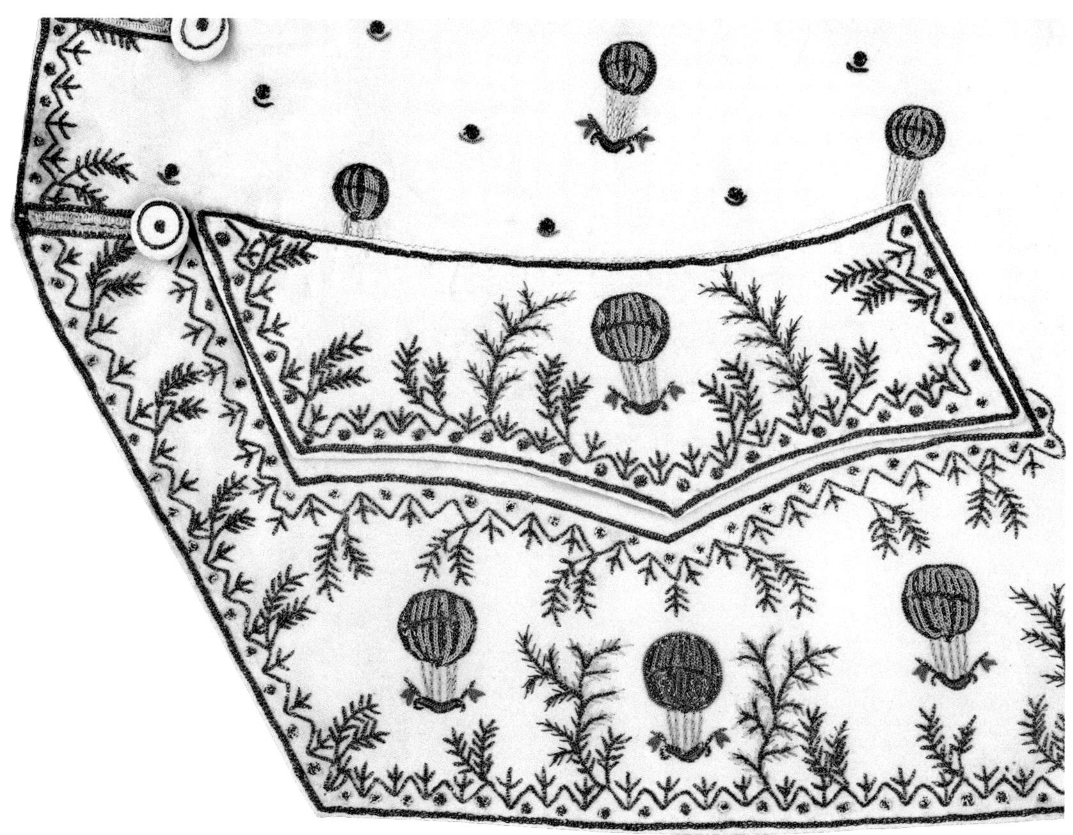

在 18 世纪的最后 25 年，马甲成为男式西装的亮点，刺绣是能够快速将各种装饰和局部设计完美结合的工艺。图 544 中的马甲应该是为了纪念 1783 年 12 月法国巴黎的杜乐丽花园首次发射了载人氢气球而制作的。KH

图 544（下）
罗纹丝绸马甲（细节图）
法国（可能），1785—1790
有丝线和银线刺绣

V&A 博物馆藏品编号：T.200 - 2016

欧洲各国的宫廷套装都有华丽的刺绣（图545 ~ 547）。到了18世纪90年代，外套和马裤通常采用深色天鹅绒，马甲采用白色丝绸。外套和马甲都绣有相同的花卉图案。图547展示了这件藏品背衩周围的刺绣。SN

图545（左）、图546（右）和图547（对页）
男式宫廷套装
法国或英国，1795—1800
包括天鹅绒外套和缎面马甲，外套和马甲上均有丝线刺绣

由乔治 · 萧夫人捐赠
V&A博物馆藏品编号：T.29&A - 1910

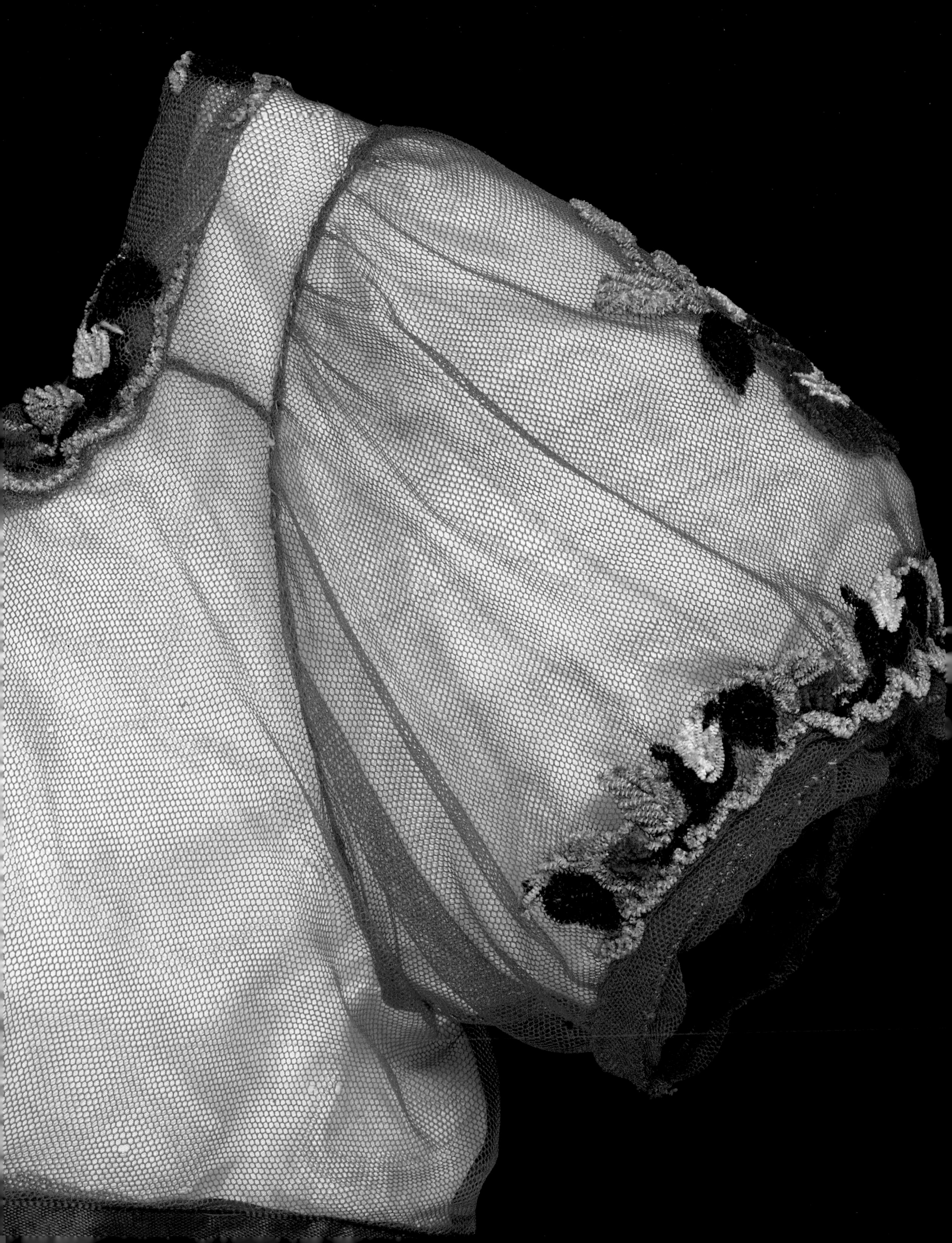

绒线刺绣能在19世纪早期流行的半透明服装上起到很好的装饰作用，如图548和图549。这件晚礼服采用的丝网面料是用英国人约翰·希斯科特在1809年获得专利的机器织造的。天鹅绒般的粗线通常铺在底布上，以避免损坏丝网面料的绒毛。OC

图548（对页）和图549
丝网晚礼服
英国，约1810
有绒线刺绣

由乔治·阿特金森夫人和M.F.达韦夫人捐赠
V&A博物馆藏品编号：T.194-1958

图 550 和图 551 中的饰片上绣有象征婚姻幸福的图案，饰片上有“二姓之好，万福之源”字样。这件饰片应该是一件奢华的朝鲜传统新娘礼服（阔衣）的背面。类似的饰片还装饰在阔衣的前面、袖子和袖口处。最初，阔衣只是朝鲜贵族的礼服，到了 19 世纪晚期，朝鲜各个社会阶层的人都可以穿着阔衣。RK

图 550（对页）和图 551
钉绣平纹绸新娘礼服饰片
朝鲜王朝，1750—1900

V&A 博物馆藏品编号：T.200 - 1920

在日本，当和服上仅使用刺绣一种装饰技法时，面料常采用光泽度较好的缎纹面料。图552和图553中这件和服上的圆形花朵巧妙地使用了各种针法。带衬垫的下摆表明这件和服是作为冬季外穿的和服设计的，这种和服一般不需要腰带。AJ

图552和图553（对页）
年轻女子缎面和服
日本京都（可能），1800—1850
有丝线和包金线刺绣

V&A博物馆藏品编号：FE.11 - 1983

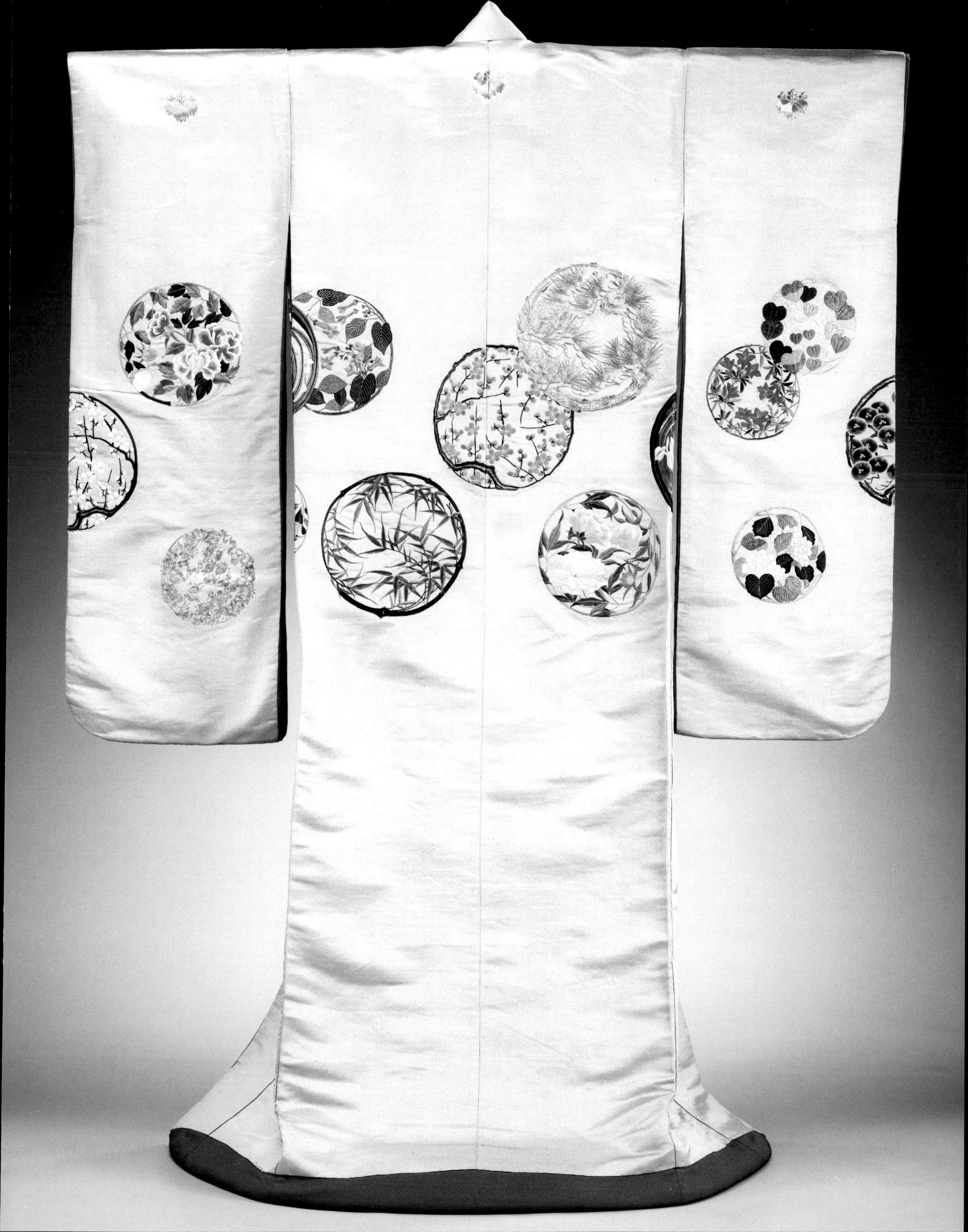

19世纪上半叶，中国生产的许多丝绸和物品被出口到西方。丝质披肩和丝质遮阳伞等丝绸饰品成为颇受欧洲女性喜爱的奢侈品。图554中披肩上的刺绣采用了平针针法，这也是当时西方女式披肩的明显特征之一。刺绣的渐变色调以及空白区域的设计既能明确显示出轮廓，又能产生雕刻般的三维效果。图555中遮阳伞的伞面上绣有花、鸟、虫、亭台、情侣等具有中国风情的意象，图556中遮阳伞的伞面上绣有三色堇、玫瑰和金银花等英国园林花卉。YC/HF

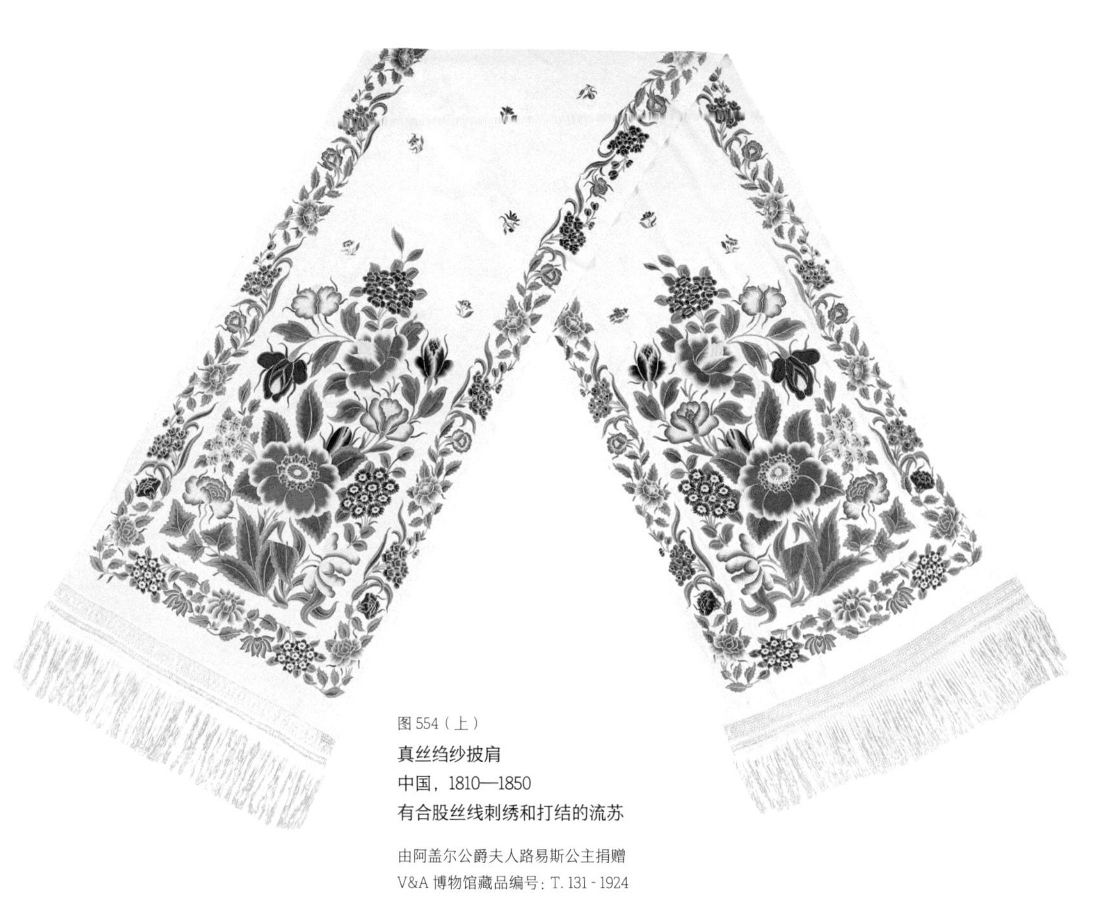

图554（上）
真丝绉纱披肩
中国，1810—1850
有合股丝线刺绣和打结的流苏

由阿盖尔公爵夫人路易斯公主捐赠
V&A 博物馆藏品编号：T. 131 - 1924

图 555（对页左下）
平纹绸伞
中国，1840—1860
有丝线刺绣、手编真丝花边和象牙手柄

由玛丽女王捐赠
V&A 博物馆藏品编号：T.18 - 1936

图 556（对页右下）
缎面遮阳伞
中国，1860—1870
有丝线刺绣、蕾丝边和象牙手柄，维多利亚女王用过

由考德雷勋爵和夫人捐赠
V&A 博物馆藏品编号：T.211 - 1970

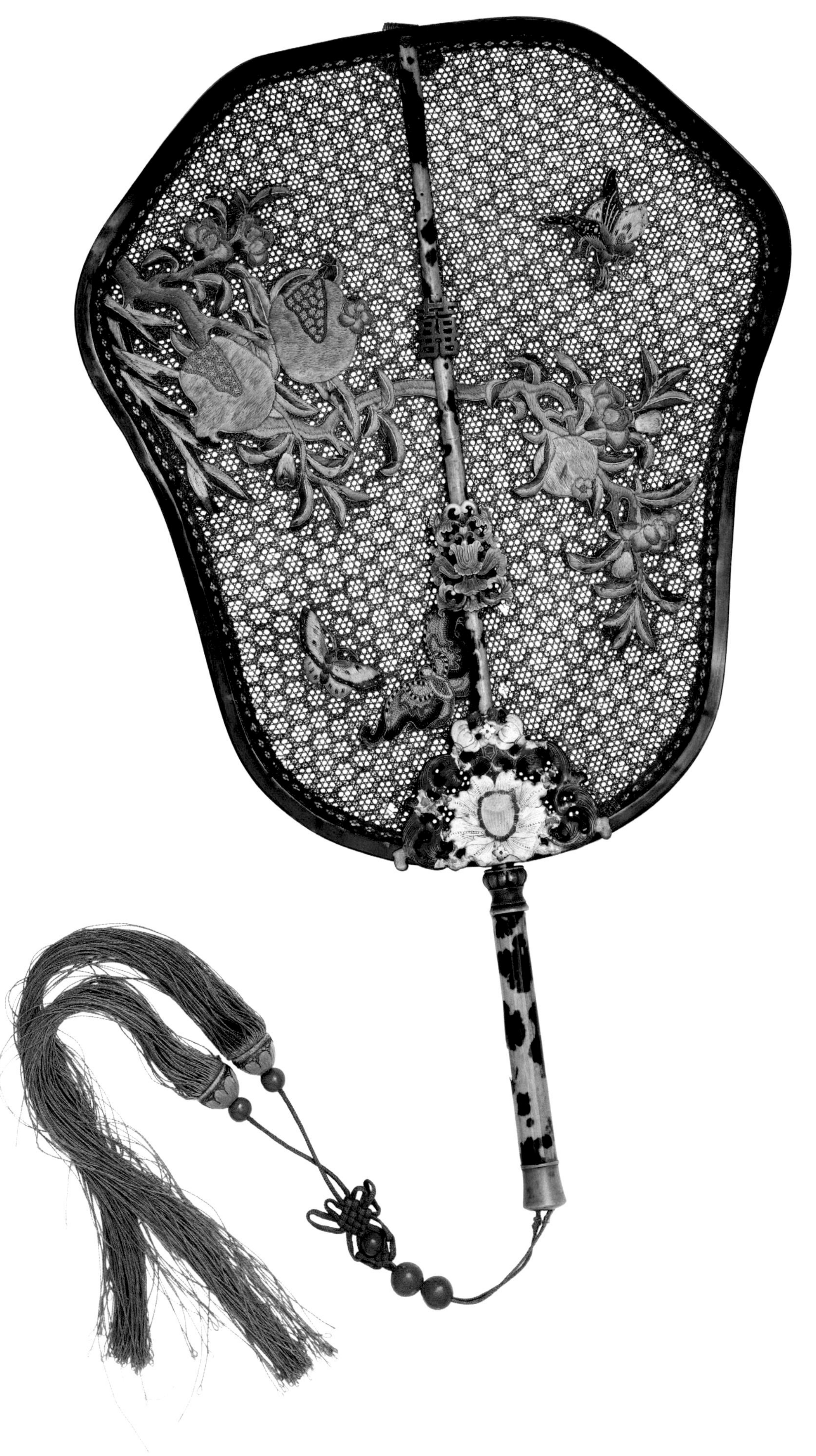

双面丝扇在中国的明清两代很流行。图 557 中扇子的两侧采用了与贴花蝴蝶、石榴和花卉图案相匹配的缎面绣。石榴多子，象征着丰饶和多产。在这里，石榴子用了“中国结”的绣法，也叫作“打籽绣”。YC

图 557
丝网团扇
中国，1800—1900
扇面上有丝绸贴花、丝线刺绣

由 E.L. 科克尔夫人捐赠
V&A 博物馆藏品编号：T.51 - 1939

1426A74

图 558 中的束腰上衣是印度帕西女孩传统的服装，它可以搭配裤子和帽子。这件藏品采用了缎纹面料，上面的刺绣使用了强捻丝线，整个上衣的制作工艺具有典型的中国风格，反映了印度帕西人与中国的贸易联系。在古吉拉特邦的苏拉特，移居此地的中国绣工专门为帕西社区提供此类中国刺绣。AF

图 559 中这件华丽的长袍叫作“袷袢”，是乌兹别克斯坦的传统的男式服装。袷袢上的条纹图案通常是编织而成的，但这件藏品上的条纹是刺绣，刺绣条纹覆盖了整件袷袢。TS

图 558（对页）
丝绣缎面束腰上衣
印度古吉拉特邦苏拉特（可能），约 1870

V&A 博物馆藏品编号：1426A - 1874

图 559
丝绣平纹棉质袷袢
乌兹别克斯坦沙赫里萨布兹（可能），1850—1900

V&A 博物馆藏品编号：T.61 - 1925

图 560 中这件长宽衬衫的领口和袖口都有丝线刺绣。在埃塞俄比亚，丝线通常是通过拆解进口丝绸获得的。因此，珍贵的丝线被用来在棉质衬衫上刺绣，这体现了其拥有者身份的高贵——这件衬衫可能属于埃塞俄比亚皇帝特沃德罗斯二世的第二任妻子，并于 1868 年围攻马格达拉时被英国军队带走。CAJ

图 560（对页）
丝绣平纹棉质长宽衬衫（细节图）
埃塞俄比亚，约 1860
V&A 博物馆藏品编号：399 - 1869

帕什克（图 561）是巴基斯坦俾路支的传统女装，通常帕什克上有四个区域有刺绣：育克、两个袖口和一个大的前口袋。帕什克一般采用棉布或丝绸，刺绣通常使用丝线，但在特殊场合穿着的帕什克或社会阶层较高的女性穿着的帕什克上可能会有包金线刺绣。AF

图 561
丝绣平纹棉质帕什克（细节图）
巴基斯坦信德省，约 1867
V&A 博物馆藏品编号：6050(IS)

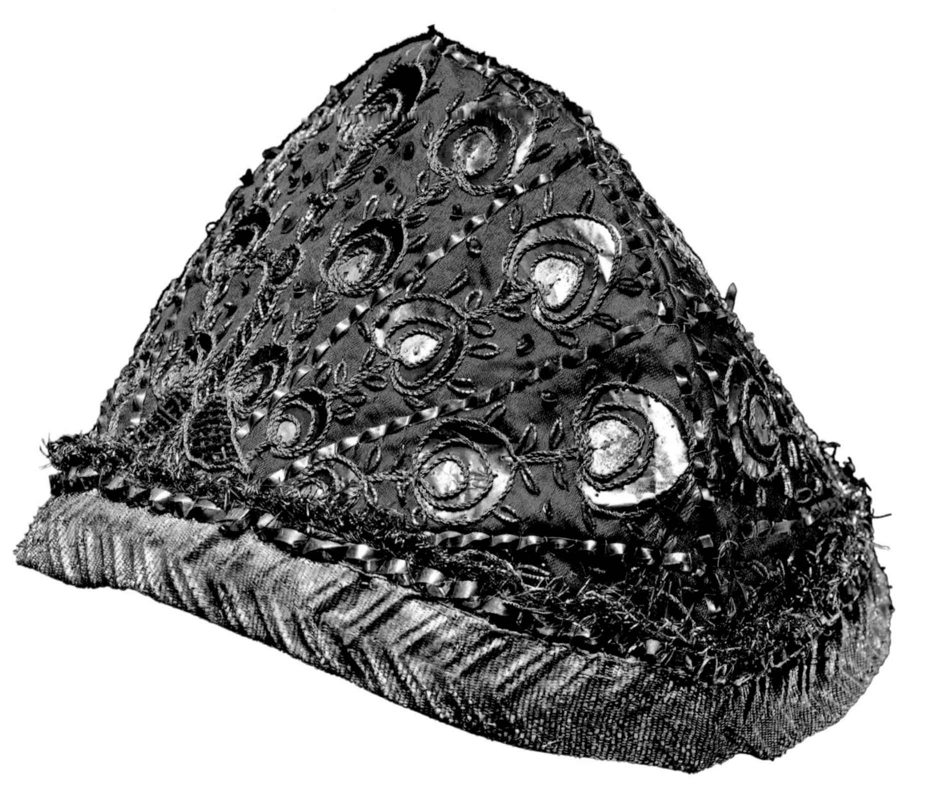

图562中这顶时尚的努卡达尔帽上有一只开屏的孔雀。这顶帽子是由两块半月形的缎子制成的，丰富的设计意味着它曾属于一位富有、时尚的男性。努卡达尔帽可在非正式场合代替头巾。AF

图562（上）
缎面努卡达尔帽
印度德里（可能），1840—1860
有银、镀银和金属箔的装饰
V&A博物馆藏品编号：5761（IS）

印度西部和巴基斯坦有悠久的丝线刺绣传统。这些地区的刺绣通常使用未加捻的丝线，这样刺绣就可以非常平整地贴在织物上，从而形成密集的图案。图563中这件上衣上的刺绣采用了茎针垫、缎纹针、人字针、透孔和挑绣等技法。AF

图563（右）
丝绣平纹绸儿童束腰上衣
巴基斯坦信德省，1900—1930
V&A博物馆藏品编号：IS.139-1960

普尔卡里是旁遮普族的特色花卉刺绣工艺，它是一种计数织补针法，使用有光泽、未加捻的丝线。普尔卡里通常用于披肩（图 564）刺绣，这种披肩一般是女性为婚礼或其他特殊家庭场合制作的。几乎整条披肩都要被刺绣覆盖，制作一条披肩可能需要一年甚至更长的时间。AF

图 565 中这件胸衣的刺绣者（可能就是穿着者本人）使用了装饰性缝线，从而将数百个圆形镜片固定在织物上。缎面是印度古吉拉特邦的喀奇地区较为流行的面料，不过，缎面衣服有时需要用更耐穿的棉布加固。例如，这件胸衣的腋下部分就有用来加固的棉布。AF

图 564
丝绣平纹棉质披肩
印度或巴基斯坦，1875—1900

由 W. 甘古利博士捐赠
V&A 博物馆藏品编号：IS.5 - 2017

图 565（对页）
丝绣缎面胸衣（细节图）
印度古吉拉特邦卡奇，1850—1900
有红色和蓝色丝线刺绣和小的圆形镜片

由拉坦塔塔夫人捐赠
V&A 博物馆藏品编号：IM.256 - 1920

图 566 中的这件素色丝绸晚礼服剪裁简单，使得精致的雪尼尔花线刺绣成为视觉中心。缠枝花卉的灵感应该来自 18 世纪马甲上常见的刺绣图案。这件晚礼服上的刺绣由勒萨热刺绣工坊设计，该刺绣工坊自 1949 年以来一直在弗朗索瓦·勒萨热的创意指导和管理之下。EM

孟买技艺高超的绣工为图 567 中的羊绒围巾做了精致的装饰。这条围巾来自爱马仕，上面印有爱马仕的经典图案——卡瓦尔卡多（马具和缰绳交织在一起的图案）。这个图案是由设计大师亨利·奥里尼于 1981 年设计的。围巾上的手工刺绣花了 500 小时才完成。DP

图 566（对页）
重磅真丝晚礼服（细节图）
安东尼奥·德尔·卡斯蒂略设计
法国巴黎，1957
面料来自法国纺织品和丝带制造公司斯塔隆，刺绣来自勒萨热刺绣工坊
有雪尼尔花线刺绣、亮片、珠子和宝石。晚礼服由德罗赫达伯爵夫人穿过

由穿着者本人捐赠
V&A 博物馆藏品编号：T.284-1974

图 567
丝网印花刺绣羊绒围巾
亨利·奥里尼设计
印花制作于法国里昂，刺绣制作于印度孟买 2M 工作室，2014

由爱马仕捐赠
V&A 博物馆藏品编号：72-2016

图 568 中的长袍是由两种不同颜色的柞蚕丝制作而成的：将织有人字形纹样的奶油色柞蚕丝饰片贴绣在天然色的柞蚕丝底上。纹样被巧妙地安排，以完美地适应 T 形结构的长袍。

图 569 中的这件纱丽采用了柞蚕丝丝绸，这是一种来自印度比哈尔邦当地的丝绸，更适合展示当地的刺绣工艺。比哈尔邦的妇女会用一种叫“苏加尼”（sujini，本意为链状线迹）的工艺将旧布料缝成被子。设计师将这种工艺用于在柞蚕丝丝绸上刺绣，从而设计出高端的印度传统服饰。DP

图 568
平纹塔萨丝绸长袍
阿沙 · 萨拉巴伊设计
拉格工作室制作
印度艾哈迈达巴德，1994—1995
有塔萨丝绸贴花

V&A 博物馆藏品编号：IS.9 - 1995

图 569（对页）
“卵石流”纱丽
斯瓦蒂 · 卡尔西设计
古里亚，拉尼，阿尼莎和库马里刺绣
印度比哈尔邦，2011—2012
塔萨丝绸纱丽，有棉线刺绣。配套丝绸衬衫面料来自印度，制作于英国伦敦，2011—2012

在美国的 V&A 博物馆之友的帮助下，通过佩里 · 史密斯先生购入
V&A 博物馆藏品编号：IS.21 - 2012

龙袍曾经是中国封建王朝的象征，书画以及影视资料中的穿着黄色龙袍的皇室成员给人留下了深刻印象。龙袍是乾隆时期的宫廷服饰的重要部分。图570中这件龙袍的肘部增加了袖襕且龙袍前襟中央没有开缝，这表明这是为宫廷的女性设计的。YC

图570
斜纹绸女式冬季龙袍
中国，1700—1800
有丝线和金线刺绣

V&A博物馆藏品编号：870 - 1901

时装设计师劳伦斯·许将龙袍重新诠释，并设计出了龙袍礼服（图571）。这件礼服结合了中国传统手工刺绣与欧洲剪裁技术（包括褶裥和垫肩），非常贴合穿着者的身体。礼服的拖尾宛如人鱼的尾巴。YC

图571（对页）
东方祥云
劳伦斯·许设计
中国，2011
缎面礼服，上有丝线和金属线刺绣

由设计师本人捐赠
V&A博物馆藏品编号：FE.3 - 2012

在越南，直到20世纪中叶，有金属线刺绣的丝绸长袍只能作为宫廷服装。用双钉线绣制作抽象的花卉纹是阮朝（1802—1945）的首都顺化的传统。图572中女式上衣上的花卉纹使用了相同的绣法。这是传统和现代结合的典型例子，因为花朵中心颜色柔和的彩色丝线和打籽绣体现了法国殖民地的影响。SFC

图572
缎面女式上衣
维多利亚·罗设计
FASHION4FREEDOM 制作
越南顺化，2016—2017
有丝线和银包线刺绣
V&A 博物馆藏品编号：IS.22:1 - 2019

烫印

烫印是效果明显且相对便宜的装饰工艺，这种工艺在 16 世纪被普遍使用。烫印工艺需要刻有图案的金属模具或印章。工匠先将金属模具或印章加热到适当的温度，然后再将其盖在天鹅绒上。这样，天鹅绒上就会产生图案，其效果类似镂空的西塞尔天鹅绒。在图 573 和图 574 中，我们可以看到这种工艺被用于存放贵重物品的箱子的内衬上。VB/SB

图 573
置物箱
意大利，1580—1620
覆面为镀金的皮革，内衬为烫印有意大利常见图案的天鹅绒

V&A 博物馆藏品编号：479 - 1899

图 574（对页）
烫印天鹅绒十字褡（细节图）
意大利（可能），1600—1625

V&A 博物馆藏品编号：146 - 1895

图 575（对页）和图 576（上）
绸缎男式束腰短上衣和马裤
英国，1630—1640
有烫印、剪花和编织缎带装饰

V&A 博物馆藏品编号：348 - 1905

图 577（下）
缎带
英国，约 1746
采用了烫印工艺

V&A 博物馆藏品编号：T.115 - 1999

剪花、装饰性孔洞图案和烫印能让缎纹织物更有特色（图 575 和图 576 展示了用以上工艺进行装饰的服装）。烫印指将加热的金属印章印在织物上，以形成有明暗对比的图案。图 577 中的印花缎带上印有皇家纹章，两侧是卷轴式旗帜和“GLORIOUS WILLIAM”（光荣的威廉）、“REBELLION CRUSH'D”（粉碎叛乱）的字样。它是为了纪念乔治二世国王于 1746 年取得胜利，终结了斯图尔特家族企图夺取大不列颠和爱尔兰王位的梦想而制作的。SN/SB

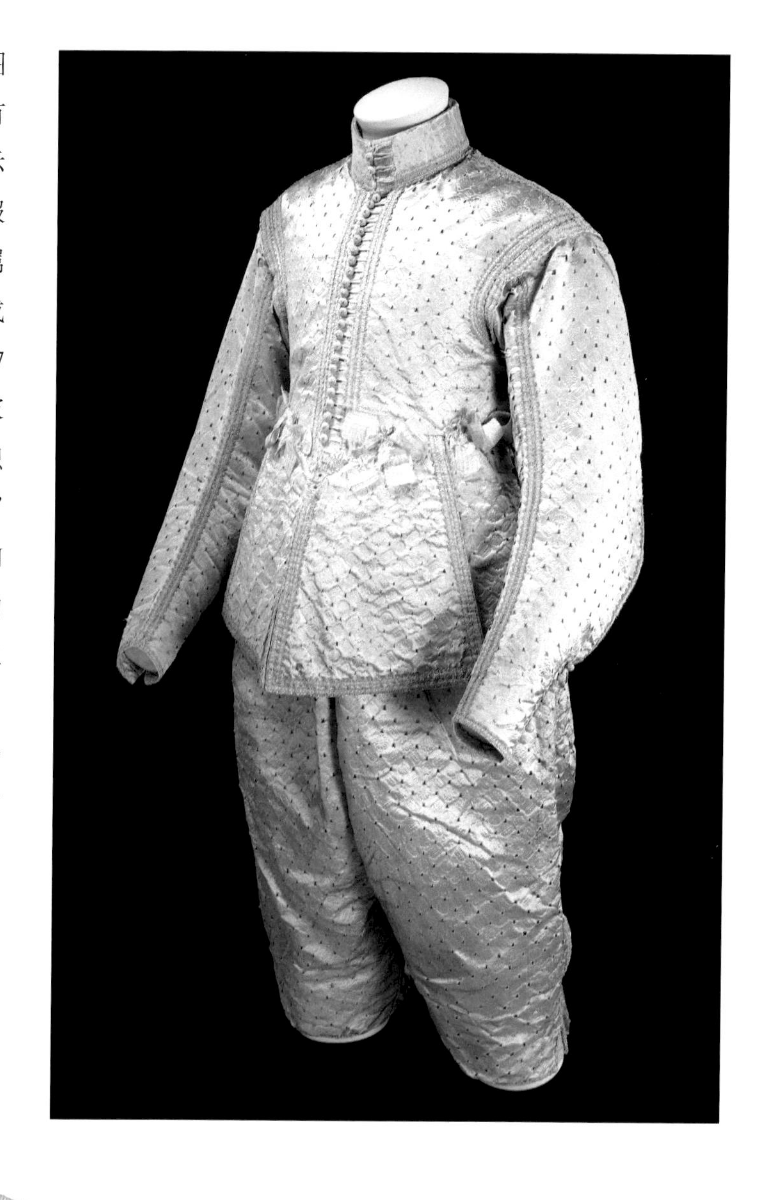

斯拉修、打孔、烧花

斯拉修（图 578 和图 579 展示了用斯拉修装饰的服装）是一种流行的服装裂口工艺，这种工艺比刺绣快得多，但用在织造紧密的缎织物上效果最好。工人通常用一个小而尖锐的工具对浮长部分进行切割，以减少劈裂发生。SN

图 578 和图 579（对页）
缎面女式上衣
英格兰，1630—1640

V&A 博物馆藏品编号：172 - 1900

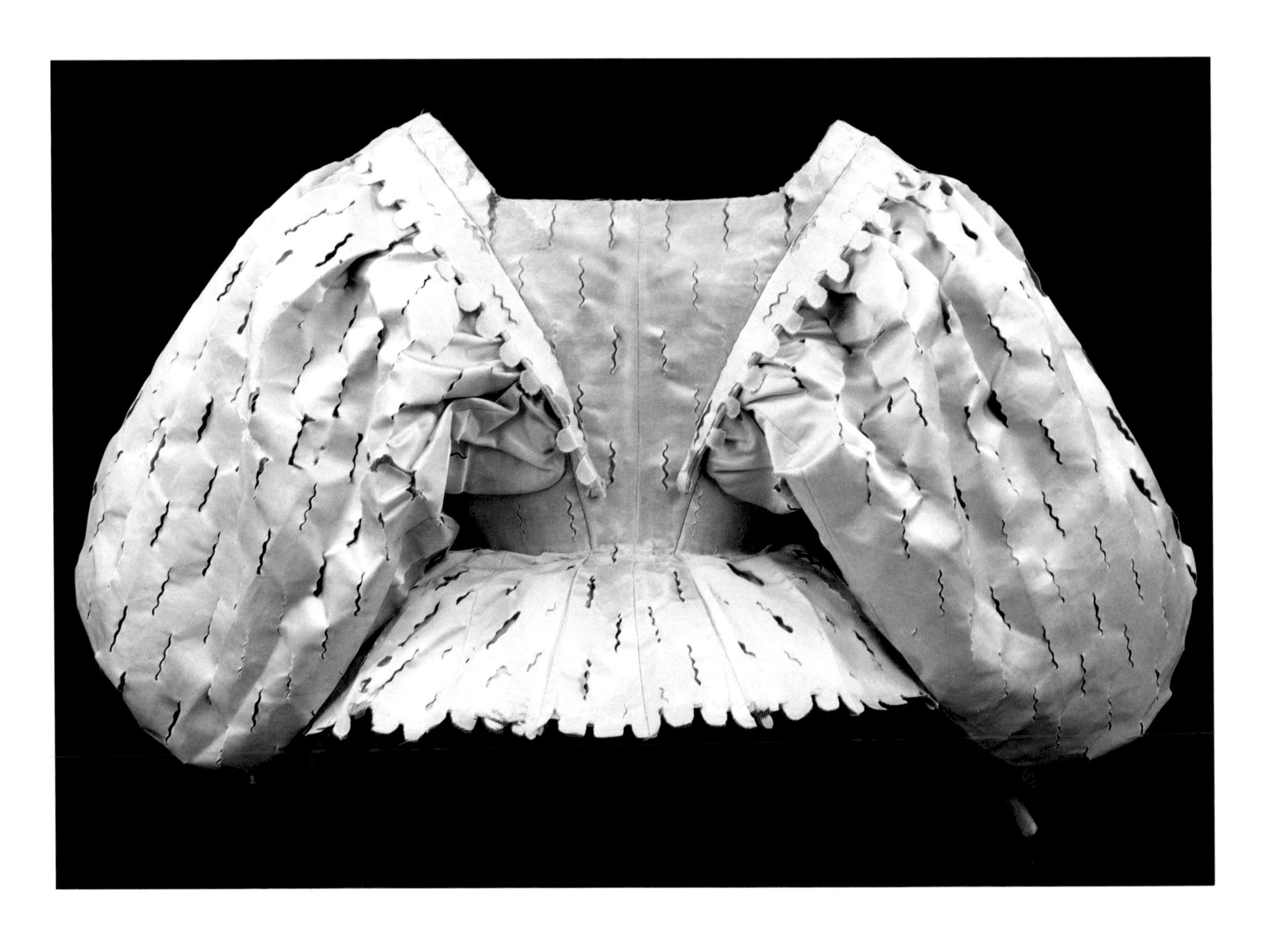

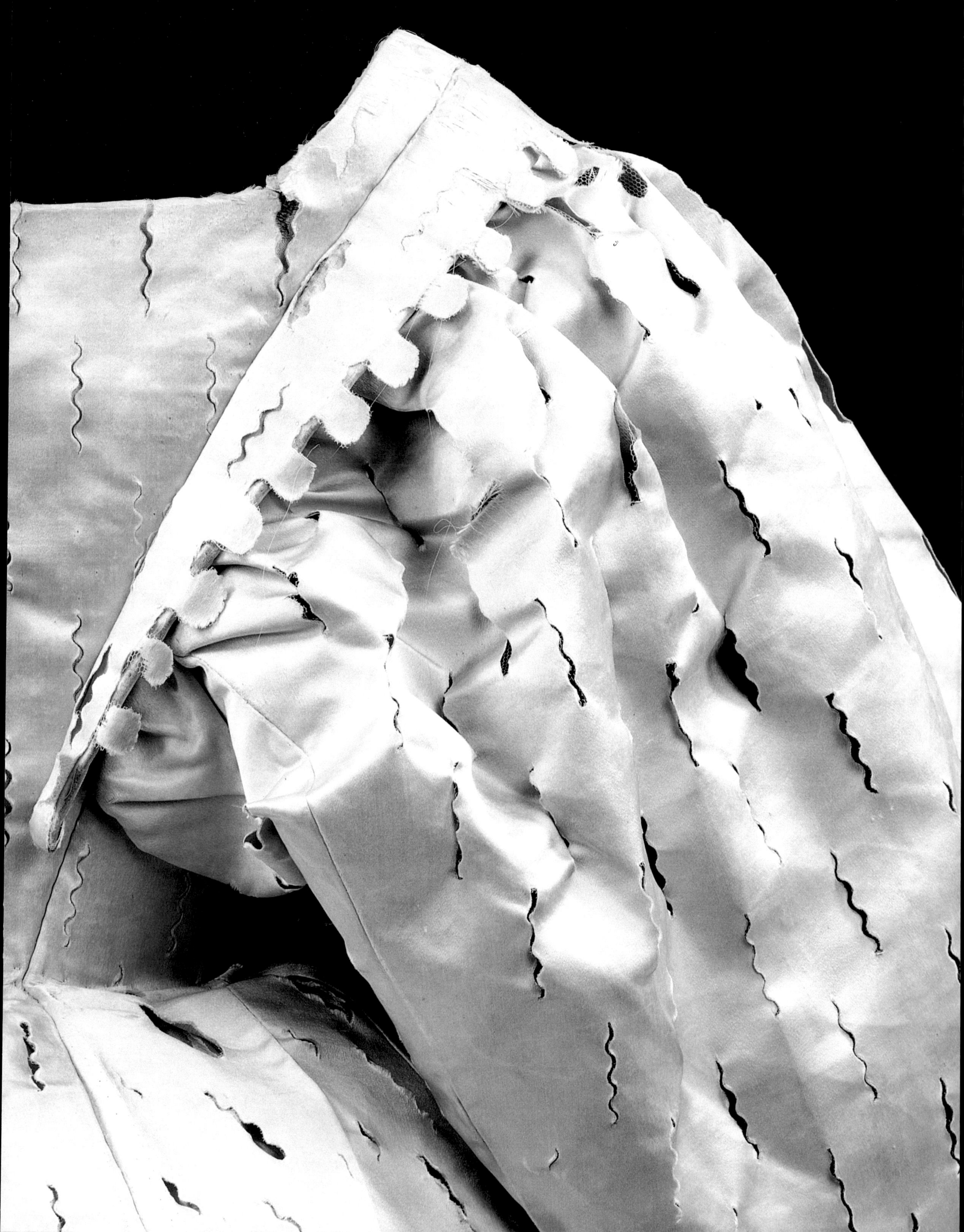

这两件织物（图 580 和图 581）展示了裂口切割前后的两种状态。赤陶色面料上的纬浮长还没有被切开，而橄榄色丝绸上的浮长已被切开形成裂口。裂口处露出了内衬面料的颜色，创造出了立体的装饰效果。SB

图 580（对页）
挖花织物残片（细节图）
意大利，1625—1650

V&A 博物馆藏品编号：835 - 1910

图 581
有裂口的缎织物（细节图）
意大利（可能），约 1600

V&A 博物馆藏品编号：T.226 - 1901

打孔工艺会使用一种带有圆齿的工具，直接打穿部分面料形成孔洞而非切割经纬线。在图583中的马甲上，刺绣玫瑰花蕾周围的同心线小孔是通过打穿细密的塔夫绸形成的。而图582中丝巾上的洞是用化学品烧出的，小的洞在丝巾的边缘形成边框，大的洞在丝巾的中央形成装饰性圆环。一些不那么精确的洞表明这条丝巾上的洞应该是手工制作的。SN/DP

图 582
烧孔平纹丝巾
阿沙 · 萨拉巴伊设计
拉格工作室制作
印度古吉拉特邦哈迈达巴德，1994—1995
V&A 博物馆藏品编号：IS.23 - 1995

图 583
男式平纹绸马甲（细节图）
英国，1780—1790
有丝线刺绣和带有冲孔的银片
V&A 博物馆藏品编号：T.286 - 1982

水波纹

图 584 中的套装即使是对小男孩来说也太小了。此外，套装采用了奢侈的面料，因此也不可能是学徒为了展示他学到的技能而制作的。这可能是一位裁缝为了展示他在制作男式宫廷服装方面的才能而制作的样品。套装所用的有水波纹纹理（摩尔纹）的丝绸与光滑的塔夫绸相得益彰。LEM

图 585 中这件胸衣使用了与主体面料颜色和质地都不同的面料以突出鱼骨（即鲸须），表明这件胸衣有可能是非正式服装。胸衣的主体由能够塑造形状的鱼骨精密地缝合而成，袖子能更清晰地显示出水波绸的纹理。SN

图 584
迷你套装
法国或英国，约 1765
面料选用绿色塔夫绸和白色水波绸

由 H. 普雷斯科特 - 德希小姐捐赠
V&A 博物馆藏品编号：T.282 to B - 1978

图 585（对页）
鱼骨胸衣（细节图）
英国或荷兰，1660—1680

由 C.E. 加利尼小姐捐赠
V&A 博物馆藏品编号：T.14&A - 1951

引人注目的普鲁士蓝增强了水波绸的光泽度（图586），它是第一种人工合成染料，在1856年威廉·H.帕金斯发现人工合成的淡紫色之后，活性苯胺染料开始广泛使用。CKB

图587展示的是一件无袖外袍，被称为“阿巴”。阿巴是贝都因男性的传统服装。这件阿巴可能是19世纪伊朗统治者授予游牧部落首领的“荣誉之袍”。荣誉之袍也被授予给重要的官员。在19世纪留存下来的一些绘画中，有些官员会将荣誉之袍披在其他衣服的外面。TS

图586（对页）
水波纹罗缎礼服（细节图）
英国，约1858

由珍妮特曼利小姐捐赠
V&A博物馆藏品编号：T.90&A-1964

图587
金属线挖花水波绸男袍
伊朗卡尚，约1870

V&A博物馆藏品编号：1303-1874

图 588 中这件婚纱的水波绸来自亚伯拉罕有限公司。该公司总部设在瑞士苏黎世，专门为高级定制时装屋提供高质量的面料。在1962/1963 年秋冬系列中，维克托·斯蒂贝尔选择了水波绸。这件婚纱来自该设计师的 1963 年春夏系列，选用了相同的面料。EM

这些丝带（图 589 ～592）都是单经单纬的丝织物。多色的条纹丝带通过改变单根经线实现换色。加热和加压使用罗纹辊压平的丝带产生了水波纹效果。不平坦的表面可以从各个角度反射光线，赋予丝带活力。HF

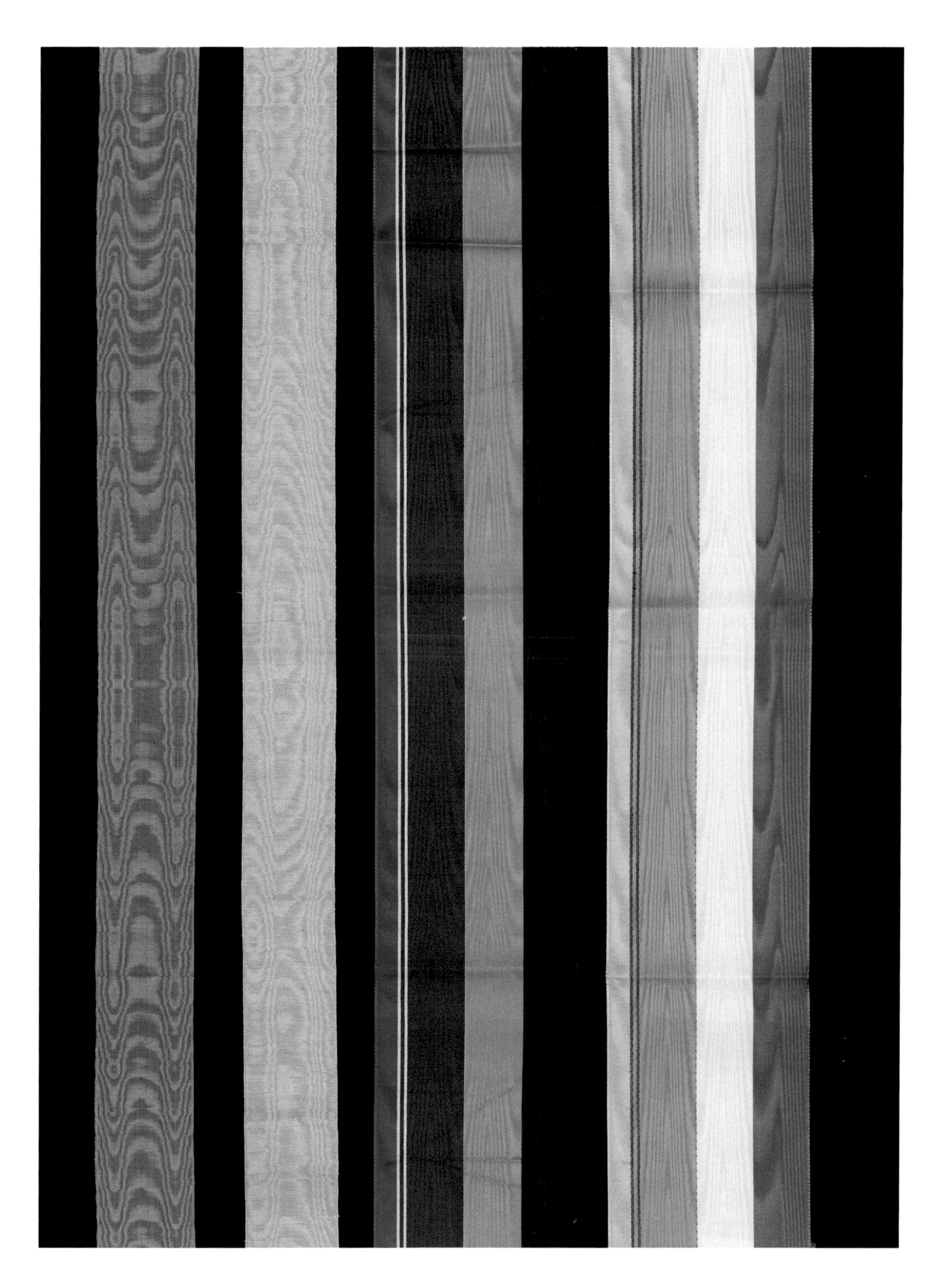

图 588
水波绸婚纱（对页）
维克托·斯蒂贝尔设计
面料来自亚伯拉罕有限公司
英国伦敦，1963 年春夏系列

由设计师本人捐赠
V&A 博物馆藏品编号：T.169 - 1963

图 589（右一）和图 590（右二）
条纹水波绸丝带
英国，1800—1850

由 G.F. 雷金特、A.L. 雷金特和 J. 雷金特捐赠
V&A 博物馆藏品编号：T.147B - 1923、T.147:26 - 1923

图 591（右三）和图 592（右四）
条纹水波绸丝带
英国，1890—1910

由罗莎莉·辛克莱尔夫人捐赠
V&A 博物馆藏品编号：T.574 - 1996、T.573 - 1996

褶裥和缩褶绣（司马克）

在 20 世纪，德尔斐礼裙上的永久性褶皱是如何制作出来的，至今仍是个谜。图 593 中绿色礼裙的灵感来自古希腊人系在肩膀上的束腰筒形衣“希顿”。（图 594 展示了礼服穿在身上的效果。）礼裙为意大利演员埃莉诺·杜塞所有。她是福图尼的好友，也是福图尼的客户之一。

图 593（下）
德尔斐礼裙
意大利亨丽埃特·尼格林设计
法国巴巴宁销售，1920

由塞巴斯蒂安·布洛神父捐赠
V&A 博物馆藏品编号：T.740 - 1972 和 T.739 - 1972

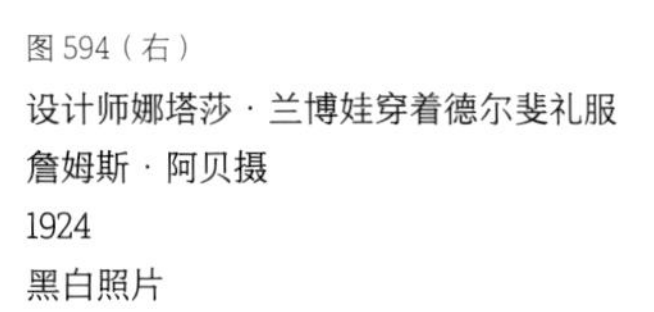
图 594（右）
设计师娜塔莎·兰博娃穿着德尔斐礼服
詹姆斯·阿贝摄
1924
黑白照片

图 595 和图 596 中这件夹克选用的面料被称为“卡迪”，它是由手工编织而成的。图中夹克的面料使用了未染色的蚕丝。设计师阿沙·萨拉巴伊喜欢未经染色的丝绸，并通过使用各种纺织品装饰工艺（如细小褶皱）来创造肌理效果和视觉趣味。DP

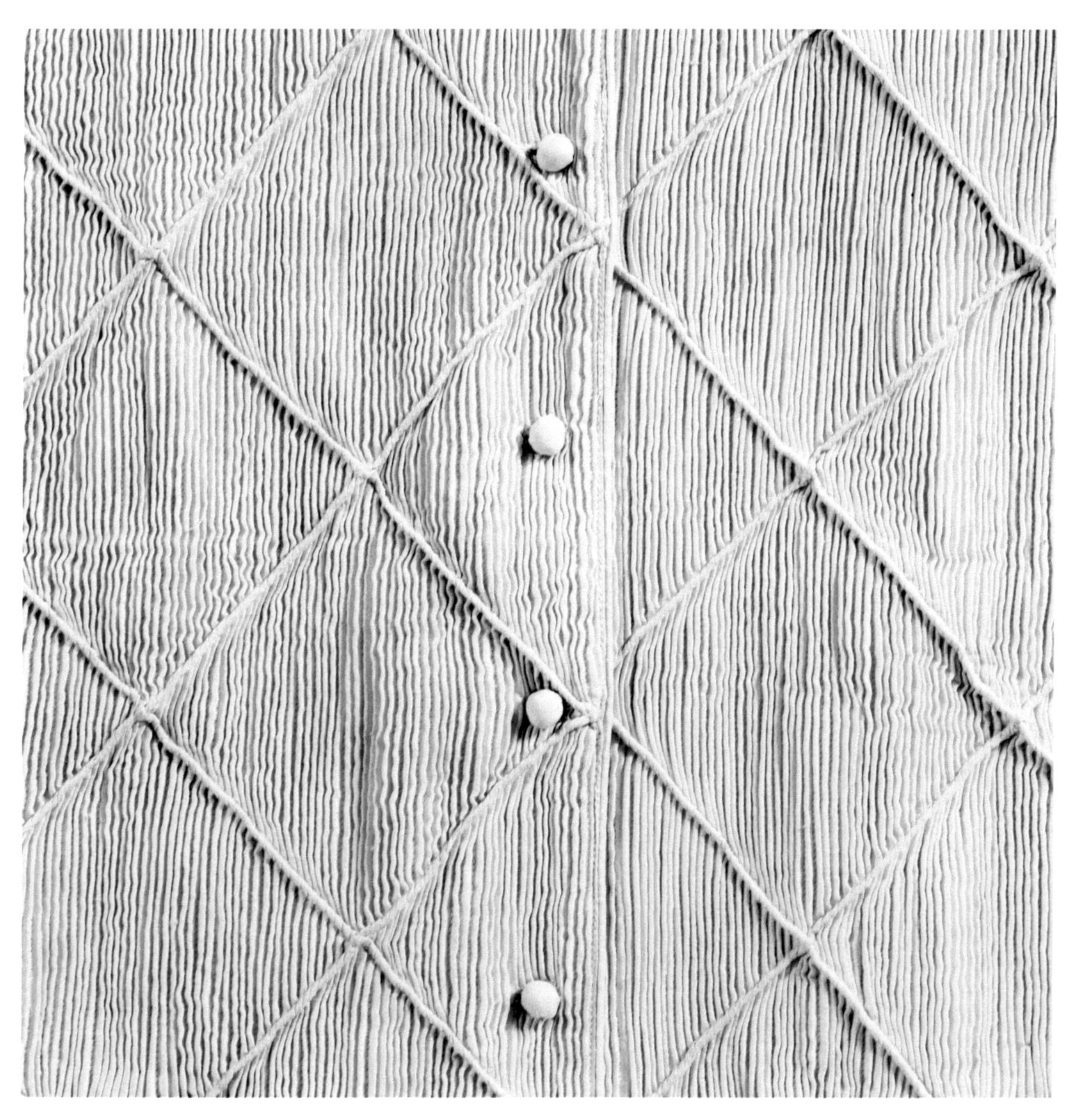

图 595（上）和图 596（下）
平纹打褶拼接丝质夹克
阿沙·萨拉巴伊设计
拉格工作室制作
印度古吉拉特邦艾哈迈达巴德，
1994—1995

V&A 博物馆藏品编号：IS.4 - 1995

1884 年，利伯提百货公司的服装部开业后，许多具有艺术头脑的英国中上阶层女性接受了所谓的“唯美服装”（aesthetic dress）。这种连衣裙（图 597）与那些骨架僵硬、体积庞大的时尚长裙形成了鲜明对比。这些连衣裙常常穿在衬裙外面，并且往往是用挺括的丝绸制成。如此，在柔软丝绸上的褶裥能够产生非传统设计师所追求的令人舒适的流畅线条。CAJ

图 597（对页）
平纹绸缩褶连衣裙
利伯提有限公司生产
英国伦敦，约 1895

V&A 博物馆藏品编号：T.17 - 1985

图 598（上）
手工缩褶丝质儿童连衣裙
加拿大，1953

由卡罗琳 · 古德费洛小姐代表她母亲捐赠
V&A 博物馆藏品编号：MISC.98 - 1980

在英国，缩褶绣通常绣在棉布上，常与乡村服饰或民间传统服饰联系在一起，自 19 世纪起成为儿童服装（图 598）的标志。在凯特 · 格林纳威的插图（图 599）中就有穿着缩褶绣服装的儿童。图 598 中的儿童连衣裙是穿着者的母亲在 20 世纪 50 年代制作的，虽然有缩褶绣的连衣裙在当时较为常见，但是，丝绸使这件连衣裙与众不同。JR

图 599（下）
三个穿着白裙子的女孩坐在花园里喝茶
凯特 · 格林纳威绘
伦敦，19 世纪 80—90 年代
彩色木版画

由盖伊 · 特里斯特拉姆 · 利特尔捐赠
V&A 博物馆藏品编号：E.2446 - 1953

喝酒、跳舞和污渍

在浅色丝质晚礼服或婚纱上有深黄色或棕色污渍的情况并不罕见，这些污渍很有可能是香槟或其他无色饮料留下的。在当时，这些小意外似乎无关紧要，但随着其中糖的氧化，它们会慢慢变暗，从而形成深黄色或棕色的污垢。

我们以图 600 中的蛋糕裙为例。这是设计师保罗·波烈的经典设计（图 601 为蛋糕裙的广告）。在裙装的奶油色面料上有大片染色，在染色的地方有明显的黄色痕迹（图 602）。这片痕迹最有可能是喝酒引起的意外留下的，因为裙装的腋下区域只留下很少的汗渍，且黑色袖子状况良好。

丝绸、珠饰、金属箍和毛皮使得这件裙装很难清洗，未清理的污渍表明这条裙子可能并没有受到爱护。

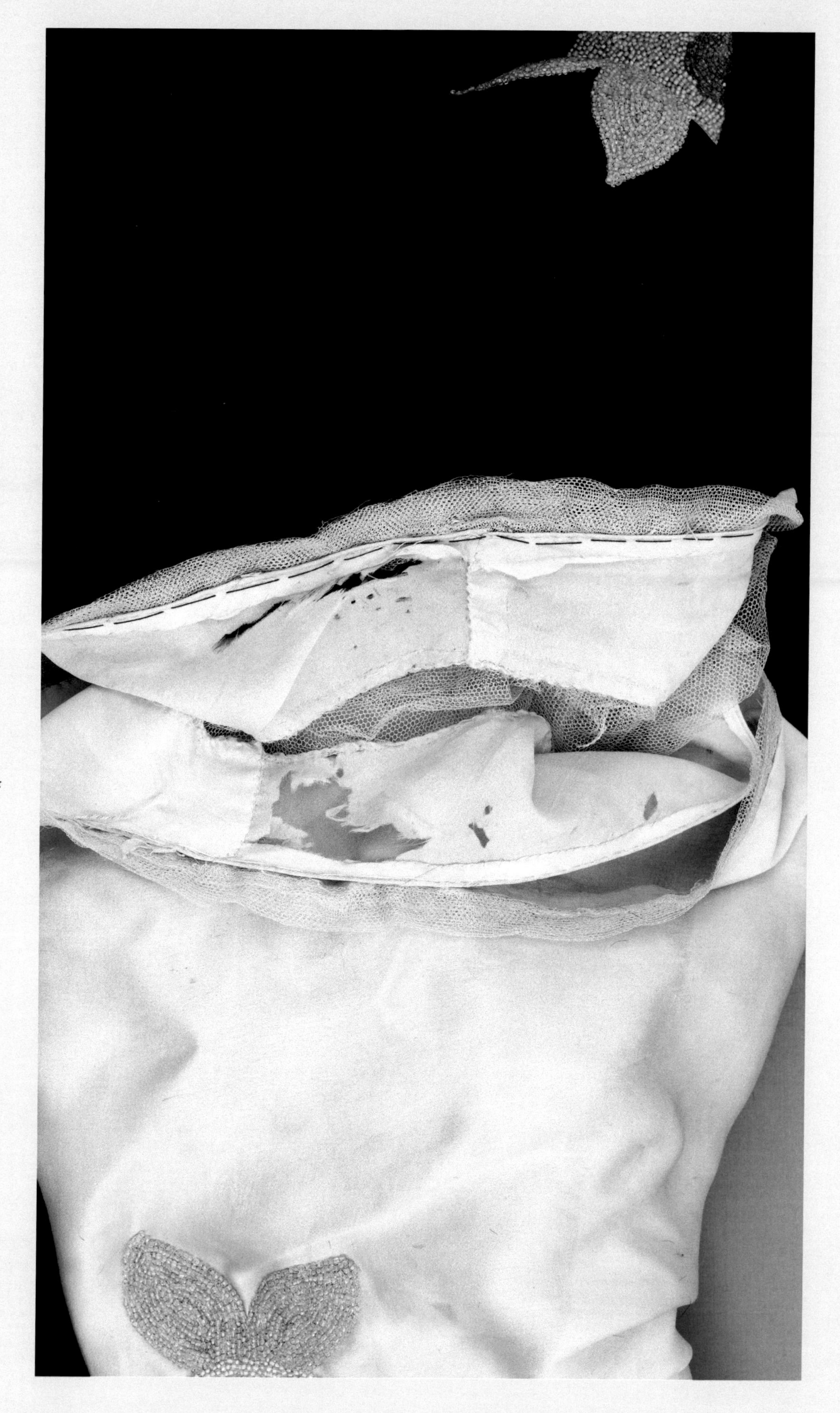

图 600（对页右）
蛋糕裙
保罗 · 波烈设计
法国巴黎，1913
缎面外套，饰有玻璃珠、毛皮，有一条雪纺腰带

V&A 博物馆藏品编号：T.385 - 1976

图 601（对页左）
这是什么？保罗 · 波烈的蛋糕裙
乔治 · 利佩绘
法国巴黎，1913 年 9 月
手工彩色印刷品，刊登于法国时尚杂志《美好时光》

图 602
蛋糕裙装上的污渍

这件和前面裙装几乎同一时期、来自俄罗斯芭蕾舞团的戏服（图 603 和图 604）则见证了表演者的辛苦工作。这件中国魔术师戏服的上衣由红色绸缎、黄色丝绸贴花、银饰和厚厚的棉质衬里构成，表演者穿着这套戏服在舞台上肯定很热。

位于戏服颈部和腋下的黄色丝绸贴花因磨擦而受损，正面的红色丝绸被污染且破损，肩部周围有许多破损。衬里被弄得很脏，有补丁，衣领上有油腻的化妆品。

芭蕾舞团经常有巡回演出，戏服偶尔才会被送去干洗——在时间和金钱允许的情况下。但从长远来看，银饰的重量、演员穿着戏服跳舞，以及在第二次世界大战期间这套戏装被埋入地下，都对它造成了相当大的破坏。

图 603（对页）
刺绣缎面戏服
巴勃罗 · 毕加索设计
法国巴黎，1917
此为俄罗斯芭蕾舞团创作的芭蕾舞剧《游行》中中国魔术师角色所穿的戏服

V&A 博物馆藏品编号：S.84 - 1985

图 604
厚重的装饰使红色丝绸受损

图 605

女式丝绸和服

日本，1780—1820

有丝线和金包线刺绣、手绘水墨图案，仿丝网扎染

V&A 博物馆藏品编号：FE.19 - 1986

图 606（对页）

和服上的虫蛀

事实上，脏衣服和干净衣服都会招来害虫。图 605 中这件来自 18 世纪晚期的和服袖子上的红色丝线刺绣中发现了蛀虫的壳（图 606）。丝线虽然是一种蛋白质，但很少被害虫当作食物。然而在此例中，蛾啃食掉了刺绣、米色丝绸面料、丝质填充物以及红色的丝袖内衬。EAH

王后的刺绣

图 607 中的箱子具有柔软、厚实的衬垫，可以安全地存放手帕、手套或扇子等精致的配饰。上面的 6 对宽丝带可以将它牢牢地绑起来，以确保里面东西的安全。箱子两面均采用象牙色平纹绸，边缘饰有浅绿色塔夫绸条纹；箱子上面绣有玫瑰、三色堇和紫丁香花，花卉均采用缎纹针法，巧妙地显示出渐变色；每个角都有三根孔雀羽毛图案。

箱子上的图案以及图案的布局和颜色与凡尔赛宫玛丽・安托瓦内特王后（图 608）的卧室的夏季家具非常相似。这些家具是由让 - 弗朗索瓦・博尼于 1786 年设计制作的，卧室中帷幔和其他室内装饰（包括丝带）上的图案和与箱子上的相同。与图 609 中王后的床罩对比，设计的相似之处一目了然，床罩的四角都有三束孔雀羽毛，羽毛的尖端微微弯曲。

如今，凡尔赛宫的王后卧室中迷人的丝绸装饰忠实地复刻了博尼的设计。[11] 瀑布般的丝绸饰边和流苏与手帕盒上的流苏非常相似，都显得无比奢华。这些昂贵得令人瞠目结舌的装饰由无数玫瑰花结和螺旋组成，用羊皮纸条和金属丝制成。它们被扭成花瓣的形状，并用丝线包裹，最后通过打结组合在一起。制作它们所用的丝绸与刺绣的色调相得益彰，从图 608 中我们可以看到，前面提及的室内装饰的风格和色调与玛丽・安托瓦内特王后的服饰也极为相似。SB

图 607（对页）
手绢盒
法国，约 1787
表面为象牙色和浅绿色平纹绸，有丝线刺绣和丝带饰边

图 608（左）
法国王后玛丽・安托瓦内特
弗朗索瓦 - 休伯特德鲁瓦绘
法国巴黎，1773
帆布油画
由约翰・琼斯遗赠
V&A 博物馆藏品编号：529 - 1882

图 609（右）
夏季床罩刺绣设计图
让 - 弗朗索瓦 · 博尼绘
法国，约 1786
在法国凡尔赛城堡为王后玛丽・安托瓦内特设计的卧室

来自韩国的密信

韩国艺术家咸京创作的作品，其内容和制作过程都集中在朝鲜半岛南北之间的文化差异上。自2008年以来，刺绣一直是她的首选媒介。她将自己的作品切割成小块，并将其运到朝鲜，然后由那里的绣工进行刺绣。

咸京的作品中通常隐藏着英语或韩语的信息。最后重新组合的刺绣作品与她最初的设计并不相符，因为每件作品并非只由一名绣工完成。绣工会根据自己的喜好，通过修改绣线的颜色或图案，缎线和丝线的方向并不一致。

由于作品的有些部分在离开南方的途中丢失，咸京仍然耐心地等待它们的回归，以便完成作品。V&A博物馆的这件藏品（图610和图611）上绣有“Big Smile”（灿烂的笑容）字样，激励人们在群众庆祝活动中向领导人表达自己的骄傲和幸福。

在朝鲜王朝，缝纫和刺绣是妇女创造性的来源。当时，宫廷刺绣和民俗刺绣两种刺绣风格并行发展。宫廷刺绣（图612）使用颜色柔和的加捻丝线，图案优雅大方，由图画署的专业画家设计。民俗刺绣颜（图613）色鲜艳，图案是由社会地位较低的人设计制作。到19世纪末，随着对刺绣需求的增长，民俗刺绣开始成为一个利润丰厚的行业，其主要生产中心之一位于平安南道安州（现位于朝鲜）。

咸京借助刺绣揭示了朝鲜和韩国之间的社会文化差异。虽然这些刺绣的生产点和制作者不详，但它们与朝鲜半岛悠久的刺绣传统相呼应。RK

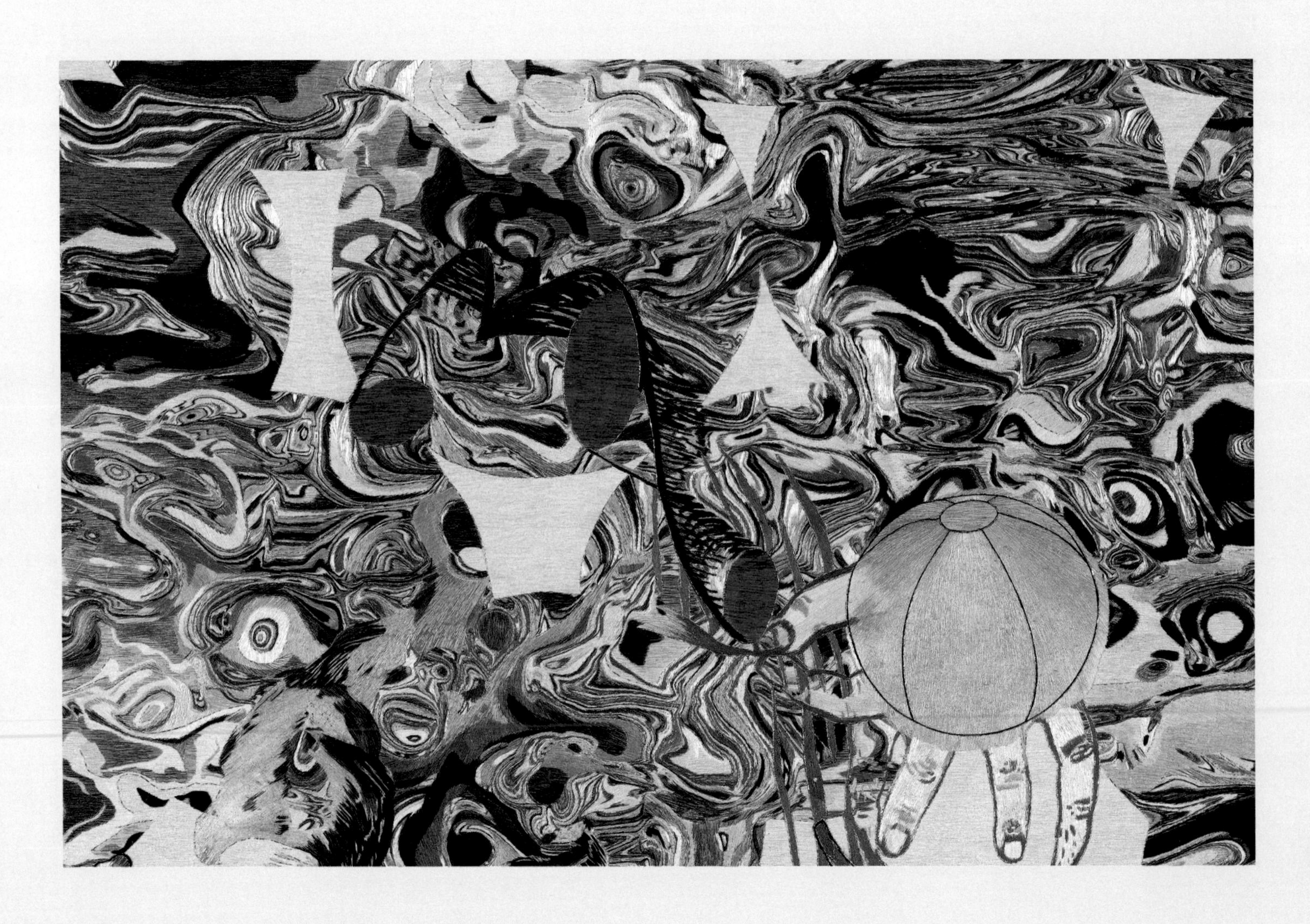

图 610

针语 / 针国家 / 迷彩短信系列 / 灿烂的笑容 RO1 - 01 - 01

咸京设计

刺绣制作于朝鲜

韩国首尔，2015

棉布丝绣作品

由三星集团出资购入

V&A 博物馆藏品编号：FE.24 - 2016

图 611（对页）

图 610 中作品的细节图

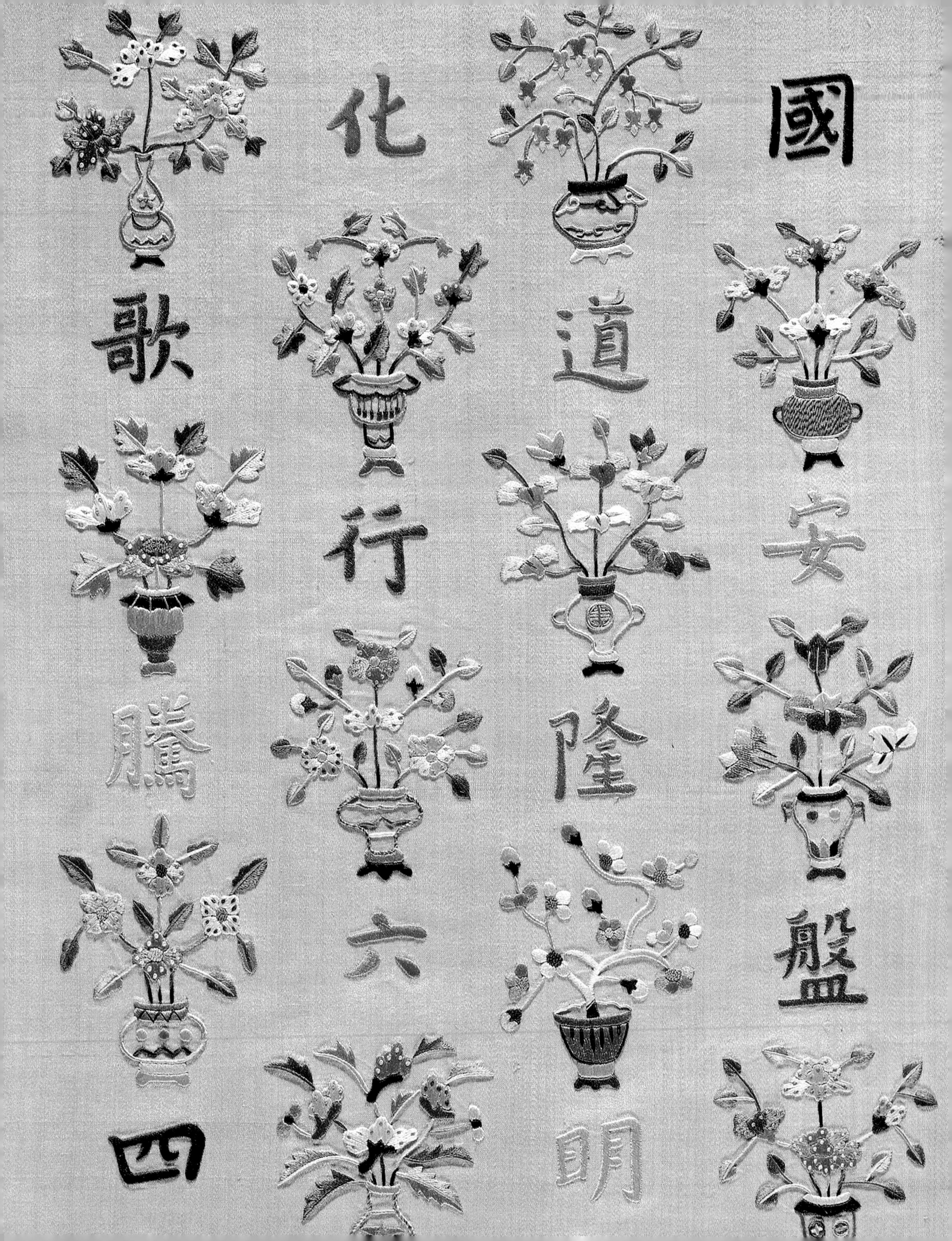
國安盤
道隆明
化行六
歌騰四

图 612（对页）

花卉纹和吉祥语宫廷刺绣折叠屏风（背面细节图）

韩国，1885—1910

韩国海外文化遗产基金会和韩国和平牙科网络对藏品的保护工作提供了支持

V&A 博物馆藏品编号：FE.29 - 1991

图 613

花鸟丝绸刺绣折叠屏风（细节图）

朝鲜安州（可能），1800—1900

八扇屏风的其中两扇

韩国海外文化遗产基金会和韩国和平牙科网络对藏品的保护工作提供了支持

现藏于德国 MARKK 世界文化艺术博物馆

名词解释

麻绳：从一些植物茎部的内皮部分（韧皮层）获取的植物纤维，例如亚麻、大麻或苎麻。

蜡染：使用蜡进行防染印花的工艺。

织锦：一个不太精准的术语，用于描述拥有丰富图案的纺织品，进一步可指图案是织出来的纺织品，特别是用金银线织出图案的纺织品。

雪尼尔花线：一种花式纱线，从纱线中心向外围延伸出一束束短的绒毛状纤维，好似毛虫。

雪纺：薄纱织物，用加强捻的纱线织成，表面无光泽，质地轻薄。

印经平纹织物：来自法语的术语，一种类似伊卡的织造前进行纱线纺染染色制作出图案的纺织品，形成于1830年代，那时通常是经线染色，产生的图案一般呈现一种模糊的或云雾状的轮廓。

纤线：提花机上能在织物幅宽方向上控制经线起落即能储存织物图案花本信息的综框里的综线，数量越多，设计出的图案越精细。

织物经纬密度：一个计算织物纱线数量的单位，例如一厘米或一英寸长度内经线和纬线的根数。

绉纱：一种表面具有纹理的中型或轻型织物，纹理可通过强捻纱线、变形纱线、化学处理或特殊织法等方式产生。

断纬：一种织造技艺，穿引一根纬线时没有穿过所有的经线，仅依图案的颜色宽度进行部分经纬交织，这种方法通常在制做织锦和缂织织物时使用。

提花织机：织造提花织物的织机使用两组综框，一组综框织出地组织，另一组综框织出花组织。

提花织物：用于描述有循环图案的纺织品。

绣花丝线：没有明显加捻过的丝线，一般用于绣花。

纱罗：经线起绞、纬线平行交织的具有透孔效果的织物称为纱罗，其组织为纱罗组织。有一类经线不绞转的平纹织物也可称为纱，它织造时在二经与二经、纬线与纬线之间留出一定的空隙，形成方孔纱地，通常称假纱。

透明丝织物：一种紧实的平纹组织丝绸织物。

镶边：一种用编织或绞合的纤维束制成的镂空饰边。

图尔横棱绸：一种较为结实的全丝平纹织物，采用双股经或三股经，且每梭口打双纬以起棱。

罗缎：表面有明显横向罗纹效果的织物，通常用蚕丝织成。

伊卡：扎经 / 扎纬和扎经纬染色后织造出织物的统称。

（提花机）纹版：用于手工织机或动力织机的打孔卡式花板，最初是为了取代在提花机上与织工配合的拉花的工人。

特结锦：一种用两组经线（地经和结接经）和至少两组纬线（一种为地纬、另一种为纹纬）织造而成的多层织物。

流苏花边：用细绳、粗线、羊毛或其他纱线进行打结，这些结按不同的顺序排列可创造出不同的图案。

水波纹（摩尔纹）：织物表面具有波纹效果，其制作方法是对罗纹织物进行挤压，使压平和未压平的部分产生不同的反光效果。

欧根纱：用蚕丝或人造丝制成的精美、轻盈的平纹薄纱面料，质地挺括有光泽。

加捻：加捻丝线以增强其强度。

配饰：装饰物，尤其是穗带、绳结和辫带装饰。

平纹组织：一种一上一下的组织，形成均匀、平滑的效果。用该组织织成的织物叫"平纹织物"。

春亚纺丝绸：由野蚕丝 / 柞蚕丝织成的轻质平纹织物，通常经线比纬线细；其表面外观具有明显结块。

生丝：未去除胶（丝胶）的丝线。

缫丝：将蚕丝从蚕茧中抽出并卷绕于筒子上的过程，称为缫丝。

斜纹纬锦：一种由两组经线和至少两组纬线形成纬面复合斜纹的织物，内部的经线全遮盖不可见。

缎纹组织：一种织物组织，用该种组织织成的表面光滑有光泽的织物叫“缎纹织物”。该种组织其经线（或纬线）浮线较长，交织点较少。

幅边：平行于经线方向的织物外缘，由纬线与最外侧的经线交织而成，通常比织物的其他部分更密。

梭子：用来承载和引导纬线运动的工具，装有纬线的梭子在经线之间来回抛掷穿梭。

加捻：将丝线捻在一起的术语。

附加经线 / 纬线：在织造过程中添加一组经线和纬线。

坦绸伊：印度的一种融合了印度与中国风格的缎面丝绸，其特点是满布由两组经线和多组纬线织成的小型图案。

塔夫绸：平纹组织的密织型丝绸织物，经线与纬线的数目相等。

扎染：通过将部分布料用线系在一起以防止染料接触织物而形成防染图案的工艺。

重组织：丝绸织造用到两组经线和两组纬线。

斜纹组织：一种织物组织，用该组织织成的织物叫“斜纹织物”。该组织是经线和纬线的交织点在织物表面呈现出斜纹线的结构形式。

天鹅绒：用一根或多根附加经线织成的带绒头的织物，起绒经在织造过程中形成绒圈，可以割绒和不割绒。

经线：固定在织布机上的线，构成了织物的长度。

废丝：来自破损或瑕疵茧或来自缫丝废料的丝，有时也纺成纱线。

纬线：织工用梭子穿过经纱的纱线。

野蚕丝：半家养（未完全驯化成功）的蚕丝，如柞蚕丝、琥珀蚕丝（印度野蚕丝）和蓖麻蚕丝等。野蚕丝比家蚕丝更为扁平，纵向表面有条纹。

色织物：用预先染色的纱线进行织造的工艺。

友禅染：一种日式徒手染浆防染的染色工艺，通过从小布管中挤出的薄浆绘制图案轮廓，然后在未刷浆处刷染料进行防染的工艺。

参考文献

绪 论

1 Schäfer et al. 2018, p. 1.
2 Crill 2015, p. 120.
3 Ibid., pp. 20-3.
4 Denis Diderot and Jean Le Rond d'Alembert, *Encyclopédie, ou Dictionnaire raisonné des sciences, des arts et des métiers,* 28 vols (Paris 1751-72; Diderot and d'Alembert hereafter), vol. 15 (1765), pp. 303-6.
5 Peer 2012; Kassia St Clair, *The Golden Thread: How Fabric Changed History* (London 2018), pp. 271-86.
6 Donald Coleman, 'Man-made fibres before 1945' and Jeffrey Harrop, 'Man-made fibres since 1945', in Jenkins 2003, vol. 2, pp. 933-71.
7 Sea silk (byssus) does not have a continuous filament, though it is lustrous like silk. Felicitas Maeder, 'The project Sea-silk - Rediscovering an Ancient Textile Material', *Archaeological Textiles Newsletter*, 35 (Autumn 2002), pp. 8-11.
8 Faragò in Schoeser 2007, p. 64.
9 Douglas Page (ed.), *Mountaineers: Great Tales of Bravery and Conquest* (The Royal Geographical Society and the Alpine Club 2015), pp. 41-3.
10 Faragò in Schoeser 2007, p. 64; Brandon Gaille Small Business and Marketing Advice, *20 Silk Industry Statistics, Trends & Analysis*, 26 February 2019.
11 Watt and Wardwell 1997, p. 23; Susan Whitfield, *Silk, Slaves and Stupas. Material Culture of the Silk Road* (Oakland 2018), pp. 190-218.
12 Vainker 2004, pp. 46-8; Watt and Wardwell 1997, p. 23.
13 J.P. Wild in Jenkins 2003, vol. 1, p. 108; Muthesius 1995, pp. 255-314.
14 Crill 2015, p. 22.
15 W.O. Blanchard, 'The Status of Sericulture in Italy', *Annals of the Association of American Geographers*, 19:1 (1929), pp. 14-20.
16 Alison Philipson, 'Luxury of silk woven in Italy to return after decades-long absence', *Telegraph*, 19 March 2015.
17 Musée de la soie, Saint-Hippolyte-du-Fort; Seryicyn: https://www.sericyne.fr/en/sericyne-la-fibre-of-reves/ (accessed 25 November 2019).
18 Tessa Morris-Suzuki, 'Sericulture and the Origins of Japanese Industrialization', *Technology and Culture*, 33:1 (1 January 1992), pp. 101-21; Debin Ma, 'Why Japan, Not China, Was the First to Develop in East Asia: Lessons from Sericulture, 1850-1937', *Economic Development and Cultural Change*, 52:2, (01/2004), pp. 369-94.
19 The Silk Association of Great Britain, http://www.silk.org.uk/history.php (accessed 20 July 2019).
20 Feltwell 1990, pp. 26-33.
21 Mairead Dunleavy, Pomp and Poverty. *A History of Silk in Ireland* (New Haven and London 2011), pp. 43-5, 183-8.
22 Ben Marsh, ' "The Honour of the Thing" : Silk Culture in Eighteenth-century Pennsylvania', in Schäfer et al. 2018, pp. 264-80.
23 Bernard Webber, *Silk Trains: the Romance of Canadian Silk Trains or 'The Silks'* (Kelowna 1992), ch. 1 and 2, pp. 39 and 62. We are grateful to Susan North for this reference.
24 Vicki Hastrich, 'Making silk', *RAS [Royal Agricultural Society of New South Wales] Times* (25 October 2015).
25 J.G. Dingle, *Silk Production in Australia*. A Report for the Australian Government Rural Industries Research and Development Corporation (May 2000).
26 J.G. Dingle, *Silk Production in Australia*. A Report for the Australian Government Rural Industries Research and Development Corporation (November 2005).
27 José Luis Gasch-Tomás, 'The Manila Galleon and the Reception of Chinese Silk in New Spain, c. 1550-1650', in Schäfer et al. 2018, pp. 251-64.
28 Leslie Grace, '460 Years of Silk in Oaxaca, Mexico', *Textile Society of America Symposium Proceedings* (2004), 482, pp. 462-4.
29 'Artesanía textil de Oaxaca encuentra aliados: los gusanos de seda', *Forbes México* (21 January 2019).
30 Oswaldo da Silva Pádua, 'A Origem da sericicultura', *Nova Esperança* (4 April 2005).
31 Viníniciиus Kleyton de Andrade Brito and Fabiane Popinigis, 'O Estabelecimento Seropédico de Itaguaí', Universidade Federal de Rio de Janeiro (June 2016); Aniello Angelo Avella, *Teresa Cristina de Bourbon: uma imperatriz napolitana nos trópicos 1843-1889* (Rio de Janeiro 2014), pp. 127-8.
32 'Cultura do bicho-da-seda vota a atrair produtores paranaenses', *Gazeta do Povo* (22 July 2016).
33 International Sericultural Commission (August 2019); Alessandro Maria Giacomin et al., 'Brazilian silk production: economic and sustainability aspects', *Procedia Engineering* 200 (2017), pp. 89-95.
34 International Sericulture Commission (August 2019).
35 Ole Zethner and Rie Koustrup, 'Sericulture Abroad: Africa: Wild Silkmoth Culture for Income and Eco-Conservation', *Fibre2Fashion*, about 2007: https://www.fibre2fashion.com/industry-article/5035/sericulture-abroad-africa-wild-silkmoth-culture-for-income-and-eco-conservation (accessed 1 August 2019).
36 Datta and Nanavaty 2005, Chapter 3; New Cloth Market, *The Global Silk Industry: Perceptions of European Operators toward Thai Natural & Organic Silk Fabric and Final Product* (December 2011).
37 Alternatively, if they are boiled, then the gum dissolves as they are reeled. Karolina Hurtková in Schäfer et al. 2018, pp. 281-94; Patrizia Sione, 'From Home to Factory: Women in the Nineteenth-Century Italian Silk Industry', in Daryl Hafter (ed.), *European Women and Preindustrial Craft* (Indiana 1995; Hafter 1995 hereafter), pp. 137-52; Debin Ma, 'Between Cottage and Factory: The Evolution of Chinese and Japanese Silk-Reeling Industries in the Latter Half of the Nineteenth Century', Journal of the Asia Pacific Economy, 10:2 (2005), pp. 195-213.
38 Rothstein 1990, p. 291.
39 Charles Germain de Saint-Aubin, *Art of the Embroiderer* (1770), translated and annotated by Nikki Scheuer (Los Angeles and Boston 1983).
40 Crill 2015, pp. 23-5.
41 Vainker 2004, pp. 76-7.
42 Cited in John J. Beer, 'Eighteenth-Century Theories on the Process of Dyeing', *ISIS*, 51, (1960) pp. 21-3.
43 Dominique Cardon, *Natural Dyes. Sources, Tradition, Technology and Science* (London 2007; Cardon 2007 hereafter); Joyce Storey, Dyes and Fabrics (London 1978, reprinted 1992).
44 Cardon 2007, pp. 553-65.
45 Ibid., pp. 335-54.
46 'Teinture de soie', in Diderot and d'Alembert, vol. 16, (Paris 1765), pp. 29-30.
47 On Central and South American logwood and cochineal, Cardon 2007, pp. 263-74, 619-35. Amy Butler Greenfield, *A Perfect Red: Empire, Espionage, and the Quest for the Color of Desire* (New York 2005).
48 Cardon 2007, pp. 374-6.
49 'Colour in the Coal-Scuttle', *Leisure Hour*, 12 (1863), p. 375, cited in Charlotte Crosby Nicklas, 'Splendid hues: colour, dyes, everyday science, and women's fashion, 1840-1875', unpublished PhD thesis, University of Brighton 2009, p. 263. Subsequently, it became clear that such dyes were more durable than natural dyes.
50 Alison Matthews David, *Fashion Victims. The Dangers of Dress Past and Present* (London 2015), pp. 72-101, 102-25; Dilys Williams, 'Traceability and Responsibility', in Ehrman 2018, pp. 149-73.
51 Mary Lisa Gavenas, 'Who Decides the Color of the Season? How a Trade Show Called Première Vision Changed Fashion Culture', in Regina Lee Blazczyk and Uwe Spiekermann (eds), *Bright Modernity: Color, Commerce and Consumer Culture* (London 2017), pp. 251-69.
52 Yan Yong in Wilson 2010, p. 100.
53 Maria P. Zanoboni, 'Female labour in silk industry', in Chiara Buss (ed.), *Silk, Gold and Crimson. Secrets and Technology at the Viconti and Sforza Courts* (Milan 2010), p. 33; Daryl Hafter, 'Women who Wove in the Eighteenth-Century Silk Industry of Lyon', in Hafter 1995, pp. 42-65.
54 Dagmar Schäfer, 'Peripheral Matters: Selvage/Chef-de-pièce Inscriptions on Chinese Silk Textiles', *UC Davis Law Review*, 47: 2 (December 2013), pp. 705-33.
55 Amy DelaHaye and Shelley Tobin, Chanel. *The Couturière at Work* (London 1994), pp. 24-6 and 36.
56 Stanley Chapman, 'Hosiery and knitwear in the twentieth century', in Jenkins 2003, pp. 1024-9; Elizabeth Currie, 'Knitwear', in Sonnet Stanfill (ed.), *The Glamour of Italian Fashion since 1945* (London 2014), pp. 116-18.
57 Deborah Hofmann, 'Washed Silk Takes on New Guises', *New York Times* (21 April 1991), Section 1, p. 50.
58 Bernard Morel Journel, President of the ISA, *Report of the International Silk Association XVIIIth Congress*, Taormina/Italy, November 1991 (Lyon 1992), p. 19.
59 Callava 2018, p. 146.
60 The Saloon, Brighton Pavilion: https://brightonmuseums.org.uk/royalpavilion/whattosee/saloon/ (accessed 30 August 2019).
61 Stella McCartney: www.stellamccartney.com (accessed 30 October 2019); 'Pulling, not pushing, silk could revolutionise how greener materials are manufactured', University of Sheffield (University of Sheffield, 19 September 2017): https://www.sheffield.ac.uk/news/nr/silkworms-silk-greener-materials-1.731163 (accessed 5 February 2020).
62 'A filament fit for space', University of Oxford Press Release (3 October 2019): https://www.eurekalert.org/pub_releases/2019-10/uoo-aff093019.php (accessed 5 February 2020).

1 平素织物

1 Natalie Rothstein, ‘Silk: The Industrial Revolution and After’, in Jenkins 2003, vol. 2, pp. 790-808.
2 *Dior by Dior* (London 1954), p. 40.
3 Christian Dior, *The Little Dictionary of Fashion: A Guide to Dress Sense for Every Woman* (London 2008; first edn 1954), pp. 99, 115.

2 经纬交织

1 Dorothy Burnham, *Warp and Weft* (Toronto 1980), pp. 199, 201.
2 Geoffrey Smith, *The Laboratory of the Arts* (London 1756), p. 44.
3 Kuhn 2012, pp. 55-8; Fotheringham 2018, p. 23.
4 Lesley E. Miller, ‘Between Engraving and Silk Manufacture in late Eighteenth - century Lyon,’ *Studies in the Decorative Arts*, vol. 3:2 (Spring 1996), pp. 52-76.
5 Natalie Rothstein, ‘Silk in the Early Modern Period, c. 1500-1780’, in Jenkins 2003, vol. 2, pp. 528-61; Rothstein, ‘Taste and Technique, the Work of an 18th - Century Silk Designer’, *Bulletin du CIETA*, 70 (1992), p. 148.
6 In Japan the word *nishiki* is used to describe polychrome figured silks. This term is translated in English as ‘brocade’, but in fact covers a wide range of silks woven with supplementary warps or, more frequently, wefts of coloured silk and/or gold or silver threads.
7 Eva Basile, handloom - weaving expert who taught cataloguing of historical textiles and Jacquard fabric design at Fondazione Lisio, Florence; personal communication with the author, March 2009.
8 Silk tapestry weaving (*tsuzuri - ori*) was introduced to Japan from China in the sixteenth century. Large scale works, made for export, were produced in the late nineteenth century. See Hiroko T. McDermott and Clare Pollard, *Threads of Silk and Gold: Ornamental Textiles from Meiji Japan* (Oxford 2012), pp. 170-4; Fotheringham 2018, p. 22.
9 Kuhn 2012, pp. 286-8.
10 Else Janssen, *Richesse de Velours* (Brussels 1995), p. 11.
11 Monnas 2012, p. 14.
12 Catherine Pagani, ‘Europe in Asia: The impact of Western art and technology in China’, in Anna Jackson and Amin Jaffer (eds), *Encounters* (London 2004), pp. 296-309.
13 Wilson 2010, pp. 14-15.
14 Cheng Weijing, *History of Textile Technology of Ancient China* (New York 1992), p. 443.

3 缠绕和绞编、结网、打结和针织

1 Chandramani Singh, *Textiles and Costumes from the Maharaja Sawai Man Sing II Museum* (Jaipur 1979).
2 Yuko Yoshida, ‘Infinite Possibilities of Marudai Braiding’, *Braids, Bands and Beyond* (The Braid Society 2016), pp. 21-4; Makiko Tada, ‘Karakumi and Hirao’, *Threads that Move* (The Braid Society 2012), pp. 23-8.
3 These were the functional and decorative elements of the small containers worn by Japanese men in the Edo period (1615-1865), suspended from their belts (*obi*).
4 Irene Emery, *The Primary Structures of Fabrics* (Washington 1966; Emery 1966 hereafter), p. 40; Richard Rutt, *A History of Hand Knitting* (London 1987), pp. 32-6.
5 Sandy Black, *Knitting: Fashion, Industry, Craft* (London 2012), p. 66.
6 Ibid., pp. 66, 233.
7 Emery 1966, pp. 43-4; Cary Karp, ‘Defining Crochet’, *Textile History*, 49:2 (2018), pp. 208-23.
8 Hongqi Lu, *Antique Carpets of China* (Beijing 2003), p. 192.
9 Jon S. Ansari, ‘Chinese Carpets: The Modernization of an Ancient Craft’, *Hali*, 5:2 (1982), pp. 160-2.
10 Verity Wilson, *Chinese Textiles* (London 2005), p. 72, fig. 80; Jonathan Spence, *The Search for Modern China* (New York 1990), pp. 574-83.
11 Terry Stratton (ed.), *Antique Chinese Carpets* (London 1978), p. 18.

4 彩绘、防染与印花

1 Harris 1993, pp. 36-42.
2 Some writers have considered this a printed Indian cotton, but the pattern is consistent with Chinese painted silks.
3 ‘Making ikat cloth’: http://www.vam.ac.uk/content/articles/m/album - with - nested - carousel18/ (accessed 4 December 2019).
4 ‘Yohji Yamamoto: Shibori’: http://www.vam.ac.uk/content/videos/y/yohji - yamamoto - shibori/ (accessed 4 December 2019).
5 Giorgio Riello, ‘Asian knowledge and the development of calico printing in Europe in the seventeenth and eighteenth centuries’, *Journal of Global History*, vol. 5 (2010), pp. 1-28.
6 Harris 1993, p. 37.
7 Linda Parry (ed.), *William Morris* (London 1996), p. 259, cat. M.52.
8 Field et al. 2007, p. 199.
9 Mary Schoeser, ‘A Secret Trade: Plate Printed Textiles and Dress Accessories, c. 1620-1820’, *Dress*, 34:1 (2007), pp. 49-59.
10 Harris 1993, pp. 37-8.
11 Datta and Nanavaty 2005, p. 67. Roller printing should not to be confused with the rolling - print press.
12 ‘Design repeats’, Première Vision Paris, 12 December 2018, citing Textile addict, 7 October 2016: https://www.premierevision.com/en/news/spotlight - on/news - fabrics/design - repeats/ (accessed 18 April 2020).
13 Cardon 2007; Judith H. Hofenk de Graaff, *The Colourful Past: The Origins, Chemistry and Identification of Natural Dyestuffs* (Riggisberg 2004).
14 ‘Caracterización de las producciones textiles de la Antigüedad Tardía y Edad Media temprana: tejidos coptos, sasánidas, bizantinos e hispanomusulmanes en las colecciones públicas españolas’ (HAR2008 - 04161), directed by Dr Laura Rodríguez Peinado, Department of Art History I (Medieval), Complutense University of Madrid, with analysis by Dr Enrique Parra at the Alfonso X El Sabio University, Madrid.

5 刺绣、斯拉修、烫印和褶裥

1 Kuhn 2012.
2 Anne Wanner, ‘The Sample Collections of Machine Embroidery of Eastern Switzerland in the St Gallen Textile Museum, *Textile History*, 23:2 (1992), pp. 165-76.
3 She then provided plates of 305 stitches. Mary Thomas, *Mary Thomas's Dictionary of Embroidery Stitches* (London 1938), p. v. Naturally, embroidery stitches have different names in different parts of the world. For Indian embroideries, see https://www.vam.ac.uk/articles/indian - embroidery (accessed 5 February 2020).
4 Maria João Pacheco Ferreira, ‘Chinese textiles for Portuguese Taste’, in Amelia Peck (ed.), *Interwoven Globe. The Worldwide Textile Trade, 1500-1800* (New York 2013), pp. 46-55.
5 Moira Thunder, *Embroidery Designs for Fashion and Furnishings from the Victoria and Albert Museum* (London 2014).
6 Astrid Castres, ‘Les techniques de gaufrage : un champ d'expérimentation textile à Paris au XVIe siècle’, in *Documents d'histoire parisienne,* 19 (2017), pp. 57-67.
7 Lesley Cresswell et al., *Textile Technology* (London 2002), p. 36.
8 Cesare Vecellio, *Habiti antichi et moderni di tutto il Mondo* (Venice 1590).
9 Joaquín Manuel Fos, *Instrucción metódica sobre los mueres* (Valencia 1790).
10 Patente nº 414119 *Genre d étoffe plisée ondulée*, Paris, 10 June 1909.
11 Manufacture Prelle, *Catalogue des fabrications à caractère historique*: https://www.prelle.fr/files/pdf/cat_ref_hist.pdf (accessed 15 August 2019).

推荐阅读

关于丝绸的各种语言的专业文献非常多，这里列出一些关于丝绸的英语书籍，供读者阅读参考。

Nurhan Atasoy et al., *Ipek: The Crescent and the Rose: Imperial Ottoman Silks and Velvets* (London 2001)

Carol Bier (ed.), *Woven from the Soul, Spun from the Heart: Textile Arts of Safavid and Qajar Iran, 16th-19th Centuries* (Washington, DC, 1987)

Luce Boulnois, *Silk Road: Monks, Warriors and Merchants on the Silk Road* (Hong Kong 2003)

Clare Browne, Glyn Davies and Michael A. Michael with Michaela Zöschg (eds), *English Medieval Embroidery: Opus Anglicanum* (New Haven, CT, and London 2016)

Trini Callava, *Silk through the Ages: The Textile that Conquered Luxury* (London 2018)

Ruby Clark, *Central Asian Ikats* (London 2007)

Peter Coles, *Mulberry* (London 2019)

Rosemary Crill, *The Fabric of India* (London 2015)

Rajat K. Datta and Mahesh Nanavaty, *Global Silk Industry: A Complete Source Book* (Boca Raton, FL, 2005)

Edwina Ehrman (ed.), *Fashioned from Nature* (London 2018)

Sharon Farmer, *The Silk Industries of Medieval Paris* (Pennsylvania 2017)

John Feltwell, *The Story of Silk* (Stroud 1990)

Jacqueline Field, Marjorie Senechal and Madelyn Shaw, *American Silk 1830-1930: Entrepreneurs and Artifacts* (Lubbock, TX, 2007)

Avalon Fotheringham, *The Indian Textile Source Book: Patterns and Techniques* (London 2018)

Jennifer Harris (ed.), *5000 Years of Textiles* (London 1993)

Anna Jackson (ed.), *Kimono: Kyoto to Catwalk* (London 2020)

David Jenkins (ed.), *The Cambridge History of Western Textiles*, 2 vols (Cambridge 2003)

Brenda King, *Silk and Empire* (Manchester and New York, NY, 2005)

Dieter Kuhn (ed.), *Chinese Silks* (New Haven, CT, and London 2012)

Xinru Liu, *Silk and Religion: An Exploration of Material Life and the Thought of People, AD 600-1200* (Delhi 1996)

Ben Marsh, Unravelled Dreams: *Silk and the Atlantic World 1500-1840* (Cambridge 2020)

Lesley Ellis Miller, *Selling Silks: A Merchant's Sample Book of 1764* (London 2014)

James A. Millward, *The Silk Road: A Very Short Introduction* (Oxford 2013)

Luca Molà, *The Silk Industry of Renaissance Venice* (Baltimore, MD, and London 2000)

Lisa Monnas, *Merchants, Princes and Painters: Silk Fabrics in Italian and Northern Paintings, 1300-1550* (New Haven, CT, and London 2008)

Lisa Monnas, *Renaissance Velvets* (London 2012)

Anna Muthesius, *Studies in Byzantine, Islamic and Near Eastern Silk Weaving* (London 2008)

Roberta Orsi Landini, *The Velvets in the Collection of the Costume Gallery in Florence* (Florence 2017)

Simon Peer, *Golden Spider Silk* (London 2012)

Natalie Rothstein, *Silk Designs of the Eighteenth Century* (London 1990)

Josephine Rout, *Japanese Dress in Detail* (London 2020)

Dagmar Schäfer, Giorgio Riello and Luca Molà (eds), *Threads of Global Desire: Silk in the Pre-modern World* (Woodbridge, Suffolk 2018)

Mary Schoeser, *Silk* (New Haven, CT, and London 2007)

Silk and Rayon Users' Association, *The Silk Book* (London 1951)

Chris Spring and Julie Hudson, *Silk in Africa* (London and Seattle, WA, 2002)

Shelagh Vainker, *Chinese Silk: A Cultural History* (London 2004)

James C.Y. Watt and Anne Wardwell, *When Silk was Gold: Central Asian and Chinese Textiles in The Cleveland and Metropolitan Museums of Art*, exhib. cat. (Cleveland, OH, and New York, NY, 1997)

Annabel Westman, *Fringe, Frog and Tassel: The Art of the Trimmings - Maker in Interior Decoration* (London 2019)

Ming Wilson (ed.), *Imperial Chinese Robes from the Forbidden City* (London 2010)

Verity Wilson, *Chinese Textiles* (London 2005)

Janet Wright, *Classic and Modern Fabrics: The Complete Illustrated Sourcebook* (London 2010)

Claudio Zanier, *Where the Roads Met: East and West in the Silk Production Processes (17th to 19th Century)* (Kyoto 1994)

Feng Zhao, *Treasures in Silk: An Illustrated History of Chinese Textiles* (Hong Kong 1999)

Feng Zhao (ed.), *Textiles from Dunhuang in UK Collections/in French Collections* (Shanghai 2007, 2011)

博物馆推荐

一些有悠久丝绸生产历史的城市会建立丝绸博物馆。以下是一些丝绸博物馆及其官方网站，网址均更新于2024年。

中国

中国丝绸博物馆

http://www.chinasilkmuseum.com

法国

里昂丝绸博物馆（丝织工人之家）

https://maisondescanuts.fr/

赛文丝绸博物馆

http://www.museedelasoie - cevennes.com/

英国

惠特彻奇丝绸厂

http://whitchurchsilkmill.org.uk/mill/index.php

德比织造博物馆（德比丝绸厂）

https://www.derbymuseums.org

意大利

科莫丝绸博物馆

https://www.museosetacomo.com/

日本

冈谷蚕丝博物馆

http://silkfact.jp/

横滨丝绸博物馆（暂无网址）

西班牙

巴伦西亚丝绸博物馆（高级丝绸艺术学院）

https://www.museodelasedavalencia.com/

美国

帕特森博物馆

https://patersonmuseum.com/

撰稿人

主要撰稿人

LEM 莱斯莉·埃利斯·米勒，V&A博物馆家具、纺织品和时尚部高级策展人

ACL 安娜·卡布雷拉·拉富恩特，马德里服饰博物馆时装策展人，V&A博物馆研究部研究员，玛丽·居里学者

CAJ 克莱尔·艾伦-约翰斯通，V&A博物馆家具、纺织品和时尚部助理策展人

其他撰稿人

AF 阿瓦隆·福斯林翰姆，V&A博物馆亚洲部

AJ 安娜·杰克逊，V&A博物馆亚洲部

CKB 康妮·卡罗尔·伯克斯，V&A博物馆家具、纺织品和时尚部

DP 迪薇娅·帕特尔，V&A博物馆亚洲部

EAH 伊丽莎白-安妮·霍尔丹，V&A博物馆纺织品保护部

EL 林恩海（音译），V&A博物馆亚洲部

EM 伊丽莎白·默里，V&A博物馆家具、纺织品和时尚部

FHP 弗朗西丝卡·亨利·皮埃尔，V&A博物馆亚洲部

HF 阿娜·福比，V&A博物馆雕塑、金属制品、陶瓷制品和玻璃制品部

HP 埃伦·佩尔松，独立策展人、研究员

KH 柯丝蒂·哈萨德，V&A博物馆邓迪分馆

JL 珍妮·利斯特，V&A博物馆家具、纺织品和时尚部

JR 朱莉娅·兰克，V&A博物馆家具、纺织品和时尚部

LEM 莱斯莉·埃利斯·米勒，V&A博物馆家具、纺织品和时尚部

MRO 马里亚姆·罗瑟·欧文，V&A博物馆亚洲部

MZ 米夏埃拉·佐施格，V&A博物馆雕塑、金属制品、陶瓷制品和玻璃制品部

OC 奥里奥尔·卡伦，V&A博物馆家具、纺织品和时尚部

RH 鲁比·霍奇森，V&A博物馆东伦敦分馆

RK 罗莎莉·金，V&A博物馆亚洲部

SB 西尔维娅·巴尼奇，V&A博物馆家具、纺织品和时尚部

SFC 陈秀芳（音译），V&A博物馆亚洲部

SN 苏珊·诺思，V&A博物馆家具、纺织品和时尚部

SS 索内·斯坦菲尔，V&A博物馆家具、纺织品和时尚部

TS 蒂姆·斯坦利，V&A博物馆亚洲部

VB 维多利亚·布拉德利，V&A博物馆家具、纺织品和时尚部

YC 崔裕进（音译），V&A博物馆亚洲部

索引

国家

品牌 / 制造商 / 经销商

纹样

译者简介

苏淼，工学博士，教授，博士生导师，浙江省五星级青年教师，全国高校黄大年式教师团队成员。现任浙江理工大学纺织科学与工程学院（国际丝绸学院）副院长，浙江理工大学嵊州创新研究院院长，杭州中华文化促进会丝绸文化研究传承中心常务副主任，浙江省丝绸与时尚文化研究中心（浙江省哲社重点研究基地）研究员，杭州丝绸行业协会副会长。长期从事丝绸技艺研究与传承创新、染织服饰史、纺织品设计与数字化等方面研究。近年来主持国家社科基金项目、浙江文化研究工程课题、国家重点研发计划子课题、教育部社科基金青年项目、浙江省社科规划办项目等多个国家级和省部级科研项目。发表中英文学术论文40余篇，出版《中国古代丝绸设计素材图系暗花卷》、《中国历代丝绸艺术·清代》等中英文专著5部，图录4部。参与课题获浙江省科学技术奖三等奖、中国纺织工业联合会科学技术进步奖二等奖等。

安薇竹，东华大学博士，浙江理工大学嵊州创新研究院博士后，浙江理工大学纺织科学与工程学院（国际丝绸学院）纺织品设计系讲师。主要从事中外丝绸染织艺术史、传统丝绸艺术与创新设计研究。主持教育部产学合作协同育人项目、浙江省教育厅一般科研项目。参与国家科技支撑计划《中国丝绸文物分析与设计素材再造关键技术研究与应用》、科技部重点研发《世界丝绸互动地图关键技术研发和示范》、浙江省重大文化研究工程《中国丝绸艺术大系》等项目及其它多项纵横课题。出版《中国古代丝绸设计素材图系·少数民族卷》，参与编写十四五规划教材《中国丝绸艺术史》。

罗铁家，中国丝绸博物馆副研究馆员，中国蚕桑丝织技艺保护联盟秘书长。曾在各大博物馆社会教育岗位长期开展蚕桑丝绸文化科普活动，自2008年参与“中国蚕桑丝织技艺”申报人类非物质文化遗产代表作名录工作以来，长期开展纺织类非物质文化遗产相关工作。近年来重点围绕中国蚕桑丝织技艺保护联盟开展工作，参与国家重点研发计划子课题和浙江省文化和旅游厅科研项目，参与策划的展览荣获“2020年度全国十大陈列展览精品”。出版《中华大典 农业典 蚕桑分典》和《桑下记忆：纺织丝绸老人口述》并担任副主编。

王伊岚，原中国丝绸博物馆国际交流部策展人、纽约大学博物馆学硕士。主要研究方向为博物馆学、亚洲与西方服饰。翻译并编辑美国克利夫兰艺术博物馆“人间天堂：中国江南珍宝展”展览出版图录中 Silk Production in the Lower Yangzi Delta: Formation, Flourishing, and Later Developments 一文。策划杭州第19届亚运会配套展“五彩亚细亚：亚洲服饰展”、中国丝绸博物馆联手杭州大厦打造的“国丝·时尚博物馆”开创展“时尚的轮廓：中国丝绸博物馆精选西方馆藏展”等展览；参与策划2022年国际博物馆日——“博物馆的力量：研究，合作与社区”等论坛。曾在《中国博物馆》发表论文，为国家重点研发计划项目课题组成员。

推荐人

中国是丝绸的发源地。古丝绸之路绵亘万里，延续千年，展现了以和平合作、开放包容、互学互鉴、互利共赢为核心的丝路精神，是人类文明的宝贵遗产。

本书在英国维多利亚与艾尔伯特博物馆原著 SILK 的基础上，由浙江理工大学国际丝绸学院等单位的专家和学者编译完成，汇集了 600 余张珍贵的丝绸文物图片，通过大量文字介绍，帮助广大读者探秘丝绸文化瑰宝、品鉴匠心演绎丝绸之美，具有较高的艺术价值、文化价值和社会价值。

中国丝绸协会会长　唐　琳

《丝绸》这本书的文字和图片充分展现了丝绸面料在全球时尚的重要地位，为我们深入了解丝绸的起源、发展和影响提供了宝贵的参考。丝绸是最能体现中国特色的面料，也是高端服装的材料之一，其独特的质感、光泽、色彩为设计师提供了无限创意空间。本书的图片将为设计师带来灵感，激发创意。无论您是初学者还是资深专业人士，都会从这本书中受益匪浅。

中国服装设计师协会执行主席　杨　健

丝绸，是制作高定时装时常常使用到的，具有不可代替性的自然面料。数千年的历史使其具有极广的传播范围、极深厚的人文底蕴、极丰富的织造加工技艺，要想梳理它的演变脉络是一件极为困难的事情，但《丝绸》做到了。它通过选取了世界范围内 30 多个国家的 600 余件藏品，全面而深入地梳理了这一经久不衰的面料数千年历史的演变。相信服装业的从业者将在这本书中获得无尽的灵感，以及扎实的面料织造与加工方面的知识。对普通读者来说，这本书也能让他们对世界丝绸的发展史产生明确的认识。

著名高级定制服装设计师　时代周刊百位世界影响力人物　法国文学艺术骑士勋章 全国三八红旗手　郭　培

即使进入了 21 世纪，用柔韧蚕丝织成的闪亮绸缎在人类心中以及在服装业中依旧具有不可代替的崇高地位。但是，长久以来我们一直缺乏关于丝绸的通史类读物。《丝绸》无疑是一本填补空白之作，这本厚实的读物必将成为经典。V&A 博物馆做了一项伟大的工作，它在这本书中对世界丝绸与世界丝绸史进行了全面的概述：将近两千年的织造工艺、编织工艺、印染工艺、装饰工艺的历史演变，通过 600 余件来自世界 30 余国的丝质藏品，图文并茂、清晰简明地呈现在了读者的面前。这本书研究深入、制作精良，它既可以作为服饰爱好者的优质入门读物，又能够作为服装业工作者的案头工具书。

中国高级定制服装设计师　劳伦斯・许

2021年，一部由英国维多利亚与艾尔伯特博物馆的顶级专业作者撰写，覆盖历史、设计、工艺、美学、时尚五大领域的英文丝绸巨著《丝绸》出版，现由以苏淼专家为主、来自中国丝绸博物馆和浙江理工大学的强大翻译团队精心译成中文，由北京科学技术出版社出版。这本书以从丝绸辐射到建筑、服装、瓷器、家具、珠宝、雕刻等方面的形式，对来自世界不同地域和文化的收藏品进行剖析，还收录了各式各样的世界经典纹样，堪称艺术和工艺的宝库。这本书让我们能够站在世界的角度，了解中国的丝绸如何一步步融入西方的文化艺术领域，并促进世界人类文明的发展，意义深远！这是一部以丝绸为主题的世界大百科全书，至今国内丝绸专著中少见，其内容之丰富、描写之生动、插图之精美、可读性之强，使这本书具有较高的收藏、教育和设计研究等价值。

享受国务院政府特殊津贴专家　第一批国家级非物质文化遗产项目宋锦织造技艺代表性传承人　钱小萍

自古以来，中国就以“丝之国”而著称。几千年前，我们就掌握了丝绸生产的技艺，并将其广泛运用于日常生活。丝绸不仅是一种纺织面料，更是中国文明的象征，是我们赠与世界的珍宝。《丝绸》这本书汇集了来自世界的600多种珍贵的丝绸文物，由专家作者和专家译者共同协力，向读者们呈现了世界范围内丝绸的各类知识，展现了丝绸丰富的历史、文化内涵，为读者深入了解丝绸提供了难得的机会。

江苏省非物质文化遗产天鹅绒织造技艺代表性传承人　戴春明

中国丝绸，温润而充满韧性，正如中国人的温良与坚韧，丝丝缕缕，绕千年浩渺，编织起那条充满感动的丝绸之路，世代轮转，生生不息。历史与文化共欣，美好的心愿与信仰汇聚，绽放出绮丽而华美的丝绸艺术。丝绸艺术不仅诉说着千年的思想与故事，还借助纹饰与色彩的形式展现着多元民族的友好交流、互动与融合，和美共欣。

《丝绸》一书，跨越时间和地域，将这些晶莹的感动收集起来，使读者能够在艺术中遇见那千年丝路，遇见丝绸之美，品华夏的力量与磅礴风骨，赏这绚烂的丝绸纽带串连起的世界文化与艺术及其所蕴含的不同民族的历史和精神。

谨以此书，一同步入时空丝路，行于这璀璨繁盛的文化艺术交流之境。

范燕燕品牌创始人　中国丝绸艺术设计师　陕西省工艺美术大师　范燕燕

中国蚕桑丝织技艺已被联合国教科文组织列入人类非物质文化遗产代表作名录。作为昂贵的货品，丝绸沿着丝绸之路从古代中国来到了西方世界，纤细的丝线将时间和空间编织在一起，交织出了无限的可能。《丝绸》一书带你穿越时空，探索丝绸的足迹，近距离感受这些珍贵藏品的魅力，深入了解丝绸的历史和东西方文化交汇产生的火花。这本书不仅从细微处详尽地介绍了丝绸的传播历史和制作工艺，还展示了不同时期的经济形态、社会形态、文化发展和审美，为我们提供了全面的视角。不论是艺术家、设计师、生产者，还是历史学者，都能从这本书中获得灵感和新知，这是一本必备的案头参考资料。

站酷网主编　刘月瑶